U0597143

微课版

软件项目
管理与实践

杨珊◎主编　文淑华　易黎◎副主编

人民邮电出版社
北京

图书在版编目（CIP）数据

软件项目管理与实践 ： 微课版 / 杨珊主编.
北京 ： 人民邮电出版社，2025. -- （新工科软件工程专
业卓越人才培养系列）. -- ISBN 978-7-115-66054-1

Ⅰ. TP311.52
中国国家版本馆 CIP 数据核字第 20257AQ231 号

内 容 提 要

本书以项目管理知识体系为基础，系统介绍项目管理的基本概念和基础理论，同时融入软件工程开
发的特点和过程，并以软件工程开发过程为主线进行知识点的内容构建。

本书从一般性项目出发，结合软件项目的特殊性，讨论软件项目管理的特点和挑战，同时涵盖软件
项目开发的全过程，包括立项、策划、执行、监控和收尾等。本书还基于软件项目管理过程，将各种软
件项目管理方法与技术（主要包括成本管理、进度管理、质量管理、配置管理、风险管理、人力资源管
理等）进行汇总，并介绍项目管理工具及其应用；最后通过成都咕咕知识管家科技有限公司的"咕咕知
识管家"项目示例，展示软件项目管理的实践应用。本书的核心特色在于理论与实践紧密结合，通过实
际案例展示各种理论、方法与技术。

本书可作为计算机类专业软件项目管理相关课程的教材，也可供社会企业软件项目经理人才培训使
用，还可作为从事软件项目管理的项目经理及专业人员学习相关知识的参考书。

- ◆ 主　　编　杨　珊
　　副主编　文淑华　易　黎
　　责任编辑　王　宣
　　责任印制　胡　南
- ◆ 人民邮电出版社出版发行　　北京市丰台区成寿寺路 11 号
　　邮编　100164　　电子邮件　315@ptpress.com.cn
　　网址　https://www.ptpress.com.cn
　　涿州市京南印刷厂印刷
- ◆ 开本：787×1092　1/16
　　印张：14.5　　　　　　　　　　2025 年 6 月第 1 版
　　字数：398 千字　　　　　　　　2025 年 6 月河北第 1 次印刷

定价：59.80 元

读者服务热线：(010)81055256　印装质量热线：(010)81055316
反盗版热线：(010)81055315

前　言

时代背景

项目和项目管理属于伴随人类共同发展的实践性活动，并不是新生事物。但近年来，项目管理的发展呈现出三大特点，即全球化、多元化和专业化。正是由于这三大特点，项目和项目管理已经成为各行各业的一个热门话题，得到了人们越来越深切的关注，并成为一门正式的研究学科。

写作初衷

软件项目管理是项目管理的原理和方法在软件工程领域的应用，是软件工程和项目管理的交叉学科。软件项目管理的根本目标是保证软件项目能够在既定的成本、时间框架和质量标准内成功完成，它不仅涉及成本和时间的控制，还涉及人力资源、质量保证和风险管理等多个方面。此外，高效的软件项目管理可促进个人技能向组织能力转化，增强企业的软件开发实力，降低风险，促进企业的持续稳定发展。相对于一般的工程项目，软件项目具有抽象性，其管理难度比一般工程项目的管理难度大，这是世界范围内软件业面临的一大挑战，也是软件工业化生产的必要条件。为了助力高校培养软件项目管理方向的拔尖人才，编者通过总结多年的教学和实践经验，编成本书。

本书内容

本书以 PMBOK（project management body of knowledge，项目管理知识体系）为基础，结合软件项目的特点，兼顾新方法和新技术，对软件项目管理进行全面而清晰的讲解，包括软件项目立项和策划、成本管理、进度管理、质量管理（包括过程改进模型）、配置管理、风险管理、人力资源管理、项目验收、项目管理工具等。本书第 9 章的示例来自成都咕咕知识管家科技有限公司的"咕咕知识管家"项目，通过该项目可以完整地展现软件项目管理的全过程。本书分为两篇。

第 1 篇为软件项目管理基础，包含第 1 章～第 3 章。

第 1 章定义项目管理和软件项目管理，探索其历史演变，并介绍项目管理知识体系的核心要素。本章从软件项目的独特属性、管理的关键方面及其必要性入手，初步介绍软件项目管理的各个方面。

第 2 章深入分析软件项目管理体系，包括项目管理的不同阶段和过程中的关键要素，以及从角色划分和人员素质角度审视软件项目的管理结构。鉴于软件项目通常面临高失败风险，本章详细讨论导致软件项目失控的原因、常见挑战及解决策略，并探讨项目管理的标准化与规范化，介绍一些有效的项目管理工具和方法。

第 3 章专注于介绍不同的软件开发模型，并对传统的瀑布模型和现代互联网公司普遍采用的敏捷模型进行深入的比较和分析。

第 2 篇为软件项目管理实践，包含第 4 章～第 9 章。

第 4 章探讨软件启动和规划阶段的项目管理的内容，聚焦于范围管理、进度管理、成本管理等关键领域。本章介绍如何定义项目范围，创建项目进度计划和进行项目预算，以及如何进行资源规划。这一阶段是项目成功的基石，有效的规划可以确保项目在后续执行阶段有清晰的方向和目标。

第 5 章继续探讨启动和规划阶段的管理，重点转向人员管理、配置管理、风险管理和质量保证管理。本章介绍如何构建项目团队，实施配置管理以应对变更，规划风险应对策略，并设定质量标准，确保项目在整个生命周期中维持高质量。

第 6 章深入解析软件执行和监控阶段的管理，涵盖项目信息采集、团队组建与管理、成本进度范围监控、风险过程监控、质量监控以及配置变更管理等内容。本章从管理项目团队，确保有效沟通，监控项目进展，控制成本、时间和范围，以及处理项目风险和质量问题等方面探讨软件项目管理在执行和监控阶段的手段及措施。

第 7 章从软件开发的不同阶段的特定视角出发，深入讨论执行和监控阶段的项目管理。本章介绍软件需求分析、设计、编码等阶段的项目管理特点，包括如何在这些阶段应用项目管理原则，以及如何针对不同阶段的特定需求调整管理策略。

第 8 章集中于软件测试、部署、移交和维护阶段的项目管理，介绍测试阶段的项目管理方法，以及如何准备和执行项目交付，包括项目后期的维护和支持工作。通过本章内容的学习，读者将了解项目收尾阶段的重要性和具体操作。

第 9 章通过"咕咕知识管家"项目示例，展示如何在真实项目中应用项目管理理论，包括项目从启动到收尾的全过程管理，为读者提供宝贵的实战经验。

附录部分给出了软件项目开发不同阶段的产出文档示例，以供读者在实践中参考。

本书特色

本书具有如下特色。

1．知识体系科学合理，紧扣实际开发过程

本书以项目管理知识体系为基础，介绍项目管理的基本概念和基础理论，同时将标准化的项目管理框架与软件工程开发的特点及过程相结合，为读者提供软件项目管理的全过程指导，包括软件项目的立项、策划、执行、监控和收尾等。

2．理论实践紧密结合，侧重强调学以致用

本书注重理论与实践结合，通过实际案例展示各种理论、方法与技术。例如，通过"咕咕知识管家"项目展示理论知识在实践中的应用，使读者能够更好地理解和掌握软件项目管理的全过程。

3．注重介绍管理技能，扎实锤炼工程能力

本书提供项目管理工具的介绍及一些使用示例，强调项目管理技能的培养，可以帮助读者在实际工作中更好地进行项目规划、执行与控制，进而扎实锤炼自己面向实际需求的工程能力。

4．配套资源丰富齐全，助力院校人才培养

编者为本书配套了 PPT、教学大纲、教案、习题答案、综合案例等资源，选用本书作为教材的教师可以通过人邮教育社区（www.ryjiaoyu.com）下载资源，扎实开展软件项目管理人才培养工作。

编者团队

本书由电子科技大学的杨珊、文淑华、易黎三位教师以及成都咕咕知识管家科技有限公司的陈芋宇合作编写而成，其中杨珊担任主编，文淑华和易黎担任副主编；杨珊负责全书的统稿工作。

鉴于编者水平有限，书中难免存在表达欠妥之处，敬请广大读者朋友批评指正。

编　者
2024 年冬于四川成都

目 录

< 3 >

第1篇

软件项目
管理基础

与传统产品制造相比，软件开发具有其独特之处。软件开发整个过程均为设计活动，不涉及物理制造环节。软件开发主要依赖人才资源，而非物质资源。软件开发的产物是代码和文档，不包括物理实体。因此，软件项目管理在方法和实践上与其他领域的项目管理有着显著的差异。

本篇将全面揭示软件项目管理的概念性内容，例如，什么是软件项目管理，哪些元素会影响到软件项目管理，软件项目管理过程和软件开发过程有什么关系，有哪些不同的软件开发模型，等等。希望通过本篇内容，为读者建立起全面的软件项目管理的基础理论结构。

第 1 章 概　　述

在项目管理的广阔领域中，软件项目管理因其独特性和复杂性而占据着重要地位。本书旨在深入探讨软件项目管理的理论与实践，强调其在现代软件开发中的核心作用。在本章，读者将从项目管理的基础知识出发，逐步深入软件项目管理这一特定领域，包括其发展历程、组织形式、影响因素以及与项目管理知识体系的融合。

本章学习目标

① 了解软件项目管理的基本概念及其与传统项目管理的区别和联系。
② 掌握软件项目管理的发展历程和当前实践，理解其在不同时期的演变。
③ 熟悉软件项目管理的组织形式，包括不同层次和阶段的管理重点。
④ 学习软件项目管理的影响因素，包括技术、市场和组织等方面。
⑤ 熟练掌握软件项目管理的特定领域知识，如配置管理和过程管理。
⑥ 理解 PMBOK 在软件项目管理中的相关概念。

1.1　项目初识

项目管理的起源可以追溯到建筑业，它被视为一种特殊的活动。随着时间的推移，人们对项目的内涵和外延有了更深的理解，项目管理的领域也随之延伸。软件项目管理作为项目管理的一个分支，其独特性在于它的非物理性质和快速变化的需求。在深入探讨软件项目管理之前首先需要对项目及其管理的一般知识有一个全面的了解。

人类生活、生产中的几乎所有事务活动都可能被视为项目。项目源自有组织的人类活动，这些活动在社会进化中分化为两类：一类是连续的、周期性的"作业"或"运作"（operations）活动，如企业的日常生产；另一类是临时性的、一次性的"项目"（projects）活动，如技术改造或工程实施。

在当代社会，项目管理已成为一种普遍现象，几乎每个领域都涉及项目管理。一个流行的说法是，"在当今社会，一切都是项目，一切也将成为项目。"与之对应的现象是，"项目"这个词汇被频繁地使用，项目工作已经无处不在。那么在日常生活中，哪些活动能被称为项目呢？

项目是一种有效利用资源，通过执行一系列相互关联的任务，以达成特定目标的特殊活动。这些项目可能涉及单个个体或包括数千人的组织。它们的持续时间可能从几周到数年不等，有的项目可能只涉及组织的一小部分，有的项目则需要跨越多个组织。典型的项目如图 1.1 所示。

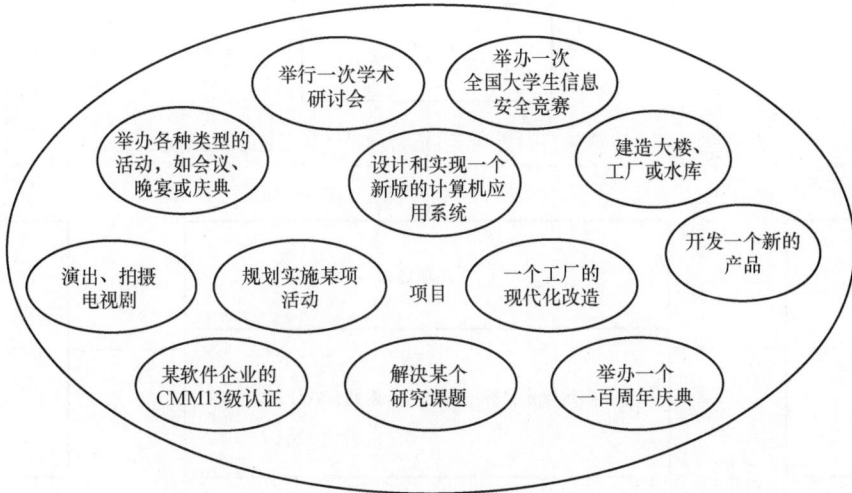

图 1.1 典型的项目

项目常具有的共同特点：它们都要求在限定的期限和预算内完成，同时满足特定的功能、性能和质量标准。项目的核心是通过一次性的努力实现特定计划和目标。这些目标可能是长期大型工程的阶段性目标，也可能是一项特定目标。如果努力失败，项目可能无法成功。例如，图 1.2 所示的火箭发射项目，项目是否成功与火箭是否成功发射息息相关。

图 1.2 火箭发射项目

本节在此总结上述称之为项目的活动所囊括的信息，如图 1.3 所示。

对于项目的定义，我们可以从多个角度及专业领域进行归纳，包括投资者、业主、用户、承包商、项目团队、监管部门等角度，以及建筑、软件开发、新产品试制、服务提供、管理咨询等专业领域。

项目管理协会（project management institute，PMI）对项目的定义是："项目是在既定资源和要求的约束下，为创造某一独特产品或服务，由个人或组织机构进行的一次性工作任务，由一系列具有起止时间、相互协调的受控活动组成。"从这个定义中，我们可以领会项目的含义：项目是一个特定的、有限期的待完成任务，是在一定时间内为实现一系列特定目标所进行的多项相关工作的总称。

< 3 >

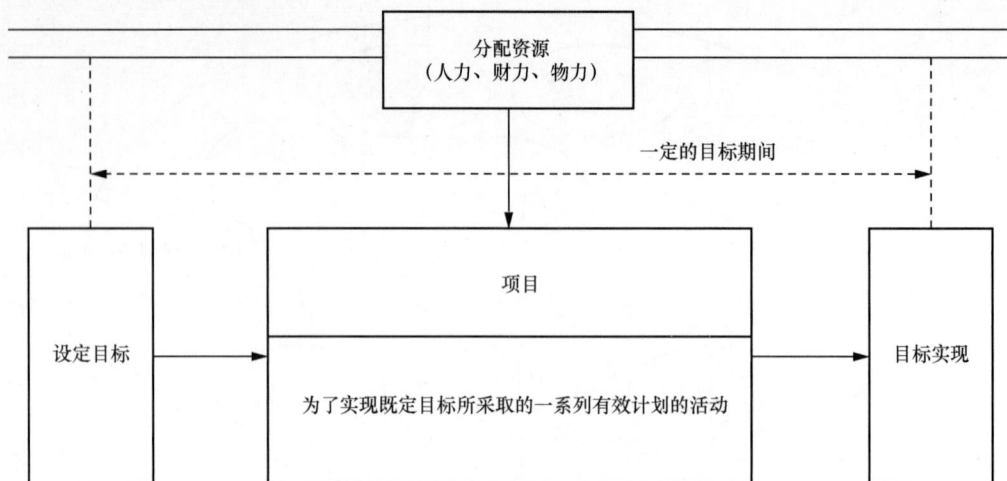

图 1.3　项目所囊括的信息示意图

子项目是项目的一个组成部分或阶段，它可以被独立管理，也可以外包给外部单位或组织内的其他部门管理。子项目的常见形式如下。

① 根据项目过程划分的子项目，如项目生命周期的一个阶段。

② 根据专业技能确定的子项目，如建造一栋大楼中的水电工程。

1.2　项目管理

1.2.1　项目管理的定义

项目管理是一系列活动的集合，涵盖了项目各方面的策划、组织、监测和控制。项目管理学会在其《项目管理知识指南》中定义项目管理为：将不同的系统、方法和人力资源结合在一起，以在既定的时间、预算和质量目标范围内完成项目任务。

有效的项目管理不仅仅是在规定时间内达成具体目标，更关键的是对组织和机构的资源进行周密的规划、引导和控制。随着社会的发展以及项目及其管理实践的演变，项目管理的内涵已经得到了显著的丰富和拓展。本小节将从项目管理的本质和演变、项目实施的科学管理等方面阐述项目管理。

项目管理的定义

1．项目管理的本质和演变

现代项目管理不再是传统意义上的管理方式，而是转变为一种涵盖广泛知识和技能的全新管理学科。以下是对项目管理的全新定义。

（1）项目管理的系统化方法

项目管理是以项目为核心的管理方式。它通过创建临时性的、专门的组织结构，对项目进行高效率的规划、组织、指导和控制，实现项目全过程的动态管理和目标的综合协调与优化。

（2）项目全过程的动态管理

项目管理的关键在于项目生命周期内资源的不断配置和协调，以及科学决策的连续作出。这确保了项目全过程处于最佳运行状态，从而产生最佳效果。

（3）项目目标的综合协调与优化

项目管理应全面协调时间、费用和功能等约束性目标，以在相对较短的时间内成功地达到特定的成果性目标。

（4）项目管理与一般作业管理的区别

与一般作业管理不同，项目管理需要考虑效率和质量外的多重因素。在项目环境中，尽管一般作业管理方法可能适用，但项目管理结构必须以任务（活动）定义为基础，以便进行时间、费用和人力的预算控制，并对技术和风险进行管理。

2．项目实施的科学管理

项目实施需要大量的人力、物力和财力资源。为了在预定时间和预算内实现规定目标，必须对项目进行科学管理。项目管理涵盖了各种知识、技能、工具和方法的应用，以满足项目需求。项目管理不仅包括计划的制订，还涉及计划的实施。在项目前期，项目管理者需要对所有工作进行详尽的计划，包括确定项目需求和范围、进行成本估算和资源分配、排定进度表等。计划完成后，项目团队需要按计划执行各项任务，同时跟踪监督工作进展，并及时调整以应对偏差。

3．项目管理与业务运营管理的区别

项目管理与业务运营管理有着本质的不同。业务运营是一种生产重复性结果的持续性工作，它依赖于制度化的标准和配给的资源，执行基本不变的作业。相比之下，项目管理更注重以项目经理负责制为基础的目标管理，强调工作必须面向项目的特定目标，而不是工作的持续性。由于项目的一次性和不确定性特点，项目管理的一个关键方面是科学地应对项目中的不确定性和风险。此外，项目管理始终贯穿着系统工程的思想，即把项目视为一个完整的系统，按照"整体—分解—综合"的原理进行管理。

4．成功的项目管理的定义

成功的项目管理可以定义为：在一定的时间和成本范围内，按照既定的质量标准完成项目，并获得用户的认可。

5．项目管理学科的发展

人们从大量的项目管理实践中总结出规律、方法和技术，形成了项目管理学科。这一学科的研究反过来又促进了项目管理实践的进一步发展。

1.2.2 项目管理的历史

项目管理是起源于 20 世纪 40 年代的综合性管理学科，得益于人们对于高效组织和协调的迫切需求。本小节将追溯项目管理的历史，从其早期在国防和军工项目中的应用，如美国军方在曼哈顿计划中研制原子弹的案例，探索关键技术和方法如何塑造了项目管理的发展轨迹，如图 1.4 所示。

图 1.4 项目管理的发展轨迹

< 5 >

1917 年，亨利·甘特（Henry Gantt）的甘特图为项目经理提供了一种革命性的日历式任务规划工具。1957 年，杜邦公司的关键路径法（critical path method，CPM）在设备维修中的应用，将设备维修时间从 125 小时减至仅 7 小时，这一技术在处理复杂项目中显示出巨大的潜力。1958 年，计划评审技术（program evaluation review technique，PERT）在北极星导弹设计中的运用，成功地将设计周期缩短了两年。华罗庚教授在 20 世纪 60 年代初将"统筹法"引入中国，为网络计划技术的普及奠定了基础。

随着 20 世纪 60 年代项目管理在建筑、国防和航天等领域的成功应用，项目管理开始在全球范围内广泛传播。1965 年，第一个国际项目管理专业组织——国际项目管理协会在瑞士洛桑成立，标志着以欧洲为首的项目管理研究体系的诞生。紧接着，1969 年美国成立的美国项目管理协会代表了以美国为首的项目管理研究体系的诞生。1976 年，美国项目管理协会在蒙特利尔会议上开始制订项目管理标准，并在 1984 年推出了项目管理知识体系（PMBOK）和基于 PMBOK 的项目管理专业证书，这两项创新对项目管理的专业化产生了深远影响。

中国的项目管理系统研究和实践起步较晚，但有着悠久的历史根基，比如 2000 多年前的万里长城。华罗庚教授和钱学森教授倡导的统筹法和系统工程，对于中国项目管理具有里程碑式的意义。1980 年，我国与世界银行合作的教学项目，标志着中国开始利用外资和国际项目管理模式。1991 年成立的中国项目管理研究委员会，作为国内唯一的跨行业、全国性非营利项目管理专业组织，展现了中国在该领域取得的重大进步。

当前，项目管理已从多个角度得到理解和实践，如三维管理模型就是一个很好的证明。

① 时间维：将项目生命周期划分为不同阶段，实施阶段管理。

② 知识维：针对不同阶段，应用和研究多样的管理技术和方法。

③ 保障维：对人力、财力、物力、技术、信息等进行全面的后勤保障管理。

项目管理已不再局限于建筑、航天、国防等领域，而是扩展到电子、通信、计算机、软件开发、制造、金融、保险等行业，甚至政府机关和国际组织（如美国白宫行政办公室、美国能源部、世界银行等）也将其作为核心运作模式。

1.3 软件项目管理

在当今社会，软件已成为人类工作和生活中不可或缺的一部分。软件的复杂性和功能性的日益增长，使得软件系统的设计、开发以及应用与实施成为一项大型且高度复杂的系统化工程。本书讨论的软件项目指的是采用计算机编程语言（如数字语言），为实现一个特定的目标系统或软件产品而开展的一系列活动。这些活动的目标在于实现各类业务系统的信息化、业务流程的集成化管理以及连续性执行。从跨国集团，如波音公司的自动化设计、无纸化生产、网络化制造和全球化营销业务，到个别企业部门的进销存管理、财务系统等，这些软件系统在规模和应用领域上都有很大的差异。而软件产品的类别包括操作系统（如 UNIX、Linux、Windows、OS/2 等）、数据库管理平台（如 Oracle、Sybase、SQL Server、Informix 等关系数据库管理系统），以及市场上流行的、支持面向对象和 XML 交换标准的数据管理系统。此外，还包括支持软件开发的集成开发工具平台（如 VB、VC、Delphi、PowerBuilder、VS.Net 等）、支持异构软件系统之间实现信息集成和过程集成的接口平台，以及适合于多种行业整体解决方案的应用系统等。

为了满足现代社会的需求，传统的开发方法已无法有效完成如此庞大的软件工作量。依据软件工程学的管理理念，将软件的生产过程阶段化是必要的；同时，根据项目管理学科的要求，开展细致、周密的里程碑式计划、管理与控制，成为确保软件系统或产品满足用户需求的基石。

软件项目管理，便是软件工程与项目管理相结合的产物，成为项目管理学科中的一个重要分支。本小节通过一个实际案例来给出软件项目管理的概念。

假设一个团队收到了开发一个名为"XX 管理系统项目"的要求。这个项目必须在 3 个半月内完成，由 3 名技术人员组成的团队承担，且成本必须控制在 20 万元以内。

项目负责人是一名技术娴熟的专家，拥有丰富的软件设计和编程经验。他参与过多个项目的开发，并成功交付了数个项目。尽管他对个人技术能力充满信心，但他尚未完整地负责过软件项目的整体开发流程。因此，他面对的挑战不仅是技术层面的，还涉及项目管理的多个方面。

面对这些挑战，他需要回答以下关键问题。

① 如何有效启动项目开发工作？
② 如何确保项目在规定时间内完成？
③ 如何保障开发出的软件系统具有高质量？
④ 如何激励技术团队，保持他们的工作热情？
⑤ 如何避免项目管理失控？
⑥ 如何在项目执行过程中处理突发事件？

由上述内容可知，软件项目管理是一个为了确保得到高质量软件，让软件项目的开发过程能够按照既定成本、进度和质量标准顺利完成的过程。它涉及对人员、产品和过程的组织、分析、规划和控制。不仅如此，软件项目管理的根本目的是确保软件项目，特别是大型项目，能够在管理者的监控下，按照预定成本、时间和质量标准完成，从项目的起始阶段如需求分析，到设计、编码、测试，乃至维护的整个生命周期都受到有效管理。软件项目管理的基本内容如图 1.5 所示。

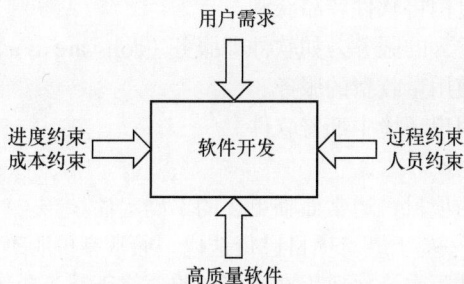

图 1.5 软件项目管理的基本内容

研究软件项目管理的重要性在于从过往成功或失败的案例中提炼出通用的原则和方法，这些原则和方法不仅能指导未来的项目开发，还能帮助避免再次出现以往的错误。有效的软件项目管理不仅是项目管理人员技术能力的体现，更是对其组织和领导能力的综合考验。

1.3.1 软件项目的类型及特点

软件，作为适应社会各行各业信息化需求的系统或产品，是软件项目科学化、规范化运作的成果。软件的设计和实现理念是以用户为中心，采用面向对象的模块化、组件式方法。软件的这些特点使得其生产过程比一般产品的生产过程更难以控制。软件项目的多样性和复杂性要求项目管理者不仅要具备技术知识，还要懂得如何管理团队、资源、时间和用户期望，这使得软件项目管理面临多维度、跨学科的挑战。

1. 软件项目的类型

软件项目的多样性是其显著特征，它们可以是大型项目也可以是小型项目，既有内部开发的项目也有面向用户的外部项目。理解软件项目的各种类型并根据它们的特点采取相应的管理策略，对于提高项目管理效率和成效至关重要。

（1）按规模划分

① 大型项目：通常包含超过一百万行代码，涉及的开发团队通常超过一百人。这类项目通常更复杂，涉及多个子系统和交互，管理和协调成为关键。

② 中小型项目：代码量和团队规模均低于大型项目，相对较容易管理。这类项目通常更灵活，能够快速适应变化。

（2）按软件开发模式划分

① 内部使用项目：为组织内部需求定制的软件，通常更注重特定功能和内部集成。

② 外部项目：直接为外部用户或市场开发的软件，往往需要更多的客户交互和市场调研。

③ 软件外包项目：由第三方机构负责开发，通常需要严格的合同管理和质量保证流程。

外部项目涉及客户这个概念，需要注意的是客户和用户的区别。用户主要关注软件的功能性、易用性、稳定性等方面，即软件是否能够帮助他们高效、准确地完成任务，同时用户也是软件需求的重要来源。而客户则是购买或委托软件开发的组织或个人，负责提出需求、审核方案、验收成果等关键环节。本书后续为了概念的清晰，避免混淆，将统一使用"用户"指代对软件提出需求、接收软件成果的不属于开发团队的第三方角色。

（3）按产品交付类型划分

① 产品型项目：开发标准化的软件产品，面向广泛的用户群。

② 一次性项目：针对特定需求开发一次性解决方案，往往需要更多的定制开发。

（4）按软件商业模式划分

① 软件产品销售：通过销售软件产品获利。

② 在线服务：提供基于云的服务，如软件即服务（software as a service，SaaS）。

③ 随需服务模式：按使用量收费的服务。

④ 内部部署模式：在用户环境中部署软件。

（5）按软件发布方式划分

① 新项目：从零开始的项目，通常面临更多的不确定性。

② 重复项目（旧项目）：基于既有项目进行迭代，通常有更明确的范围和需求。

③ 版本发布：包括完整版本、次要版本或服务包、修正补丁包等。

（6）按项目待开发的产品分类

① 组织型项目：较小规模（<5万行代码），开发人员对项目目标有充分理解，且对软件使用环境熟悉。

② 嵌入型项目：与复杂硬件设备集成，对接口、数据结构和算法等要求高。

③ 半独立型项目：介于组织型项目和嵌入型项目之间，规模和复杂度中等或更高（<20万行代码）。

（7）按软件系统架构分类

① B/S结构、C/S结构：基于浏览器/服务器或客户端/服务器的架构。

② 集中式系统与分布式系统：基于不同的数据处理和存储模式的系统。

③ 面向对象、面向服务、面向组件：基于不同的设计和开发方法的项目。

（8）按软件技术划分

① Web应用、客户端应用、系统平台软件：根据应用场景和用户接口划分。

② J2EE、.Net等：根据使用的技术框架和编程语言划分。

2．软件项目的特点

软件项目尽管遵循通用项目管理的基本原则，却在许多方面独树一帜。这些特点不仅将软件

<8>

项目与其他类型的项目区别开来，而且对项目管理的方法论提出了特殊的挑战。软件项目的特点如图 1.6 所示。

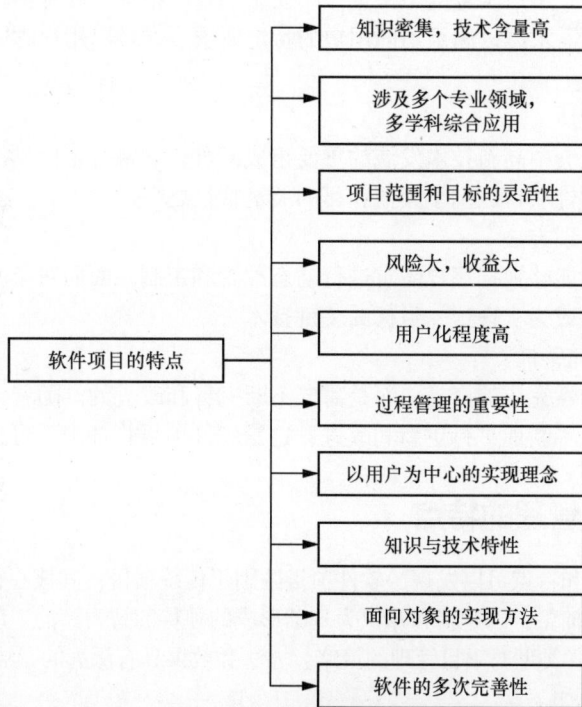

图 1.6　软件项目的特点

（1）知识密集，技术含量高

软件项目是典型的知识密集型项目，要求项目团队成员具有深厚的技术专业知识和高度的创新能力。这种项目的成功不仅依赖于团队成员的专业技能，还取决于他们的创新能力、责任心以及团队协作精神。与依赖物质资源的非软件项目相比，软件项目更加重视人力资源的作用。

（2）涉及多个专业领域，多学科综合应用

软件项目是跨学科的合作典范。例如，要开发一个大型管理信息系统，团队成员可能不仅要掌握专业的软件开发技能，还需具备行业知识、数据库技术、网络通信和信息安全等领域的知识。这种多学科综合应用的特点，为软件项目的成功带来了更多的可能性，同时也带来了更大的挑战。

（3）项目范围和目标的灵活性

与生产其他类型产品不同，在软件项目的开发过程中，用户需求的变化是常态。这种变化可能导致项目范围和目标的调整。软件项目的这种灵活性特点，虽然提供了适应快速变化市场的能力，但也带来了管理上的复杂性。

（4）风险大，收益大

软件项目面临的技术复杂性和需求不确定性使其风险显著。相较于其他类型的项目，软件项目的成功率较低，但一旦成功，其带来的收益通常也更为显著。

（5）用户化程度高

软件项目的特殊性在于其高度用户化。不同的项目往往有着截然不同的需求和解决方案。这要求软件开发人员不仅要了解用户的具体需求，还要具备为其量身定制解决方案的能力。

（6）过程管理的重要性

严格和科学的过程管理是软件项目成功的关键。软件项目管理的核心理念是"质量源于过程"。因此，监控软件项目开发的每一个环节是至关重要的。

（7）以用户为中心的实现理念

在软件项目管理中，用户满意度是衡量产品质量的核心指标。软件不仅要满足基本的功能性需求，还要兼顾个性化需求，以满足不同用户的特定要求。这种以用户为中心的实现理念是现代软件项目管理的核心。

（8）知识与技术特性

软件项目是现代社会中高新技术发展的重要组成部分。它融合了信息技术、管理学以及其他学科的知识，这也是软件项目区别于其他项目的关键特征之一。

（9）面向对象的实现方法

优秀的软件产品应能够根据用户需求进行动态配置和定制。面向对象的实现方法，以其高度的灵活性和可扩展性，成为实现这一目标的关键技术。

（10）软件的多次完善性

软件系统不是一次性完成的产品，而是需要不断完善和改进的。随着技术的进步和用户需求的变化，软件系统需要不断地进行更新和改进，这是软件项目管理中不可或缺的一个方面。

1.3.2 软件项目管理的特点

由软件项目的类型和特点可以发现，软件项目区别于传统项目，其核心在于它是对现实世界进行高度抽象，以逻辑和知识为基础形成的独特的智力产品。所以软件项目的独特属性和多样类型对项目管理的策略、方法和效果具有深远的影响。

软件项目管理特点如下。

（1）设计型项目需要特定的管理和设计方法

软件项目通常是设计型项目，区别于传统的、可预测性强的项目。设计型项目涉及创新性较高的工作和任务，难以采用泰勒主义或其他预测性方法。此类项目不仅要求技术人员具备深厚广泛的知识，还要求其在团队协作中表现出色。因此，设计型项目需要特定的管理和设计方法。

（2）软件过程模型的选择影响项目管理的重点

在软件开发过程中，根据项目需求和团队特点选择合适的软件过程模型至关重要。瀑布模型、原型模型、迭代模型、快速开发模型和敏捷模型等各有特点，不同的模型影响项目管理的重点，如沟通交流、配置管理和变更控制等。

（3）需求变化的频繁性影响软件项目管理的计划实施，增加项目风险

需求的不确定性和变化频繁给项目计划的制订和实施带来挑战，例如，XP方法以用户需求为中心，采用短期产品发布策略应对需求变化，这不仅影响工作量估算，也增加了项目风险。

此外，仅仅了解需求是不够的，只有等到设计出来之后，人们才能彻底了解软件的构造。另外，软件设计的高技术性，进一步增加了项目的风险，所以软件项目的风险管理尤为重要。

（4）软件工作量的度量没有完全统一的标准

尽管有诸多研究和方法尝试度量软件工作量，但形成有效的度量方法仍然是一个挑战。工作量估算通常依赖于对代码行数、对象点或功能点的估算，但这些方法的应用存在困难。例如，基于代码行的估算方法受编程语言、代码标准、优化程度等因素的影响。基于对象点或功能点的方法也不能适应快速发展的软件开发技术，这是因为没有统一的、标准的度量数据供参考。

（5）从人力成本到"以人为本"的核心管理理念

软件项目的主要内容是软件开发，其本质上是一种智力劳动，所以人力成本通常占据主要部分。有效的人力资源管理不仅包括合理的成本控制，还包括对人才的培养、激励和团队建设。优

<10>

秀的人力资源管理可以显著提高项目的成功率。所以，软件项目的人力成本占比决定了软件项目的管理必须以人为本，这种管理理念强调对员工的尊重、职业成长和创造性工作环境的营造，从而激发团队成员的潜力，更好地实现项目目标。

（6）软件类型、规模、开发模式直接影响项目的复杂度和管理难度

在软件项目管理领域，软件类型、规模、开发模式是对项目管理影响非常显著的因素。这些因素直接关联到项目的复杂度和管理难度，进而影响到项目的成功率。例如，一个大型软件项目，由于其规模庞大和复杂性高，将面临更多的管理挑战和风险。这种情况下，管理者需要采用更为精细和周密的项目管理策略来确保项目按期完成，达到质量标准，具体需要考虑到如下因素的影响。

① 软件开发技术更新迭代快，是否采用新技术影响软件项目管理的实施。技术层面，新技术应用不仅带来创新的可能，也会引入新的风险和挑战。新技术的采用需要项目团队具备相应的技术知识和适应能力，同时也要考虑到新技术的市场接受度和兼容性。这些都会影响软件项目管理的实施。

② 软件商业模式要求管理者具备相应的市场把控能力和风险处理能力。软件商业模式也是不容忽视的因素。不同的商业模式可能导致不同的收益结构和市场反馈周期，成熟度较低的技术或商业模式可能带来更高的不确定性和风险，这要求项目管理者具备更高的市场把控和风险处理能力。例如，基于订阅的软件服务（如 SaaS）要求持续的产品更新和优化，这种模式下的项目管理需要重视敏捷性和快速响应市场的能力。

1.3.3　软件项目管理的必要性

软件项目管理的
必要性

软件开发区别于传统的物理产品制造，它更多的是一个设计和创新过程，而非纯粹的制造活动。软件项目通常具有"一次性"和"人力密集型"的特点，它们依赖的不是大量的物质资源，而是团队成员的技能、责任心和协作。团队成员的更替可能给项目带来不可预测的影响，有时甚至可能导致灾难性的后果。软件项目的这些独特属性，加之开发过程本身的不可见性，使得软件项目管理具有与其他类型项目管理截然不同的特点。项目经理往往难以直接监控开发进度，只能依赖文档来评估进度。因此，软件项目经常面临工期推迟、超出预算或落后于计划的情况。

在全球经济日益依赖软件的背景下，软件的作用变得日益重要，软件也由此成为现代世界不可或缺的一部分。随着系统规模和复杂度的增加，软件行业的从业者逐渐认识到掌握软件开发技术与管理知识同等重要。例如，向现有系统添加新功能时，技术和组织上的挑战层出不穷，这些挑战源于企业对提高生产力、提升软件质量和缩短开发部署时间的不断追求。这一切都凸显了有效项目管理的重要性。

伴随着计算机硬件技术的飞速发展，软件的规模和复杂度也在不断增长。软件开发已从"个体英雄主义"模式转向团队合作模式，项目管理也从"作坊式"管理转变为"工厂式"管理。要提高软件项目管理水平，不仅需要强化公司整体的参与意识，还需要跨部门的协作。例如，会计部门在项目预算、财务管理和成本控制方面发挥作用；研究部门（如技术委员会）提供风险评估和技术指导；后勤部门负责提供必要的支持。因此，许多软件企业正积极将软件项目管理融入开发活动，采用有效的管理方法。这要求软件开发人员，尤其是项目管理人员，深入理解和掌握现代项目管理理论和方法，并完成思想观念上的转变。事实上，进行软件项目管理的意义远不止此，它还有利于将开发人员的个人能力转化为企业的集体开发能力，提高企业的软件开发成熟度和降低开发风险。

<11>

虽然许多通用的项目管理原则和方法也适用于软件项目管理，但由于软件项目的特殊性，需要采用专门针对软件项目的管理方法和技术。随着信息系统在各行各业的广泛应用，社会对软件产品的需求日益增长，国家经济发展对软件的依赖程度也在提高，从而凸显了软件项目管理的重要性。

要想取得软件项目的成功，良好的管理至关重要。随着软件规模的增大，开发过程不能再采用"作坊式"，而必须转向团队合作。软件项目涉及众多人员和活动，存在进度和资金的限制，还会遇到各种变化、风险和矛盾。只有通过有效管理，这些项目才能取得成功。斯坦迪什集团（The Standish Group）在 2003 年对 13522 个项目进行分析，结果显示只有三分之一的项目成功，82%的项目延期，43%的项目超出预算。项目失败的原因通常与管理不善有关，这也印证了一句行业谚语："软件项目是三分技术，七分管理。"

学习软件项目管理对于提高软件开发人员的专业素质至关重要。为了适应团队开发的要求，软件专业人员不仅要具备团队协作能力，还必须理解项目在进度、成本、质量和人员方面的计划及相应措施，以便更有效地工作并为所在企业创造价值。特别是管理岗位的人员，更需要具备项目管理的知识和技能。因此，在软件专业人才的培养中，必须高度重视提升人才的项目管理能力。

1.3.4　软件项目管理的发展历程

随着管理科学和计算机技术的不断进步，软件项目管理的需求日益增长。高效、创新的管理方法和理念已成为软件项目成功的关键因素。软件项目管理的发展历程与软件开发过程的演变紧密相连，在软件开发过程框架经历了瀑布模型、过程改进、迭代式开发三代发展的同时，软件项目管理的发展也经历了传统时期、过渡时期和现代实践时期。

① 传统时期（20 世纪 60 年代至 70 年代）。在这一时期，软件开发多依赖手工技艺。软件工程组织采用定制工具、特定过程和基于原始编程语言的定制构件进行软件项目管理。项目性能难以预测，因为成本、进度和质量目标往往难以达成。

② 过渡时期（20 世纪 80 年代至 90 年代）。软件工程组织开始采用可重复的过程和可购买的工具进行软件项目管理，并普遍使用高级编程语言。大部分（超过 70%）的构件是定制的，而剩余的（不足 30%）则由商业产品（如操作系统、数据库管理系统、网络和图形用户界面）提供。随着应用程序的复杂性增加，尤其是在向分布式系统的转变中，现有的语言和技术开始显得力不从心。

③ 现代实践时期（步入 21 世纪）。现代实践时期是软件生产的新阶段，项目组采用自动化环境和主要由商业构件（超过 70%）组成的系统进行软件项目管理。定制构件的比例降低至约 30%。得益于软件技术和集成生产环境的进步，这些系统的构建速度大大提升。

1.4　软件项目管理的组织形式

软件项目管理结合了项目管理的理论和软件产品开发的实际需求，以确保系统开发方法的顺利实施。它涉及成本、人力资源、进度、质量、风险和文档等方面的分析、管理和控制。本书将深入探讨软件项目管理的多个方面，内容将围绕软件项目管理知识体系展开。软件项目管理知识体系由项目管理协会制订，是一份被广泛认可的权威指南。它提供了一个全面的框架，适用于各类项目管理。本书将详细介绍软件项目管理的 2 个层次、4 个阶段、5 个过程、9 个领域和 42 个要素。

< 12 >

软件项目管理是一个多维度、多阶段的复杂过程，涉及不同层次的协调与管理。本章将系统地阐述软件项目管理的常见组织形式，并对每种形式进行深入分析。常见的软件项目管理组织形式如图 1.7 所示。

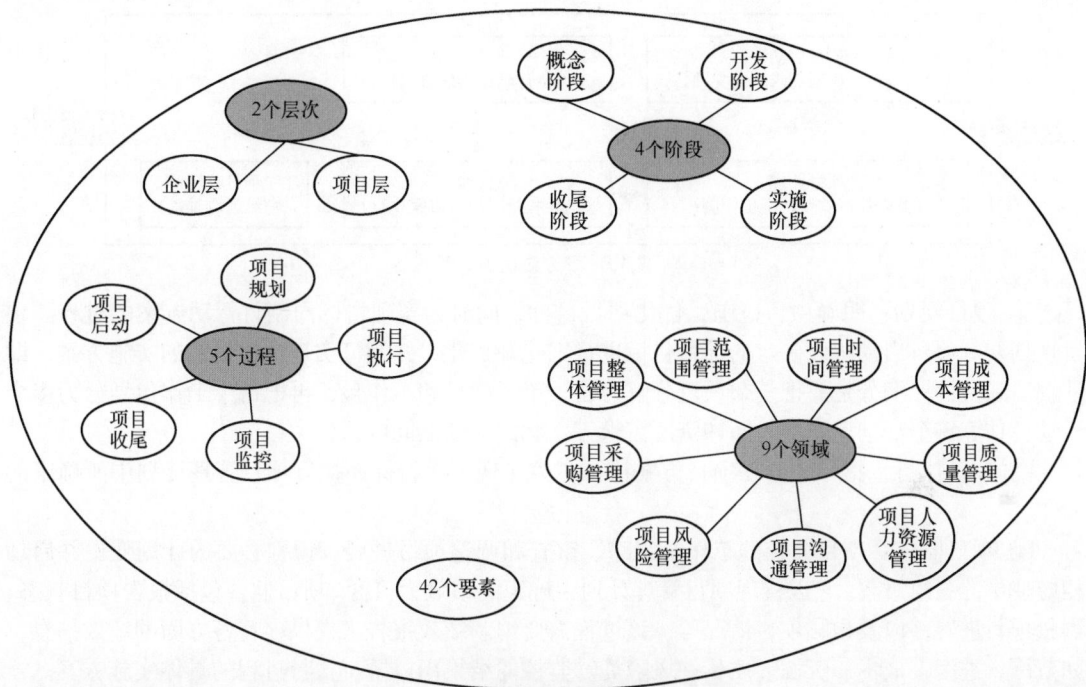

图 1.7　常见的软件项目管理组织形式

（1）2 个层次

软件项目管理的 2 个层次分别是企业层和项目层。

① 企业层：在企业层次，软件项目管理的重点是如何在资源限制下高效率地管理多个并行项目。这要求项目经理（软件项目管理的负责人）不仅要具备技术专长，还需要掌握跨项目的资源调配、优先级设定和利益相关者管理等综合技能。例如，项目经理应具备在多个项目间平衡资源和时间，以及管理各项目间的依赖关系和风险的能力。

② 项目层：在项目层次，管理的核心是确保单个项目的顺利完成。这包括对项目的计划、执行、监控和结束等各个阶段的全面掌握。重点是如何通过有效的流程管理、团队协作和用户沟通来实现项目目标，保证项目交付物的质量和满足利益相关者的需求。

（2）4 个阶段

软件项目管理经历以下 4 个阶段。

① 概念阶段：项目定义和可行性分析，包括市场调研、需求收集和项目范围的确定。

② 开发阶段：项目的详细设计和实现，这是项目管理中最为关键的阶段。

③ 实施阶段：产品的部署、测试和用户培训，确保软件能够在实际环境中顺利运行。

④ 收尾阶段：项目的关闭，包括文档整理、经验总结和用户反馈收集。

（3）5 个过程

4 个阶段对应软件项目管理的 5 个过程，是有顺序、有交互的管理内容，5 个过程的关系如图 1.8 所示。

① 项目启动：通过合同签订获得项目授权，定义一个新项目或现有项目的一个新阶段，正式开始该项目或阶段的一组过程。项目启动首先需要对项目的技术可行性、相关资源需求等进行

< 13 >

论证，并提出初步的技术方案；确定项目可行性后最关键的一步是要完成项目定义，形成一份类似项目章程（或项目任务书）的启动文件，明确项目名称、目标和范围、项目预算、相关责任单位和资源需求等，作为各单位执行项目的依据。

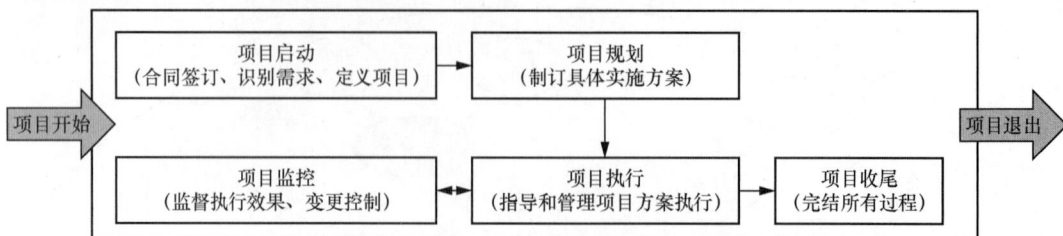

图 1.8　5 个过程的关系

② 项目规划：明确项目范围，优化项目目标，同时为实现目标而制订行动方案的过程。项目规划要对项目启动阶段确定的项目目标进行细化和优化，并制订实现项目目标的实施方案，即计划。项目目标细分是要把复杂项目分解为若干个子项目和工作包，再把每个工作包划分为多个活动，估算每个活动需要的时间和资源需求等，确定活动之间的依赖关系。

③ 项目执行：指导与管理项目方案执行，为实现项目目标而执行项目管理计划中所确定的工作。

④ 项目监控：项目监控的工作是跟踪、审查和调整项目进展，识别必要的计划变更并启动相应变更的一组过程。它以实现项目管理计划中确定的绩效为目标。项目监督包括报告项目状态，测量项目进展，以及预测项目情况等。该过程需要编制绩效报告来提供项目各方面的绩效信息，如范围、进度、成本、资源、质量和风险等。监控的结果用以矫正执行过程的具体实施方案。

⑤ 项目收尾：项目收尾包含为完结所有项目管理过程组的所有活动，以正式结束项目或阶段或合同责任。当这一过程组完成时，就表明为完成某一项目或项目阶段所需的所有过程组的所有过程均已完成，并正式确认项目或项目阶段已经结束。

（4）9 个领域

软件项目管理知识体系细致地划分了项目管理的以下 9 个核心领域。

① 项目整体管理：覆盖项目启动的关键元素，如项目章程和项目计划的制订。这一部分还涉及项目执行的指导与管理、项目活动的监控，以及整体变更控制和项目收尾等方面。

② 项目范围管理：明确项目工作内容的界限。项目范围管理的核心在于对项目范围的规划、定义、核实和控制。

③ 项目时间管理：包括项目活动的定义、排序、历时估算，以及进度计划的编制和控制。

④ 项目成本管理：涵盖项目成本的估算、预算编制和成本控制。

⑤ 项目质量管理：通过质量保证和控制手段，确保项目产出（产品、服务或成果）的质量符合用户需求。

⑥ 项目人力资源管理：关注于高效利用人力资源，包括分配项目角色、组建项目团队、团队建设和绩效管理等。

⑦ 项目沟通管理：确保项目干系人之间的信息交流顺畅且全面，涉及项目信息需求的确定、信息的发布和收集，以及项目绩效信息的传播等。

⑧ 项目风险管理：识别、分析、应对和监控项目可能遇到的各种风险。

⑨ 项目采购管理：管理从项目团队外部获取所需产品、服务或成本的过程，包括采购规划、询价、选择供应商、合同管理等。

由于软件项目的特殊性质，软件项目管理除了包含传统的 9 个核心领域外，还特别强调在以下两个方面的管理内容。

① 软件配置项管理。软件项目中产生的众多程序和文档统称为配置项。鉴于软件项目的配置项种类繁多且经常变更，为了保证项目的顺利进行和软件产品的质量，需要严格控制这些配置项的变更，确保其完整性、一致性和可追溯性。

② 软件过程管理。软件过程指的是生产高质量软件所需完成的任务框架。它包括形成软件产品的一系列步骤，以及每一步所涉及的中间产品、资源、角色和采用的方法、工具等。高质量的软件产品标准必须通过严格控制的软件过程来实现。因此，软件过程的管理和持续改进至关重要。业界已广泛采用一些行之有效的过程框架，如 Rational 统一过程（rational unified process，RUP）以及能力成熟度模型（capability maturity model，CMM）、ISO 15504 等，这些已成为软件行业的普遍标准。

（5）42 个要素

项目管理的 42 个要素，涵盖从项目启动到收尾的各个方面，包括项目与项目管理，项目管理的运行，通过项目进行管理，系统方法与综合，项目背景，项目阶段与生命周期，项目开发与评估，项目目标与策略，项目成功与失败的标准，项目启动，项目收尾，项目的结构、内容、范围，时间进度，资源，项目费用和财务，状态与变化，项目风险，效果衡量，项目控制，信息、文档与报告，项目组织，协作（团队工作），领导，沟通，冲突与危机，采购、合同，项目质量，项目信息学，标准与规则，问题解决，会话与磋商，固定的组织，业务过程，人力开发，组织学习，变化管理，行销、产品管理，系统管理，安全、健康与环境，法律方面，财务与会计。

1.5 本章小结

本章主要介绍了项目与项目管理的基本概念，阐述了项目的定义、特点与日常运作的区别，以及项目管理的必要性和重要性；同时从项目管理的历史出发，介绍了项目管理的演变，包括关键技术和方法的发展，以及项目管理学科的形成；并深入探讨了软件项目管理的特殊性，包括其知识密集、技术含量高、需求变化频繁等特点，以及这些特点对项目管理的影响，并简述了其发展历史，从传统时期到现代实践时期；最后阐述了软件项目管理的组织形式，包括软件项目管理的 2 个层次（企业层和项目层）、4 个阶段（概念阶段、开发阶段、实施阶段、收尾阶段）、5 个过程（项目启动、项目规划、项目执行、项目监控、项目收尾）以及 9 个领域（软件时间、成本、质量、范围、人力资源、沟通、风险、采购、整体管理），并特别强调了软件项目管理中特有的两个领域：软件配置项管理和软件过程管理。

读者通过学习本章内容可以全面了解项目管理的基础知识，为进一步深入学习软件项目管理打下坚实的基础，并认识到软件项目管理与传统项目管理的区别和联系，以及软件项目管理在现代软件开发中的核心地位。通过对软件项目管理特点的了解和对项目管理知识体系的学习，读者能够系统地建立软件项目管理的概念，为后续章节中深入学习软件项目管理的各个方面奠定基础。

1.6 习题

一、简答题

1. 举例说明你遇见过的两个项目，以及你认为它们为什么是项目。
2. 简述软件项目管理与传统项目管理在目标、流程和挑战方面的主要区别，并解释为什么

<15>

这些区别使得软件项目管理需要独特的方法和技巧。

3. 从软件项目管理知识体系中选择两个领域，阐述这些领域在软件项目管理中的重要性，并举例说明在实际软件项目中如何应用这些知识来解决具体问题。

4. 软件项目管理的 5 个过程是什么？

5. 软件项目管理的特点有哪些？你认为其中对软件项目管理影响最大的特点是哪个？为什么？

二、实践题

假设你是一家软件开发公司的项目经理，公司一个新的软件开发项目是为一家零售连锁店开发一个库存管理系统，请你参考 1.3 节的内容，以你的理解回答以下问题。

① 如何有效启动项目开发工作？

② 如何确保项目在规定时间内完成？

③ 如何保障开发出的软件系统具有高质量？

④ 如何激励技术团队，保持他们的工作热情？

⑤ 在项目开发过程中，若连锁店突然出现资金问题，考虑如何应对？

< 16 >

第 **2** 章 软件项目管理体系

在信息技术迅猛发展的今天，软件项目管理已成为确保软件开发效率和质量的关键环节。本章旨在深入探讨软件项目管理的体系，介绍软件项目从概念到完成的全生命周期管理，以及项目管理工具的应用和选择。通过本章的学习，读者将获得对软件项目管理全面而深入的理解。

▶ 本章学习目标

① 了解软件项目管理的基本概念，以及项目生命周期各阶段的特点和重要性。
② 掌握软件项目规划、执行、监控和收尾的关键流程与方法。
③ 学习如何识别和应用不同的软件项目管理方法及工具以提高开发效率。
④ 熟悉软件项目中风险管理和质量保证的原则与实践。
⑤ 熟练掌握评估和选择项目管理工具的标准与流程，以及它们在实际项目中的应用。

2.1 软件项目生命周期

软件项目生命周期

软件项目是具有明确时限的特定任务，旨在完成既定目标。这种任务从启动到完成，遵循一个结构化的时间框架。在这个框架内，项目经历多个相互连接的阶段，这些阶段共同构成了所谓的"项目生命周期"。项目生命周期不仅定义了项目的时间范围，还概述了实现目标必须经历的关键阶段。

本书将整体软件开发过程分解为不同的阶段和流程。这种方法不仅有助于更好地理解和控制项目的进展，而且有助于更有效地分配资源和管理风险。因此，在项目管理实践中，重要的是将项目分割成易于管理的连续阶段，并在每个阶段开展一套针对性的管理活动。

每个阶段都有其特定的项目活动、目标和里程碑。项目团队必须达成这些目标，才能从当前阶段顺利过渡到下一阶段。这种分阶段的方法有助于确保项目按计划有序推进，并允许在每个阶段结束时进行评估和调整。

值得注意的是，软件项目的生命周期往往因项目而异，很少有两个项目的生命周期完全相同。

虽然大多数软件项目通常被分为 4 ~ 5 个主要阶段，但根据项目的复杂性和特定需求，阶段的数量可能会有所不同。

即使在同一领域内，不同组织的项目阶段划分也可能存在显著差异。例如，一个组织的软件开发生命周期可能只包括一个综合设计阶段，而另一个组织可能会将基础设计和详细设计分为两个独立的阶段。

在实际操作中，项目的生命周期可以根据所属领域或采用的具体方法进行进一步的细化。在定义项目生命周期时，通常需要明确每个阶段所需完成的技术工作，以及涉及的关键人员和角色。

软件项目通常可以划分为4个主要阶段：识别需求、方案设计、项目执行和项目收尾。这些阶段共同构成了软件项目的生命周期，如图2.1所示。

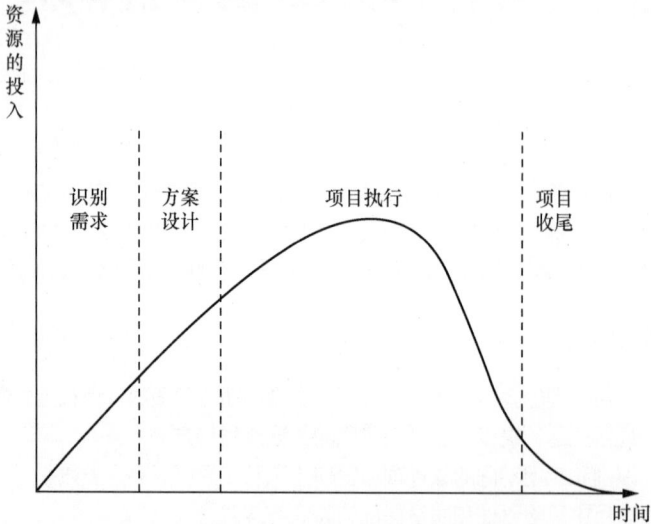

图 2.1　软件项目的生命周期

首先，项目生命周期的长度根据项目的规模和复杂性有很大差异，可能从几周到数年不等。其次，在整个生命周期中，人力资源和资金投入并不是均匀分布的。这些资源的投入在项目初期相对较低，随着项目的推进逐渐增加，在项目执行阶段达到峰值，之后逐渐减少，直至项目结束。

每个阶段的主要任务和侧重点也有所不同。

① 在"识别需求"阶段，项目团队的主要任务是理解和记录用户的需求。这些需求可能是明确的，如提高销售效率，也可能是隐性的，如市场潜在需求的发掘。有效地识别这些需求是项目成功的关键。例如，一家公司可能需要建立一个电子商务平台来改善其销售服务。在这个阶段，理解用户的时间和成本限制也至关重要。

② 在"方案设计"阶段，团队需要对用户的需求进行深入分析，并提出可行的解决方案。这包括对新系统的可能开发成本、运营成本以及预期效益进行全面评估。如果可行性研究结果积极，项目团队将设计详细的解决方案，并规划相关的进度、成本、质量、风险和人力资源管理策略。此阶段可能涉及多个组织向用户提交解决方案，最终由用户选择并签订合同。

③ "项目执行"阶段涉及实际实施项目计划，以实现解决方案并满足用户需求。例如，对于电子商务系统项目，这可能包括在特定的时间和成本约束下开发和部署电子商务平台，并通过用户测试。在此阶段，项目团队需要不断监控和调整项目进度，确保项目目标得以实现。

④ "项目收尾"阶段主要是确认所有项目成果已经成功交付给用户，所有费用已清算。这个阶段还包括对项目过程的总结，从中学习并提取改进未来项目管理的经验教训。此外，项目团队应调查用户满意度，并收集用户及团队成员的反馈，以便提高未来项目的性能。

需要强调的是，项目的生命周期与项目产品的生命周期是两个不同的概念。对于软件项目而言，项目结束通常意味着软件产品已交付并通过用户验收，但软件的使用和维护阶段可能还会持续很长时间。对于较大规模的软件，其后续的修改和维护工作可能需要作为独立的项目来管理。

多数软件项目的生命周期有着共同的特征，这些特征主要体现为拥有共同的执行阶段。根据软件项目生命周期的各个阶段，软件项目开发过程可以进行细化，如图2.2所示。

<18>

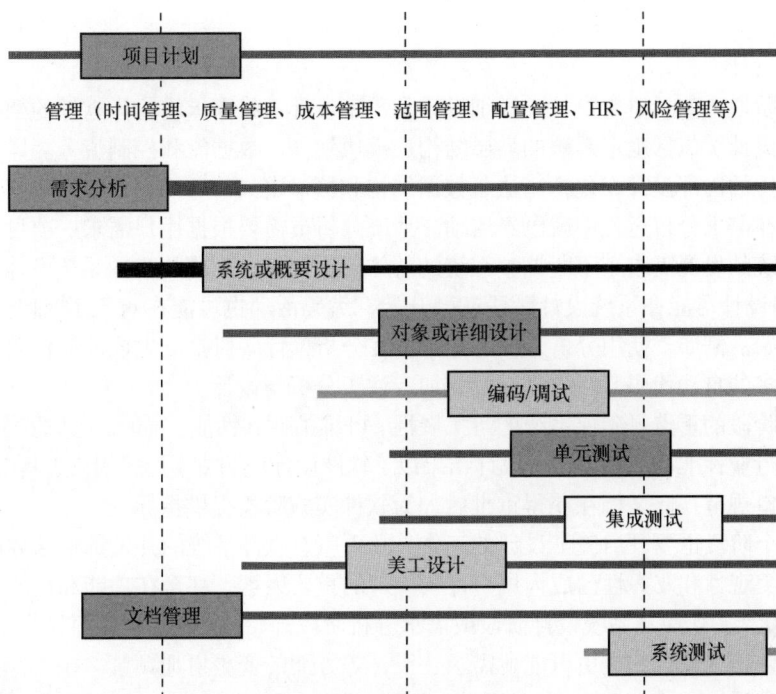

图 2.2　软件项目开发过程

（1）项目计划

本阶段的核心是确定项目的目标、范围和可行性，并能够形成项目的管理计划（从项目规划和可行性研究到项目管理计划）。

首先，构思和形成项目提案，包括对市场需求、技术趋势和组织目标的初步分析。其次，定义项目的具体目标、预期成果以及关键里程碑。这一过程需要跨部门合作，确保各方利益和需求得到平衡考虑。

对项目提案的深入分析涵盖了技术可行性、市场需求、资源可用性以及预期风险。特别强调评估项目对组织策略的贡献和可能的回报。在此基础上，形成具体的项目建议书，包括目标、预算、时间表和资源需求。

若项目涉及外包，还必须进行供应商评估、招标流程规划。这要求对外包合作方的技术能力、信誉和历史表现进行深入分析。产出物包括需求建议书、可行性研究报告和招标书，每份文档都应详细说明项目的目标、范围、预期结果和实施计划。

项目计划不应仅限于项目的启动阶段。事实上，软件项目计划是一个动态过程，需要在整个项目周期内持续进行。随着项目的进展，对计划应不断地进行细化和调整以适应新的需求和挑战。

（2）需求分析

项目启动后，正式的需求调研和分析等工作就开始进行，而需求管理同样是一个贯穿整个项目的持续活动。在需求分析阶段，重点是将用户的需求转化为具体、明确的系统规格。这要求与用户紧密合作，通过访谈、调研和工作坊等方式深入了解用户的业务流程、痛点和期望。

用户需求的分析要兼顾软件的功能性和非功能性需求，如可用性、性能和安全性。系统需求的制订则更加注重技术实现，涉及软件架构、数据模型和接口规范。

需求分析结果要以"需求规格说明书"形式详细记录。这一文档应包含清晰的需求陈述、优先级划分以及任何假设和约束条件。需求规格说明书在获得所有关键利益相关者的认可后，方可

< 19 >

进入下一阶段。

（3）系统设计

系统设计阶段（包括概要设计、详细设计和美工设计）将需求转化为软件的架构和设计。总体设计（概要设计）包括确定系统的高层结构、模块划分、数据流和控制流等。详细设计则关注每个模块或组件的内部设计，包括算法、数据结构和接口定义。

概要设计在需求分析过程中就已经启动。系统分析员需要根据用户需求、项目成本、现有技术资源以及系统的发展需求来不断调整系统的总体解决方案，形成初步的系统设计方案。

对象/详细设计可能在系统设计阶段就已开始，编码活动也可能在对象/详细设计阶段，甚至更早的阶段开始。例如，使用分析建模工具可以在分析设计阶段自动生成部分代码，这些工具的目的是生成更多的自动代码，使软件开发更加专注于分析与设计。

系统设计阶段的重点是确保系统的可扩展性、可维护性和性能。同时，考虑安全性和合规性，确保设计符合行业标准和法规要求。设计结果以《软件设计说明书》形式提交，其中包括设计图、算法描述和接口规范。此文档在获得审批后，为软件实施阶段提供指导。

同时，这个阶段也要开启美工设计的工作。几乎所有软件系统的开发都包括界面美工设计的考量。界面的美观性和友好性已成为用户评判软件的重要因素，甚至在功能和性能之前影响用户的决策。美工设计工作应从系统设计阶段或需求分析阶段开始，并将持续贯穿整个软件开发过程。在这个过程中，美工设计的变更可能比需求、设计等方面的变更更加频繁。

（4）软件实施

软件实施阶段涉及编码与调试工作，是以设计说明为基础，进行代码编写和模块实现。开发团队采用敏捷或瀑布模型等方法论，按照计划和迭代目标进行开发。

代码编写要遵循编码标准和最佳实践，确保代码的可读性和可维护性。同时，进行单元测试和集成测试，确保代码质量。软件实施阶段还包括数据迁移、系统配置和环境搭建。完成上述工作后，进行内部评审和测试，确保系统满足设计要求。

（5）系统测试

系统测试阶段的目的是验证软件是否满足定义的需求，包括功能测试、性能测试、安全测试和用户接受测试等。

测试是一个从需求分析阶段就开始的综合性活动。在需求分析阶段就应开始编写测试用例。单元测试应在编码阶段开始，最理想的情况是从一开始就对编码进行测试。集成测试不应过早开始，也不应在早期阶段进行过于频繁的系统集成与测试。在定制软件系统开发项目中，系统测试的重要性经常被忽视，这可能导致系统实施阶段的不可控。

测试计划应覆盖所有关键功能和场景，确保系统的稳定性和可靠性。对于测试过程中发现的问题需要记录、分析和修复。应详细报告测试结果，包括测试覆盖率、发现的缺陷和性能指标。测试完成后，进行最终的用户培训和系统部署。确保用户能够有效使用系统，并制订系统转换计划，包括数据迁移、系统切换和支持安排。

（6）文档管理

从项目启动到结束，每个阶段都需要撰写、审核和审定相关文档。文档管理是贯穿项目全过程的关键活动，有助于确保信息的准确性和可追溯性。

从上述软件项目开发过程可以发现，一个高效的软件开发过程应被视为一个闭环系统。并且在这个系统中，各个阶段都应对前一阶段产生的软件工作产品进行反馈。这确保了所有工作产品在整个项目过程中都得到持续的修正和完善。

< 20 >

2.2 软件项目管理的相关要素

在深入理解软件项目开发的阶段和基本生命周期之后，读者还应清楚软件项目管理的相关内容。这里以一个项目管理的实际例子开始：假设你是一位总经理助理，突然接到通知，需要确保总经理能在明天早上9点准时抵达北京参加一项重要会议。你的任务包括安排总经理今晚搭乘末班飞机前往北京，并协调王师傅送总经理到机场以及北京分公司的吴经理在北京机场迎接。

对于这个例子，可以从软件项目管理的角度识别以下元素。

① 你作为总经理助理承担项目经理的角色，全面负责此次接机安排。

② "明天早上9点"，定义了项目的时间节点。

③ "总经理前往北京"，设定了任务环境。

④ "参加重要会议"，明确了项目任务。

⑤ "必须准时抵达"，这是项目的主要目标。

⑥ "安排搭乘末班飞机"，这是项目计划的一部分。

⑦ 王师傅和吴经理的参与代表了项目资源。

⑧ 考虑交通拥堵或恶劣天气的飞机延误等风险因素。

⑨ 成功的关键在于事先订票、查询天气预报、预留足够的路程时间。

这个例子展示了项目的3个核心特点：独特性、临时性和不确定性。基于这些特点，有效的项目管理需要综合考虑以下重要元素：范围（任务、环境、目标）、时间、成本、质量、人力资源、沟通、风险和计划。

因此，无论是哪种项目，管理的基本步骤包括明确项目需求、制订详尽计划、组织和分配资源、执行管理过程、实施阶段性成果的考核与评估，以及基于目标的分析、总结、改进和完善。在这个过程中，需求定义了项目的基础，计划提供了前提，资源提供了保障，组织是实施的手段，管理是核心，执行保证了成果，而评估与分析则是项目成功的关键监控手段。

软件项目管理是一个庞大而复杂的系统工程，涵盖众多要素。在项目管理中，这些要素通常被分为若干个环境，如政治和经济环境、科技环境、法规和标准环境、文化和意识环境、地理和资源环境等。最终，软件项目管理的要素涉及项目与项目管理、项目运行、系统方法与综合、软件开发、项目背景、项目阶段与生命周期、项目开发与评估、项目目标与策略、衡量项目成功与失败的标准、项目启动与收尾、项目结构、项目范围与内容、项目时间进度、项目资源、项目费用与融资、项目技术状态与变化、项目风险、效果度量、项目控制、信息文档与报告、项目组织、团队合作、领导与沟通、冲突与危机管理、业务流程、采购与合作、项目质量管理、项目信息学、标准与规范、问题解决、项目评价、监督与监理、人力资源开发、组织学习、变革管理、项目投资体系、系统管理、安全健康与环境、法律与法规、财务与会计等多方面内容。

软件项目管理过程中的各个里程碑阶段和任务之间构成了一个庞大的良性循环体系。整个项目的管理是由这些循环体构成的一个大的闭环系统。

2.2.1 软件项目管理的组织模式

软件项目，无论其规模大小，通常涉及多方利益相关者，其中至少包括用户和供应商。即使是企业内部自主开发的项目，也至少涉及两个关键部门：一个是负责开发和生产软件的技术部门；另一个是作为软件系统最终用户，使用这些系统来提高工作效率的业务部门。因此，软件项目管理的一个显著特点是至少两个组织或部门的协同合作。这种跨部门合作的目的，往往是集结不同组织的

< 21 >

资源和优势，如资金、技术和管理经验，以实现互补和共赢。

在软件项目的实施过程中，首先需要成立一个项目管理委员会，这是项目管理的核心决策机构。根据项目的具体需求，还必须设立多个专门小组，如系统设计组、产品研发组、用户服务组、质量监督组、评审组等。项目管理委员会通常由参与项目的多个单位或组织的高层领导组成，必要时，还应邀请行业专家参与。其主要职责如下。

① 根据项目管理相关制度，全面管理项目。

② 监督项目管理制度的执行情况。

③ 对项目的立项或撤销进行决策。

④ 任命项目经理及各专门小组的组长。

随着项目的推进，组织结构会经相应的调整而不断演进，这一过程称为组织的进化。项目组织的这种进化应与工作分解结构中制订的项目计划保持一致。在项目的各个阶段，人员会被分配到不同的活动集中，而在不同的阶段，重点活动集也会有所不同。例如，在项目的初始阶段，组织会集中力量制订计划，并需要其他小组的支持，以确保所制订的计划综合考虑了所有相关视角；在细化阶段，组织则致力于构建框架结构，并需要其他小组的协助，以确保框架设计的准确性和完整性。

2.2.2 软件项目管理的角色划分

软件项目的成功执行依赖于清晰的角色划分。项目通常涵盖从需求获取、系统设计、原型制作、代码编写到代码评审、测试等一系列环节。在这些环节中，利益相关者承担着不同的职责和义务，即每个成员根据其专长和任务需求担任特定角色。关键角色包括项目经理、项目成员、用户和监理等。在系统设计、编码、测试、实施和维护等不同阶段，涉及的专业技术人员如系统分析员、架构设计师、程序员、测试员、应用实施人员和系统维护人员等，根据项目需求被选入项目团队。本小节将重点介绍在软件项目中常见的关键角色。

软件项目管理的
角色划分

（1）项目经理

项目经理承担着确保项目按照既定进度、预算、工作范围和质量标准成功实施的重要责任。这一角色可能由一个人或一个团队担任。从项目的启动到结束，项目经理必须管理日常的项目计划、开发、实施、协作、沟通等任务，并解决软件项目开展过程中遇到的核心技术问题。如图2.3所示，一个优秀的项目经理应具备多种能力，如开发最佳实践标准、识别和发展项目管理方法、整合多项目信息、支持领导决策、构建项目管理信息化平台、培训和指导其他项目经理、监控所有项目状态、建立项目管理体系、优化资源配置、梳理项目管理流程和解决资源冲突等。

项目经理的角色至关重要，是项目成功的关键。然而，并非所有人都能迅速成为优秀的项目经理。基于波士顿大学公司教育中心的研究，本书总结出以下5个核心能力作为项目经理的基本职能的定义。

① 战略和战术项目计划制订。与项目团队合作进行初步研究，识别商业问题、需求、项目范围和收益；确定关键项目成果和里程碑；制订项目计划和工作分解结构；与团队和用户进行充分沟通，确保技术路线的明确性。

② 项目管理。管理和控制项目计划的执行，包括使用变更管理/申请程序；通过项目会议评估项目进展情况，沟通项目的变化和问题；确保项目里程碑的实现，进行质量评估。

③ 项目团队领导。让团队参与计划制订，使用正式和非正式方法跟踪项目进展；为团队成员设定绩效考核和发展目标；制订奖惩制度。

④ 建立用户伙伴关系。与用户合作确定项目目标和关键成果，定期向用户报告，理解并适应用户需求的变更。

< 22 >

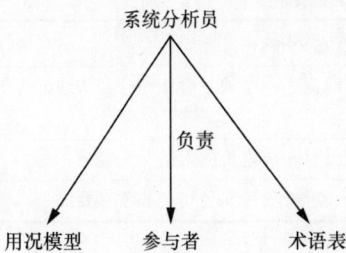

图 2.3　优秀项目经理完成项目的能力

⑤ 以企业总体需求为导向。根据企业的经营理念和价值观管理项目，与企业结构原则保持一致；理解业务需求和时间成本压力，以用户满意度为最终追求标准。

项目经理在实际工作中必须具备高度的综合素质和能力，包括经营能力、个人能力、管理能力和交际能力，以适应协调者、沟通者、会议召集人和主席等多重角色。

（2）系统分析员

系统分析员是将用户需求转化为可实现的软件系统模型的关键角色。他们负责定义系统需求，包括功能性和非功能性需求，并确保用况模型的完整性和一致性。系统分析员的主要职责如图 2.4（a）所示。

（3）架构设计师/系统设计人员

这些角色在需求分析阶段至关重要，他们负责描述用况模型的架构视图，是设计系统总体结构的关键人物。架构设计师的主要职责如图 2.4（b）所示。

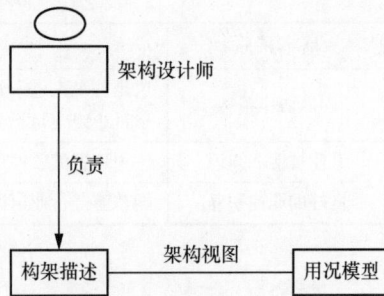

(a) 系统分析员的主要职责　　　　　　　(b) 架构设计师的主要职责

图 2.4　系统分析人员与架构设计师的主要职责

（4）程序员

程序员基于系统分析和架构设计的成果进行编码，实现系统功能。他们必须具备强大的编程技能，以确保代码的质量和性能。

（5）测试人员

测试人员负责系统的各级测试工作，包括单元测试、集成测试和系统测试，以确保软件产品的质量。

< 23 >

（6）实施人员

这些人员负责将软件项目的产品投入实际应用，确保软件满足用户需求。

（7）系统管理员

在软件系统投入使用后，系统管理员负责管理和维护系统运行。他们的职责包括软硬件设置、用户权限管理、资源分配、数据备份和处理日常事务。

2.2.3 软件项目管理的人员素质

在对软件产业的深入分析与研究中，业界专家们汇总了一些关键的经验教训。例如，他们得出如下结论。

① 软件开发的不可预测性仍然相当高，估计只有约 10%的软件项目能够在预定的预算和时间框架内成功完成。

② 相较于技术进步，有效的管理规范更是区分项目成功与失败的关键因素。

③ 高比例的软件废品和返工量是流程不成熟的明显标志。

这些结论指出，软件项目成功的概率普遍不高。项目成败很大程度上取决于团队成员的素质及其才能的恰当运用。在考虑如何为软件项目组建高效团队时，著名软件工程专家波姆提出了 5 项基本原则，如表 2.1 所示。

表 2.1　5 项基本原则

序号	原则	含义
1	顶尖人才原则	使用更好和更少的人员
2	工作匹配原则	把任务分给技能和动力都匹配的合适人选
3	职业发展原则	帮助员工选择自我价值能充分得以体现的组织，以取得最好的成绩
4	群组平衡原则	选择与其他人互为补充的、协调一致的员工
5	渐近淘汰原则	一个不称职的人留在软件项目组内对谁都没有好处

由此可以总结出在软件项目管理过程中，项目组成员应具备的一些基本素质，如表 2.2 所示。

表 2.2　项目组成员的基本素质

序号	基本素质	内涵
1	团队协作精神	这是一个人进入软件项目组的基本前提，一个缺乏合作精神和沟通能力的组员在项目小组中是不受欢迎的
2	专业技能和知识	一个理智的软件项目组是不会雇用没有一技之长的人的
3	良好的职业素养	能够遵守行业道德、保守公司秘密、忠于项目和公司是非常必要的

2.3 软件项目管理的原则

软件项目，从构思到完成，是由人类的需求和期望驱动的。这一过程涉及对项目管理工具和技术的综合应用。虽然最优秀的技术不一定能保证软件的成功，但其背后必定有着出色的管理。然而，在实际的管理过程中，常常出现项目失败或项目中止等问题。因此，软件开发过程不仅需要精心的管理，还需要遵循既定的原则。缺乏明确原则的软件开发往往导致难以预测的后果。软件项目开发的改进之道在于尊重和借鉴常识以及历史上的经验教训。在软件项目管理领域，众

< 24 >

多原则和经验教训引导了宝贵的指导原则的形成。

2.3.1　软件项目失控及原因

软件项目失控通常指在创建系统所需软件的过程中遭遇重大挑战，导致开发时间或费用远超预期。在《软件开发的滑铁卢》中，失控项目被定义为"超出预计时间或预算两倍以上的项目"。据毕马威会计事务所 1995 年的研究，失控项目特指那些"显著未能实现既定目标且至少超出原定预算 30%"的项目。上述定义突出了项目管理中时间和成本控制的重要性。根据分析，失控项目通常具有以下特征。

① 规模与野心。多数失控项目最初设计时规模庞大，过度的野心往往是导致项目失败的主要因素。

② 失败的多因素性。失控项目的失败通常不是由单一因素引起的，而是由多个问题的叠加导致的。

③ 初期的过度乐观。许多最终失败的项目，其优势在起初阶段常被过度夸大，尤其是与即将被替换的系统相比。

④ 进度和成本的超标。项目进度的超时（89%）比成本的超支（62%）更为常见。

⑤ 失控的早期识别。大多数项目失控情况是由项目团队（72%）首先发现的，而非由高层领导（19%）发现。

⑥ 风险管理的缺失。有 55% 的失控项目未实施任何风险管理措施，即使在实施了风险管理的项目中，也有 50% 项目在启动后未继续进行风险监控。

⑦ 忽视技术问题。技术问题正逐渐成为项目失控的主要原因。美国和英国的调查表明，约 50% 的失控项目归因于技术问题。比如项目采用新的编程语言、数据库、开发平台等新技术解决方案。这些新技术虽然具有吸引力，但因存在初期缺陷和学习成本高昂等问题，常导致项目延误和超预算。还有许多国内软件企业在系统架构设计上存在明显缺陷。缺乏稳定和全面的系统设计，以及设计人员的专业水平不足，常导致项目难以应对需求变更。另外，有的项目会忽视软件的性能问题。在处理实时数据交易、大量并发访问等方面，软件性能依然是关键考量因素。

项目失控最终可能导致项目完全失败。当前，软件项目的整体成功率并不理想，很多项目未能达到最初的功能目标。项目管理的不足是导致这一现象的主要原因之一。然而，需要强调的是，项目管理不能弥补专业技能的缺失，它只能优化和提升现有技能的应用效率。换言之，无论项目管理多么高效，它也无法替代缺乏设计、编程或软件技术知识的团队成员。项目失败的原因主要是在管理过程中出现的种种不利因素，其中比较普遍的问题如图 2.5 所示。

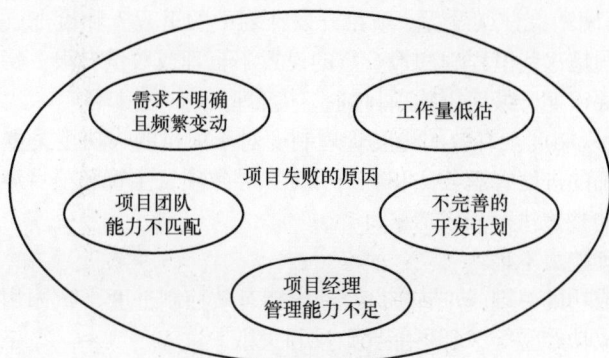

图 2.5　软件项目失败的原因归纳

< 25 >

（1）需求不明确且频繁变动

用户需求是软件项目的核心，涵盖功能、操作方式、界面风格、报表格式等多个方面。由于用户对计算机系统的认识有限，其需求在项目初期往往不明确，且随项目进展而不断变化。这不仅增加了项目开发难度，还可能因开发团队与用户间沟通不畅，造成需求理解上的偏差，进而导致软件产品与用户期望不符。

（2）工作量低估

精确估计软件项目的规模是一项挑战，需要考虑技术难度、人员生产率、项目复杂性等多种因素。常见问题包括轻视工时估算、忽视隐藏的工作量（如培训、评审时间）等。此外，用户和管理层的压力、开发者的自信或经验依赖也常导致工作量的低估。影响工作量低估的主要因素如下。

① 受外部压力影响的工时数的估算。在实际操作中，工时数的估算常受到用户和公司高层的压力影响。例如，工时安排往往不是基于项目的实际需要和开发规律，而是会受到外部因素如市场需求和管理层决策的影响，导致工时安排与项目实际需求不符。

② 开发者的过度自信和自尊心问题。开发者有时会因过度自信或担心估算过高而被质疑，进而导致对某些技术问题的重视程度不够。这种心态可能导致对复杂问题的轻视，从而低估了项目的实际工作量。

③ 过分依赖经验的估算方法。常见的一个问题是开发者过分依赖以往的项目经验来估计新项目的工作量，而没有充分考虑新项目的特殊性、团队成员变化等因素。这种做法容易忽视每个项目的独特性，导致估算不准确。

（3）项目团队能力不匹配

软件项目的成功依赖于高技能团队。技术人员若不能满足项目要求，或对新技术不熟悉，将直接影响项目的质量、成本和进度。简单增加低技能员工或加班往往无法有效提升项目进度或产品质量。

（4）不完善的开发计划

开发计划的缺失或不精确会导致项目执行困难。常见问题包括责任分配不明确、开发阶段目标不清晰、里程碑和检查点设置不合理、缺乏有效的管理制度等。

① 不明确的责任划分和任务分配。项目的工作分解结构和组织结构应当明确且相互适应。但在实际情况中，这两者往往存在不匹配的情况，导致某些任务无人负责或多人重复负责，影响项目的效率和进展。

② 模糊的开发阶段成果定义。在项目开发的每个阶段，应明确要求提交的成果。但实际操作中，这些要求往往定义不清，导致无法准确判断项目的进展和完成情况，从而在项目后期造成大量积压工作。

③ 不合理的里程碑和检查点设置。项目开发计划中的里程碑和检查点是保证进度和质量的关键。然而，常见问题是这些里程碑和检查点的设置不合理或数量有限，特别是在关键阶段缺乏明确的检查点或设计评审期，最终影响项目的整体管理。

④ 缺乏有效的管理制度。有效的进度管理制度对于项目的成功至关重要。然而，一些项目的开发计划中缺乏明确的进度管理方法和职责分配，导致项目主管和项目经理难以有效执行进度管理，从而影响项目的整体执行和成功率。

（5）项目经理管理能力不足

项目经理是项目成功的关键。如果项目经理未能有效控制进度、激发团队积极性、管理成本、保持良好沟通或缺乏成功经验等，都可能导致项目失败。

总之，导致项目失败的因素是多方面的。良好的管理或许不能完全保证项目的成功，但不适

< 26 >

当或糟糕的管理绝对会导致项目的失败。随着软件系统规模的扩大和复杂性的增加，高效的项目管理在项目成功中的作用变得越发重要。

2.3.2　软件项目管理原则

从前面的分析可以发现，人们对于失败的总结从来没有停止过。没有规则的软件开发过程带来的只可能是无法预料的结果。为了应对层出不穷的软件失控问题，有经验的管理学家提出了许多原则性、经验性的理论，用于借鉴和改善软件开发管理，保证软件产品质量和开发效率。

（1）计划原则

项目管理的基石在于周密的计划。一个详细、可行的计划不仅可以指导项目团队知晓何时实施控制和变更，还可以使每个成员都能明确自己的责任和任务。遗憾的是，一些项目经理在制订计划时往往忽略了任务间的相互依赖性和实际操作性，结果导致大量时间浪费在返工上。一个合理的计划应考虑到所有关键要素，避免因遗漏重要环节而导致项目的失败。此外，项目计划应具备灵活性，以适应不可预见的变化，同时保持目标导向，确保团队成员始终保持高效的工作状态。

（2）Brooks 原则

弗雷德·布鲁克斯（Fred Brooks）在其著作《人月神话》中提出了一个重要原则：向进度落后的项目增加人手，反而可能加剧项目的延误。新加入的员工需要时间来适应环境和了解项目，这会暂时降低整体的工作效率。此外，增加人员还意味着更高的成本和潜在的法律风险（如违反劳动法规定的加班）。因此，项目管理者在考虑增加人手时，必须权衡各种因素，确保这一决策不会适得其反。

（3）验收标准原则

明确的验收标准对于确保任务质量至关重要。没有明确的验收标准，开发人员可能会陷入以不当方式完成任务的困境，不是过分追求完美，就是草率应对。为避免发生这种情况，项目经理应制订清晰、合理的验收标准，确保每项任务都能达到预期的质量水平，并与项目的整体目标保持一致。

（4）默认无效原则

在项目管理实践中，经常出现误解，即认为团队成员对项目范围、目标和策略的沉默是默认的赞同。事实上，沉默更多时候意味着不确定性和缺乏清晰的理解。有效的项目管理要求管理者主动与团队成员沟通，确保每个人都对项目的方向和目标有清晰的认识。通过定期会议、明确的沟通渠道和反馈机制，项目管理者可以促进信息的流通，确保团队对项目目标的统一理解，从而避免沉默带来的误解和潜在风险。

（5）80-20 原则

在软件项目管理中，80-20 原则表明在项目的 20%关键要求上常常花费 80%的努力。这一原则提示管理者需要识别并集中精力在那些最具影响力的任务上。例如，将资源和注意力集中在用户的核心需求上，而非边缘的功能上。同样，在人力资源分配上，应识别那些承担关键角色的团队成员并赋予他们更多的责任，而不是均等地分配任务。这种方法不仅提高了效率，而且通过优化资源配置，还显著提升了项目成功的可能性。

（6）帕金森原则

帕金森原则在软件开发中指出，没有明确的时间限制会导致工作效率的下降和项目的无限延期。有效的项目管理应该包括设定明确的时间框架和里程碑，以及对进度的持续监控。这不仅有助于避免项目的不必要膨胀，还能激励团队成员保持专注和效率。定期的项目评审和调整会帮助团队适应变化，同时保持项目进度和目标的一致性。

< 27 >

（7）时间分配原则

在项目计划制订过程中，将资源的可用率设定为 100%是不现实的。考虑到开发人员的休息、会议等因素，他们的实际工作时间通常低于理论工作时间。理解和接受这一现实，对于制订有效的项目计划至关重要。项目管理者应该预设开发人员的实际时间利用率，并据此安排任务和期限。例如，如果预计一个任务需要 10 小时完成，则应该预留 12～15 小时来完成它，其中便考虑到了非工作时间和效率波动。

（8）变化原则

在项目管理中，变化是唯一不变的因素。管理者必须预见并接受这些变化，并准备好相应的策略来应对。这包括早期识别潜在的风险，制订风险管理计划，以及建立足够的灵活性来应对不可预见的变化。通过这种主动的方法，项目管理者可以减少变化对项目的负面影响，同时利用这些变化作为提升项目成果的机会。

（9）作业标准原则

为确保项目团队高效工作，必须建立和维护一套清晰的作业标准。这包括代码规范、开发流程和质量控制机制。通过实施这些标准，项目团队可以减少错误和重复工作，提高代码的可维护性和可读性。此外，鼓励团队成员参与标准的制订和审查过程，有助于提升团队成员对标准的认同感和遵守程度。

（10）复用和组织变革原则

强化项目复用体系和实施组织变革是管理软件项目的关键策略之一。通过推广和采纳代码、模块和流程的复用，项目管理者可以显著提高生产率并降低风险。同时，通过精简项目管理结构、重定义工作职责，以及制订更为灵活的工作流程，可以改善沟通、提高效率，并营造一个更加积极的开发环境。

作为项目管理者，理解并运用以上原则是基础，但要想深入掌握项目管理知识和技能，还必须不断深入学习相关领域，如管理心理学、质量管理、组织变革、系统论等，并在实际工作中不断总结和应用这些知识。

2.4 软件项目开发和管理标准化

随着软件技术的快速发展和计算机技术的广泛应用，软件项目的数量呈现显著增长趋势。这不仅带来了更高的质量要求，也对软件项目的过程管理提出了新的挑战。软件项目管理从项目概念的孕育阶段开始，覆盖了需求分析、设计、编码、测试、部署、运维直至项目的结束。这一过程不仅涉及技术层面，还包括复杂的管理活动，如过程管理、产品管理、资源管理等。因此，为了有效协调这些复杂的活动，并提升管理效率，软件项目管理必须建立一套统一的行动规范和衡量标准。

软件项目标准化的实施为软件项目管理带来了显著好处，主要包括但不限于以下 6 点。

① 提高软件的可靠性、可维护性和可移植性。通过标准化的管理和开发流程，可以确保软件的高质量和长期稳定性，减少运行时的问题和故障。

② 提升软件产品质量。标准化的流程有助于保持产品质量的一致性，确保每个软件产品都达到预定的质量标准。

③ 增强软件人员的技术水平。标准化过程促使团队成员学习和遵守最佳实践，从而提升整体技术能力。

< 28 >

④ 促进团队沟通，减少误解和错误。明确的标准和流程有助于团队成员之间的有效沟通，减少因沟通不畅而产生的差错和误解。

⑤ 优化软件成果管理，降低成本。通过规范化管理，可以更有效地控制和降低软件产品的生产与运维成本。

⑥ 提高生产率，缩短开发周期。标准化的工作流程可以提高工作效率，缩短软件开发的总体时间周期。

在引入标准化的过程中，需要考虑多个层面的因素，包括但不限于技术、管理和文化层面。实施标准化需要精心规划和持续的改进，以确保标准能够适应不断变化的技术和市场需求。

2.4.1　软件项目标准的必要性

在软件项目管理中，标准化的推行是一项具有挑战性的任务。它不仅需要项目承担方的理解和支持，更要求项目团队中的每个成员，包括系统分析员、程序员和工程师，认识到标准化的重要性。通常，这些技术人员可能会将遵循标准视为与主要开发工作无关的额外负担。他们可能认为这些标准仅仅是为了满足项目管理的要求，而忽视了它们在提高项目管理效率、提升软件质量方面的实际作用。

为了在软件项目中正确有效地实施标准，并通过这一过程提高软件项目管理的水平和项目成果的质量，软件组织应当采取以下措施。

（1）标准的制订

参考国际标准、国家标准或行业标准，制订适合本单位软件开发的企业标准，并编写软件项目标准化手册。这些企业标准应突出实用性，所有规定都应明确、具体，以便于实施。同时，这些标准应与国际、国家以及行业标准的原则保持一致，确保不存在任何冲突。

（2）员工的参与与培训

在制订企业标准或软件产品标准的过程中，应积极吸收软件工程师参与。这不仅有助于他们充分理解标准的重要性和自身责任，还可以提高他们对标准的接受度。标准文件中不仅应叙述要遵循的要求，还应扼要说明这些要求的制订原因。

（3）标准的审查与更新

为适应技术发展的趋势，对于已制订的标准需要定期进行审查和更新。如果企业标准一旦制订便长期不变，将无法反映环境和技术的变化，从而导致实施中的问题，甚至可能导致人们对标准的偏见。

（4）辅助工具的支持

贯彻标准的过程应得到辅助工具的支持。在制订企业标准时，应同时考虑规划和配备相应的工具，以提高执行标准的效率。这不仅可以减轻开发人员因标准实施而增加的工作量，还可以解决他们常抱怨的工作量增加、烦琐、乏味等问题，使标准更易于被开发人员接受和应用于开发过程中。

2.4.2　软件项目标准的层次

软件项目管理标准的类型也是多方面的，按照标准提出的机构划分，有以下 5 类。

（1）国际标准

国际标准是由国际联合机构制订和公布，提供各国参考的标准。国际标准化组织（International Standards Organization，ISO）这一国际机构有着广泛的代表性和权威性，它所公布的标准也有较大的影响。

< 29 >

ISO 建立了"计算机与信息处理技术委员会"，简称 ISO/TC97，专门负责与计算机有关的标准化工作。这一标准通常冠有 ISO 字样，如 ISO 8631—1986《信息处理 程序构造及其表示法的约定》(*Information Processing Program Constructs and Conventions for Their Representation*)，该标准现已由中国收入国家标准。

（2）国家标准

国家标准是由政府或国家级的机构制订或批准，适用于全国范围的标准，如表 2.3 所示。

表 2.3　国家标准

序号	国家标准	解释
1	GB	中华人民共和国国家技术监督局公布实施的标准，简称"国标（GB）"。现已批准了若干软件工程标准。GB/T 的含义是推荐性国家标准
2	ANSI	美国国家标准协会（American National Standards Institute，ANSI）是美国一些民间标准化组织的领导机构
3	FIPS （NBS）	Federal Information Processing Standards（National Bureau of Standards，NBS），美国商务部国家标准局联邦信息处理标准
4	BS	英国国家标准（British Standard，BS）
5	DIN	德国标准协会（Deutsches Institut für Normung，DIN）
6	JIS	日本工业标准（Japanese Industrial Standard，JIS）

（3）行业标准

行业标准是由行业机构、学术团体或国防机构制订，适用于某个业务领域的标准，如表 2.4 所示。

表 2.4　行业标准

序号	行业标准	解释
1	IEEE	美国电气与电子工程师学会（Institute of Electrical and Electronics Engineers，IEEE）有一个软件标准分技术委员会（Software Engineering Standards Subcommittee，SESS），负责软件标准化活动。IEEE 公布的标准常冠有 ANSI 的字头。例如，ANSI/IEEE Str 828—1983《软件配置管理计划标准》
2	GJB	中华人民共和国国家军用标准（GJB）是由国防科学技术工业委员会批准，适合国防部门和军队使用的标准。例如，GJB 437—1988《军用软件开发规范》
3	DOD STD	美国国防部标准（Department of Defense_Standards，DOD STD），适用于美国国防部门
4	MILS	美国军用标准（Military_Standard，MILS），适用于美军内部

（4）企业规范

企业规范是一些大型企业或公司，由于软件工程工作的需要制订的适用于本部门的规范。例如，美国 IBM 公司通用产品部 1984 年制订的《程序设计开发指南》仅供该公司内部使用。

（5）项目规范

项目规范通常是指由某科研生产项目组织制订，为该项任务专用的软件工程规范。

从标准的领域来划分，涉及过程标准（如方法、技术、度量等）、产品标准（如需求、设计、部件描述、计划报告等）、专业标准（如职别、道德准则、认证、特许课程等）以及记法标准（如术语、表示法、语言等）。

从 1983 年起，中国已陆续制订和发布了 20 项软件方面的国家标准。这些标准可分为 4 类。

① 基础标准，例如，GB/T 11457—1989《软件工程术语》、GB 1526—1989（ISO 5807—1985）《信息处理 数据流程图、程序流程图、系统结构图、程序网络图和系统资源图的文件编制符号及约定》、GB/T 15538—1995《软件工程标准分类法》、GB 13502—1992（ISO 8631）《信息处理 程序

构造及其表示法的约定》、GB/T 15535—1995（ISO 5806）《信息处理 单命名中判定表规范》、GB/T 14085—1993（ISO 8790）《信息处理 系统计算机系统配置图符号及其约定》等。

② 开发标准，例如，GB 8566—1988《软件开发规范》、GB/T 15532—2008《计算机软件测试规范》、GB/T 15853—1995《软件支持环境》、GB/T 15697—1995（ISO 6593—1985）《信息处理 按记录组处理顺序文卷的程序流程》、GB/T 14079—1993《软件维护指南》等。

③ 文档标准，例如，GB 8567—1988《计算机软件产品开发文件编制指南》、GB 9385—1988《计算机软件需求说明编制指南》、GB 9386—1988《计算机软件测试文件编制规范》、GB/T 16680—2015《系统与软件工程 用户文档的管理者要求》等。

④ 管理标准，例如，GB/T 16260.1—2006《软件工程 产品质量 第 1 部分：质量模型》、GB 12504—1990《计算机软件质量保证计划规范》、GB/T 14394—1993《计算机软件可靠性和可维护性管理》、GB/T 19000.3—1994《质量管理和质量保证标准 第 3 部分：在软件开发、供应和维护中的使用指南》等。

2.4.3　CMM 软件能力成熟度标准

软件能力成熟度模型（capability maturity model，CMM）为软件过程改进提供了一个结构化的框架。该模型将软件开发和管理过程划分为 5 个成熟度等级，从最基础的初始级（第 1 级）到最高级的优化级（第 5 级），如图 2.6 所示。这一框架独立于具体的软件生命周期，且与采用的开发技术无关，提供了一种通用的改进途径。

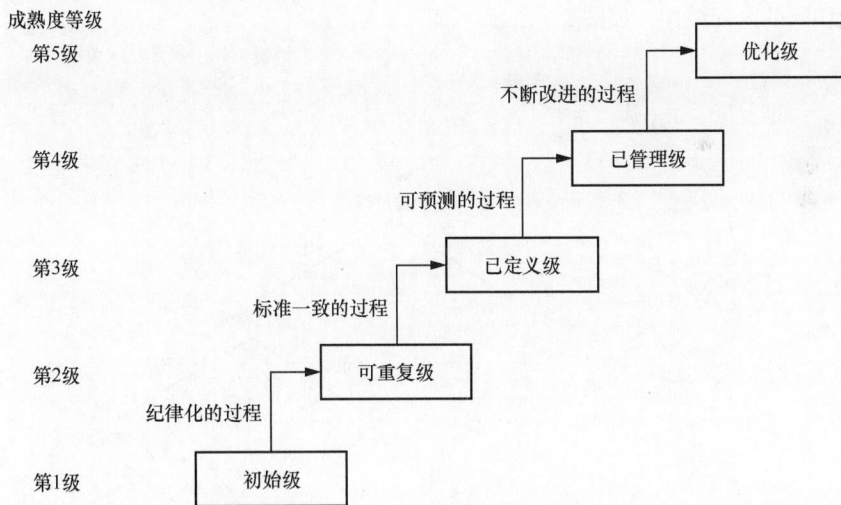

图 2.6　5 个成熟度等级

CMM 的历史可以追溯到 20 世纪 80 年代中期，当时由美国软件工程研究所（Software Engineering Institute，SEI）在美国国防部的支持下首次提出。该模型及其应用于 20 世纪 90 年代得到广泛认可，并被正式发表为研究成果。CMM 已被众多地区的软件产业界认可，特别是在北美和欧洲等地区，它已成为事实上的软件过程改进工业标准。近年来，中国的软件企业也积极采用 CMM，其中许多企业已经达到了第 5 级的成熟度，而且在一些软件项目的招标中，CMM 认证已成为基本的资质要求。

（1）初始级

在这个级别，软件过程通常是非正式和未经定义的，项目执行可能显得随意甚至混乱。尽管某些企业可能制订了基本的软件工程规范，但如果这些规范未能全面覆盖关键过程要求，或执行时缺乏相应的政策和资源支持，那么它们仍被视为初始级。

（2）可重复级

此级别着重于建立可管理的软件管理过程。一个可管理、可重复的过程是逐步改进和成熟的基础。此级别涵盖了需求管理、项目管理、质量管理、配置管理和子合同管理5个关键方面。特别是项目管理过程，它被进一步分为计划过程和跟踪与监控过程。通过这些管理过程的实施，项目执行能够按计划进行，并在各个阶段保持控制。

（3）已定义级

在此级别，企业需要制订全面的工程化标准，并将这些标准集成到企业的标准软件开发过程中。所有项目都应根据这个标准过程来定制适合自身的过程，并且严格按照这些过程执行。重要的是，过程的定制不应该是随意的，而必须经过企业相关人员的正式批准。

（4）已管理级

在这一级别，所有过程都必须建立相应的度量标准。所有产品的质量（包括工作产品和交付给用户的最终产品）都需要有明确的度量指标。这些度量指标应该是详细的，并且可以用于理解并控制软件过程和产品。通过量化的控制，软件开发将真正成为一种规范化的工业生产活动。

（5）优化级

达到此级别的目标是实现持续改进。持续改进意味着能够根据执行过程的反馈信息来优化下一步的执行过程。企业在达到第5级时，表明它能够根据项目的实际性质、所用技术等因素，不断调整软件生产过程，以达到最佳效果。

CMM由5个成熟度等级构成，每个成熟度等级有着各自的功能。除第1级外，CMM的每一级拥有完全相同的内部结构，如图2.7所示。

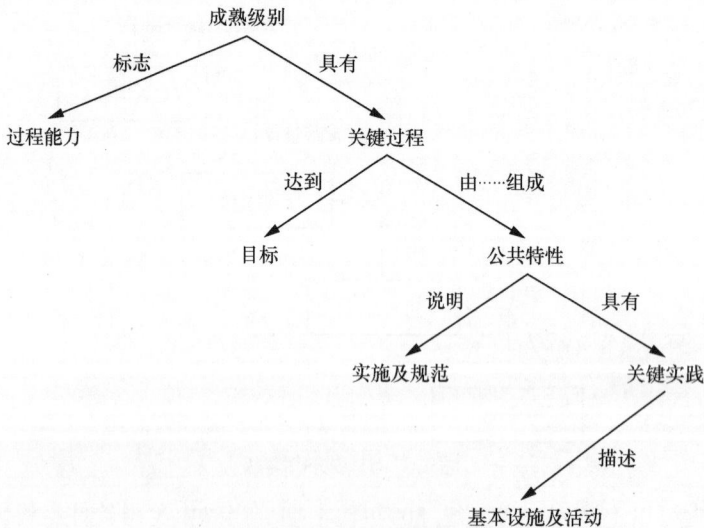

图2.7　CMM中软件过程的内部结构

每个成熟度等级都代表了软件组织在软件过程能力和实现预期结果方面的不同阶段。在每个成熟度级别中（第1级除外），包含了若干关键过程域，这些域是实现相应级别目标的关键。CMM根据过程改进的规律，划分了公共特性和关键实践。每个关键过程域都包含若干关键实践，并且这些实践都按照5个公共特性进行组织，确保了整个过程改进工作自上而下地有序进行。

为完成关键过程域中的实践活动，CMM将其活动分为5个公共特性，如表2.5所示。

< 32 >

表 2.5 CMM 的 5 个公共特性

序号	公共特性	含义
1	执行约定	描述组织为保证过程建立和持续发挥作用必须采取的行动，一般与组织的方针政策和管理方式有关
2	执行能力	描述在组织过程中每个项目或整个组织必须达到的前提条件，一般与资源、组织机构和训练有关
3	实施活动	描述实现一个软件过程关键域必须执行的任务和步骤，包括建立计划、跟踪、改进等
4	度量和分析	描述度量的基本规则，以确定、改进和控制过程的状态
5	验证实施	验证开展的实施活动与确立的过程是否遵循已制订的步骤，可通过管理和软件质量保证进行核查

2.5 项目管理工具

项目管理工具

随着计算机技术的飞速发展，软件项目管理技术也在不断进步。近年来，随着计算机性能的显著提升，一系列高效的项目管理工具应运而生，它们正在被项目管理专家广泛采用以优化项目执行过程。这些工具不仅适用于各种商业场景，还提供了易于操作的图形界面，以辅助用户更有效地控制任务、管理资源和成本、跟踪项目进度。市场上众多项目管理工具中，具有显著代表性的是 Microsoft Project 2000 及其后续版本，如 Microsoft Project 2021，它们代表了该领域的最新技术和理念。

2.5.1 应用项目管理工具的优势

应用项目管理工具可带来诸多益处，这些益处不仅提升了项目管理的效率和效果，还增强了整体的项目控制力。如表 2.6 所示，这些优势包括：精确性——提高了任务和资源分配的准确度；经济性——降低了项目成本，通过高效的资源利用和时间管理实现成本效益；简便性——用户友好的界面和简化的流程使得管理变得更加容易；处理复杂问题的能力——能够有效处理和解决项目中出现的复杂问题；可维护性和可更改性——便于项目过程中的调整和维护；保持记录——确保项目所有阶段的详细记录和文档化，便于审计和回顾。

表 2.6 应用项目管理工具的好处

序号	优势	含义
1	精确性	应用项目管理工具的主要好处是提高精确性。对于大型项目，人工绘制网络图、计算起止时间和相关需求资源的使用情况等都非常困难。项目管理工具运用精确的算法来计算项目信息，并设有大量内部例行程序检查用户的错误
2	经济性	基于个人计算机的项目管理工具售价约 400～700 美元。这个价格对于个人而言显得略微昂贵，但对于大多数企业而言是可以承担，并且是非常有价值的
3	简便性	项目管理工具的操作使用随着时间推移发展得越来越简便，使用人员稍加训练就可以完全掌握
4	处理复杂问题的能力	对于只有少数活动的短期项目，人工方法也许可行，但如果项目有数以千计的活动、上千种资源、持续若干年时间，那么项目管理工具对如此复杂工作的协助作用就显得非常重要
5	可维护性和可更改性	对人工系统进行项目信息的维护和修改，通常很麻烦。例如，如果某个项目管理没有应用系统，那么每次发生变化时，项目人员就不得不人工重新设计网络图、重新核算成本。而利用项目管理工具，数据资源的任何更改都会自动反映到网络图表、成本表以及资源分配表等项目文件中

< 33 >

续表

序号	优势	含义
6	保持记录	项目管理工具的一个主要优点是能很好地保持记录。例如，利用项目管理工具可以保护有关各个团队成员的进度计划、各项任务及所用资源的数据资料，以供在准备优质的报表或将来做计划时使用

2.5.2 项目管理工具的功能

在当今市场上，各式各样的项目管理工具层出不穷，每种工具都拥有其独特性和优势。为了使读者更全面地理解这些工具的功能，本小节在此列举了大多数项目管理工具的主要功能，如图 2.8 所示。

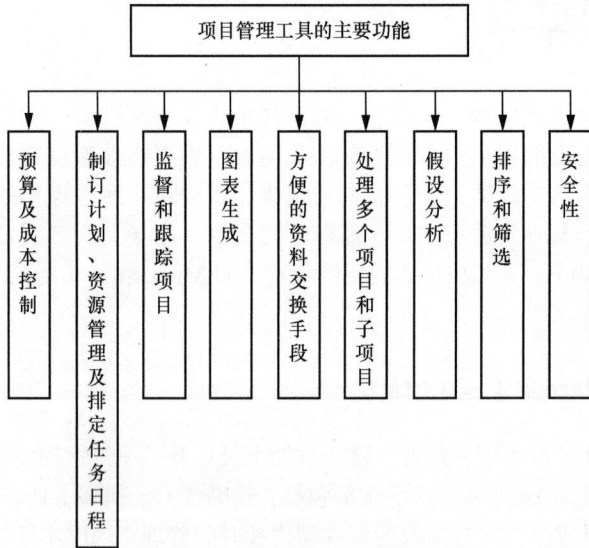

图 2.8　项目管理工具的主要功能

（1）预算及成本控制

项目管理工具提供了全面的成本管理功能，不仅能够实现追踪项目中各活动和资源的相关细节，而且能使用户精确计算人力成本（包括按小时、加班或一次性支付），并为原材料设定一次性或持续性成本。工具中的成本控制机制允许用户自定义成本函数，以适应不同的会计和预算需求。这些工具能够实时显示各项任务、资源（如人员、设备等）或整个项目的费用情况，并支持打印功能。

（2）制订计划、资源管理及排定任务日程

在项目管理工具的应用中，规划与资源管理是核心功能。这些工具使用户能够为每个任务设定具体的开始和预期结束日期，明确地排列任务的顺序，并有效分配可用资源。项目管理工具根据提供的任务与资源信息，智能地安排整个项目的日程。重要的是，这些工具能够灵活地应对项目中的变更，如任务和资源的调整，从而实时更新项目日程。

用户在项目管理工具中定义必须执行的各项活动。这些工具不仅能够维护详尽的资源清单，还能够管理活动和任务清单。对于每项任务，用户可以指定一个明确的标题、确定起始和结束日期、作出总结评价，并估算总工期。这种估算通常包括乐观、最可能和悲观的时间预测。同时，用户还必须明确任务间的先后顺序和负责人。尤其是那些处理数千名相关人员的大型项目时，工作分解结构的应用至关重要，这些工具可帮助用户更有效地规划和管理项目。

项目管理工具中的资源清单详细列出了各种资源，包括资源名称、可用时间的限制、成本标准、过时率以及资源获取方法等。每种资源都可以关联一个特定的代码和个人日程表，这样可以精确地控制资源的分配和使用。工具还允许用户根据项目需要对资源进行约束设置，如限制可用时间的数量。此外，用户可以按比例为任务分配资源，并设置资源分配的优先级。对于同一任务，可以分配不同的资源，并对每项资源进行详细备注和说明。值得一提的是，这些工具能够高亮显示并协助用户纠正不合理的资源配置，确保资源分配的合理性和有效性。

（3）监督和跟踪项目

项目管理工具的核心功能之一是监督和跟踪项目的进展。用户可以设定基准计划，并根据实际数据与之进行比较，以跟踪任务进度、成本、资源消耗等多种活动。工具不仅能自动生成各种报表和图表，如资源使用状况表、任务分配状况表、进度图表等，还支持对自定义时间段的跟踪。

（4）图表生成

与传统的人工方法相比，项目管理工具在数据处理和图表生成方面更为高效。它们能够基于最新数据快速且简便地生成多种图表，如甘特图、网络图和资源图表等。这些工具还支持将甘特图中的任务连接起来，展示工作流程，并允许用户在不同类型的图表之间进行切换。

（5）方便的资料交换手段

许多项目管理工具支持与其他应用程序的数据交换，这样用户可以方便地从文字处理软件、电子表格或数据库中导入信息。此外，一些工具还支持通过电子邮件发送项目信息，这有助于项目团队成员可以迅速获取最新的项目计划或进度报告。

（6）处理多个项目和子项目

对于大型和复杂的项目，项目管理工具提供了将其分解为子项目的功能，以便于更加有效地管理项目。同时，工具支持多项目管理，使项目经理或团队成员能在不同项目之间高效分配工作时间。

（7）假设分析

假设分析是项目管理工具的另一重要功能，它允许用户探索不同情况下的潜在结果。例如，用户可以询问系统"如果项目延迟一周，将产生什么影响？"，系统将自动计算并展示延迟对整个项目的影响。

（8）排序和筛选

大多数项目管理工具提供了强大的排序和筛选功能，使用户能够根据特定标准查看和组织信息。例如，用户可以按字母顺序排列任务和资源信息，或者筛选出特定的信息进行显示。

（9）安全性

安全性是项目管理工具的一个关键考虑因素。许多工具提供了安全管理机制，允许设置密码来保护项目文档和其中的关键信息，从而限制对特定数据的访问。

2.5.3 常见的项目管理工具简介

（1）CA-SuperProject

冠群国际公司（Computer Associates International，Inc.）推出的 CA-SuperProject 是一款广受欢迎的项目管理工具，特别是在需要管理复杂网络项目的专业人士、UNIX 或 Windows 操作系统用户，以及对高效能软件有需求的用户群体中尤为受到青睐。这款工具的强大之处在于它能够支持高达 160000 个任务的大型项目，这使其成为处理大规模项目的理想选择。

CA-SuperProject 因其在处理大型和小型项目上的卓越性能而获得众多评论家的高度评价。它拥有创建和合并多个项目文件的能力，为网络环境中的工作者提供了多级密码保护的

< 35 >

访问方式。这一工具的一个显著特点是其应用计划评审法（program evaluation and review technique，PERT）的概率分析功能，为项目管理带来了更深层次的洞察力。此外，CA-SuperProject 还内置了一个资源平衡算法，确保关键任务能够优先执行。

尽管如此，CA-SuperProject 也有其不足之处，其不足主要体现在其用户界面上。与市场上一些其他项目管理软件相比，CA-SuperProject 的用户界面并不尽如人意，这可能对新用户的学习构成一定挑战。不过，对于那些寻求一个强大且能够适应多种项目规模的管理工具的用户来说，它仍然是一个值得考虑的选择。

（2）Microsoft Project

Microsoft Project，作为微软家族的一员，已在项目管理工具市场上占据了显著的份额。这一工具的主要优势在于其与微软的其他产品之间的高度整合性。例如，Microsoft Project 的用户界面设计，如菜单栏和工具栏，与微软的其他产品极为相似，这优化了新用户的学习曲线。此外，Microsoft Project 在数据交互方面表现出色，用户可以轻松地在不同的应用程序之间传输信息。特别是，它允许用户无缝地从 Excel 中导入资源和成本数据，同时也支持将 Microsoft Project 中的甘特图通过拖放或链接的方式直接集成到 Word 文档中。

Microsoft Project 的日常用语、提示卡以及丰富的帮助示例大大简化了其操作过程。它的交互式日程系统、电子邮件功能和资源分配功能都非常强大，有效提高了项目管理的效率和便利性。对于高级用户而言，Microsoft Project 现在还包含了 Visual Basic for Applications（VBA）的支持，这一功能使用户能够自定义接口或自动化重复性任务，从而为复杂项目管理提供了更高的灵活性和效率。

Microsoft Project 也存在一些局限性，其最显著的缺点表现在关键路径管理方面。用户可能会发现，在 Microsoft Project 中查看和分析项目的关键路径并不像在其他一些专业的项目管理工具中那样直观或易于操作。尽管 Microsoft Project 在单个项目管理方面表现出色，但它在处理多个项目及子项目的能力上，与市场上的一些其他工具相比仍有提升空间。

（3）Project Scheduler

希特尔（Scitor）公司推出的 Project Scheduler 软件是一款基于 Windows 平台的用户友好型项目管理工具。这款软件以其易用性和高效性赢得了 *Computer* 杂志的"编辑选择奖"。Project Scheduler 继承了传统项目管理工具的核心特性，并在图形界面设计上表现出色，提供了强大的报表功能和出色的绘图能力。

其中，甘特图的设计尤其引人注目，它可以通过不同的颜色清晰地区分关键人物、时间差（正或负）、已完成的任务以及正在进行的任务，从而使项目进度一目了然。此外，任务间的图形连接设置非常直观，使得对任务时间的调整变得简单易行。软件中的资源管理功能，包括资源的优先级设置和平衡算法，也显示出其实用性和高效性。

Project Scheduler 在管理多个项目和大型项目中也表现出色，操作简便，同时其与外部数据库的连接功能也十分出众，这一点在同类软件中颇为罕见。不过，该软件在一些方面仍有改进空间，尤其是联机帮助、文件编制以及电子邮件功能方面还有一定的局限性。这些方面的进一步完善将使 Project Scheduler 成为更加全面的项目管理解决方案。

（4）Sure Trak Project Manager

Sure Trak Project Manager 是由普瑞玛维拉系统（Primavera Systems）公司推出的一款项目管理软件。Sure Trak Project Manager 以其高度的视觉导向性而著称，提供了卓越的缩放、压缩和拖放功能，使得项目管理更为直观和灵活。

该软件的界面设计注重用户体验，基本布局如柱状图、图表、色彩配置以及数据结构都可以轻松调整，符合用户的个性化需求。此外，它还提供了易于操作的定制模板创建功能。在工作分解结构（work breakdown structure，WBS）方面，Sure Trak Project Manager 表现出色，使得任务

< 36 >

的划分和管理变得简单直观。

对于重复性活动的处理，该程序提供了便捷的解决方案，使得用户可以高效地管理重复任务。活动网络图的功能也非常强大，支持将数据分段保存在磁盘上，并且可以轻松导入其他程序中使用。

然而，该程序在联机帮助和文件编制方面存在一些不足。为了提高用户体验，在未来版本这是需要改进的关键方向。

（5）Time Line

在 *Computer* 杂志颁发的"编辑选择奖"中，赛门铁克（Symantec）公司的 Time Line 软件脱颖而出，成为荣获该奖项的杰出软件之一。Time Line，作为一个项目管理工具，虽然对初学者可能稍显复杂，但对于经验丰富的项目经理来说，它却是首选之一。这款软件的一大亮点在于其先进的报表功能和与 SQL 数据库的无缝连接能力。

Time Line 的设计注重细节和用户体验，其日程表、电子邮件管理、排序及筛选功能都经过精心设计，以便于用户高效管理项目。此外，它对多项目的处理能力也十分出色，使得同时管理多个项目变得更加便捷。

特别值得一提的是 Time Line 的 Co-Pilot 功能，这是一个推出式的辅助工具，极大地增强了用户界面的友好性和操作的简便性。通过 Co-Pilot，用户可以轻松访问帮助信息和指导，从而更快地掌握软件的使用方法。

（6）High-End Project Management Software

基于个人计算机的项目管理软件在处理大型或企业级项目时具有局限性，此时需要转向考虑高端项目管理软件（High-End Project Management Software）。这类软件专为大规模项目设计，拥有更高级的功能和更强大的处理能力。例如，Lucas Management Systems 的 Artemis、Welcome Software Technology 的 Open Plan、Primavera 的 Project Planner 以及 PSDI 的 Project/2 等，都是此类软件的杰出代表。

（7）Worktile

Worktile 是一款面向企业的项目协作工具，提供任务管理、项目看板、日程管理、团队沟通、文件共享等功能。它以其全面的项目管理功能和高度定制化能力而受到企业的青睐。百度、小米等国内知名公司也常用它作为项目管理工具。

（8）钉钉

钉钉是一款企业级办公协同平台，提供了通信、协作、管理等功能。它以其功能全面、使用人数众多而著称，能够满足企业内部沟通、项目管理、企业办公等多种需求。

（9）腾讯 TAPD

腾讯 TAPD 是腾讯公司推出的一款研发项目管理平台，提供需求管理、任务管理、缺陷跟踪等功能。它支持敏捷模型，能够帮助软件开发团队更好地管理项目。

上述这些项目管理工具系统通常配备了先进的算法，用于优化进度计划和资源配置，从而提高项目管理的效率和效果。就成本而言，国外的高端项目系统的价格通常在数千到数万美元之间。预计随着市场竞争的加剧和技术的进步，这些系统的价格将逐渐下降。同时可以预见到基于个人计算机的项目管理系统将不断增强其功能，以满足日益复杂的项目管理需求。这表明，在选择项目管理工具时，企业需要综合考虑项目的规模、团队环境、开发模式、项目复杂性以及预算等因素，以确保选用最合适的工具。

2.5.4　项目管理工具的选择标准

在软件开发工程中应选择合适的项目管理工具，表 2.7 列出了一些项目管理工具的选择标准。

< 37 >

表 2.7　项目管理工具的选择标准

序号	标准	内涵
1	容量	此指标主要用于评估系统处理多项目环境的能力，包括预期的项目数量、所需资源的多样性及同时管理的项目数量。一个理想的系统应能够有效处理高容量的项目和资源，确保项目管理的效率和准确性
2	文件编制和联机帮助功能	不同项目管理工具在文件编制和联机帮助功能方面表现各异。在选择时，需重点考虑用户手册的可读性，概念的逻辑清晰度，手册和联机帮助的详尽程度，以及实例说明的数量和质量。此外，对高级功能的解释清晰度也是选择的关键指标
3	操作简易性	此项选择标准涉及系统的用户界面设计（如视觉效果和感觉）、菜单结构的直观性、快捷键的实用性、色彩显示的有效性、单屏显示信息的量、数据输入和修改的简便性、报表生成的易用性、打印输出的质量和屏幕显示的一致性。此外，用户学习使用系统的难易程度也是一个重要的考虑因素
4	可利用的功能	该指标需要考察的是系统是否具备项目管理所需的关键功能，如工作分解结构、甘特图和网络图的生成，资源平衡或均衡算法的有效性，以及系统是否能进行有效的信息排序和筛选、预算监控、日程表生成和项目跟踪与控制。另外，系统是否能识别并纠正资源配置的不当，以及提供解决方案，也是选择的关键点
5	与其他系统的兼容能力	在多变的工作环境中，项目管理工具与其他系统（如数据库、电子表格等）的兼容能力尤为重要。某些系统可能只与少数常用软件包兼容，而其他系统则能与分布式或面向对象数据库实现高级集成。项目管理工具将信息导入文本处理和图形软件包的能力也是选择时的一个考虑因素
6	安装要求	这涉及项目管理工具对计算机硬件和软件的要求，包括内存大小、硬盘空间容量、处理速度和能力、图形显示类型、打印配置以及操作系统的兼容性等
7	报表功能	目前，项目管理工具在报表功能方面存在显著差异，有些系统仅提供基本的计划、进度和成本报表，而其他系统则提供更广泛的报表选项，涵盖任务、资源、实际成本、付款情况、工作进度等多个方面。系统中报表的定制能力也应考虑在内，因为多数用户特别注重工具生成的报表的全面性和说服力
8	安全性能	某些项目管理工具在安全性方面表现更优。如果安全是一个重要的考量，那么应特别注意项目管理工具、项目文件及数据资料的访问限制方式

2.6 本章小结

　　本章深入探讨了软件项目管理的诸多方面，提供了全面的理论知识和实践技巧。首先阐述了软件项目生命周期的各个阶段，以及每个阶段的关键活动和管理要点；随后，初步描述了软件项目管理的组织模式和角色划分，包括项目经理、系统分析员、架构设计师、程序员、测试人员等不同角色的职责和要求；并对软件项目管理中常见问题进行分析，以及介绍了如何运用项目管理原则来避免这些问题，确保项目顺利进行；接着，介绍了软件项目开发和管理的标准化，包括标准的层次、CMM 软件能力成熟度标准，以及标准化对提升项目管理效率和软件质量的作用；最后讨论了项目管理工具的选择和使用，包括不同项目管理工具的优势、功能和选择标准，以及如何根据项目需求选择合适的工具。

　　读者通过学习本章内容能够全面理解软件项目管理的框架和流程，为有效管理软件项目提供理论支持，同时熟悉项目管理工具的选择和应用，并理解项目管理的原则和初步了解其应用场景。这为读者学习后续关于软件项目具体开发技术和管理策略的内容奠定了坚实的基础。

< 38 >

2.7 习题

一、简答题

1. 描述软件项目开发的典型阶段，并列举至少 3 个在管理软件项目时必须考虑的关键要素。请解释为什么这些要素对项目成功至关重要。

2. 选择一个常见的软件项目管理问题，如项目延期或超预算，分析应用哪些软件项目管理原则可以有效解决或缓解这个问题，并说明理由。

3. 解释 CMM 软件能力成熟度模型的基本构成，并讨论在提升软件项目管理水平方面达到更高成熟度等级的好处。可以结合软件项目标准的层次，讨论标准化对于提升项目管理质量的重要性。

4. 讨论 CMM 软件能力成熟度标准在提升软件项目管理质量方面的作用。请结合一个实际案例，说明一个组织如何通过实施 CMM 标准或其他软件项目管理标准，实现其软件开发流程的改进和项目管理质量的提升。

5. 搜索全网，根据推荐找到一款适合小型软件的项目管理工具，请列举该工具的至少两个核心功能，并解释这些功能可能在后续能够应用到项目管理的哪些方面。

6. 项目管理有很多前人总结的经验原则供参考，其中有一条 Brooks 原则，请阐述这条原则的含义和指导性意见是什么。

二、实践题

作为一名项目经理，你负责的软件是一个面向中小型企业的财务管理系统，软件主要用于提高用户公司的财务处理效率和准确性。项目已经进入收尾阶段，但面临紧迫的上线时间表和多项待完成任务。具体任务如下。

① 确保软件在两周后的周五上午 10 点前完成最终测试，并成功部署到云端服务器。

② 协调开发团队解决剩余的 bug 和性能优化问题。

③ 安排 QA 团队进行最后的压力测试和兼容性测试。

④ 与市场部门沟通，确保上线宣传材料准备就绪。

⑤ 与技术运维团队合作，完成服务器配置和备份策略的制订。

⑥ 与客服团队协调，准备用户手册和在线支持服务。

请回答以下问题。

① 请根据以上案例，列出该项目的任务、环境条件、目标。

② 制订一个简要的时间管理计划，包括关键的时间节点和相应的任务。

③ 思考该任务条件下可能会出现哪些意外情况需要应对。

< 39 >

第 3 章

软件开发模型

在当今快速发展的信息技术领域，软件开发模型的选择对于项目的成功至关重要。本章旨在深入探讨和分析不同的软件开发模型，以及它们在实际项目中的应用和效果。通过对本章的学习，读者将能够理解软件开发模型的重要性，掌握各种模型的特点和适用场景，并学会如何在不同情况下选择和应用合适的开发模型。

本章学习目标

① 了解软件开发模型的基本概念，以及不同模型之间的相互关系和差异。

② 掌握传统软件开发模型（如瀑布模型、迭代模型、螺旋模型等）的基础理论及应用场景。

③ 学习敏捷模型方法论，包括 Scrum、极限编程（extreme programming，XP）等，并理解其背后的价值观和原则。

④ 熟练掌握采用敏捷模型解决快速迭代、需求变化等问题的具体流程及注意事项。

⑤ 了解开发运维一体化模型（development and operations，DevOps）的知识和实践，理解其如何促进开发与运维的高效协同，以及对软件交付流程的影响。

3.1 传统软件开发模型

本章将从前面的软件项目管理的主题转到软件开发模型的主题，将讨论的内容转移到软件项目核心的开发主题上。软件开发模型和软件项目管理的概念对比如下。

① 软件开发模型是描述软件开发过程、活动、任务和资源使用的框架。它定义了软件开发的阶段、流程、方法和工具，旨在提高软件开发的效率和质量。常见的软件开发模型包括瀑布模型、增量模型、螺旋模型、敏捷模型（如 Scrum、XP 等）。

② 软件项目管理是指通过合理的计划、组织、领导和控制，确保软件项目按照预定的目标、时间、成本和质量要求完成的一系列管理活动。它涉及项目范围管理、时间管理、成本管理、质量管理、人力资源管理、风险管理等多个方面。

之所以要在软件项目管理的范畴讨论软件开发模型的内容，是因为软件开发模型为软件项目管理提供指导框架。不同的开发模型定义了不同的开发阶段和流程，项目管理团队可以依据模型的不同制订项目计划、分配资源、监控进度和控制风险。

软件项目管理也影响着软件开发流程的实施。项目管理团队通过有效的计划、组织、领导和控制，确保软件开发模型中的各个阶段和流程得以顺利执行。

软件开发模型为软件开发的全过程提供了一个结构化的框架，包括但不限于需求分析、系统设计、编码实现、测试验证，以及在某些情况下的后期维护。这些模型不仅清晰、直观地阐述了软件开发的整个流程，而且明确指出了要完成的关键活动和任务，为软件项目的实施提供了坚实的基础。在软件系统的多样性背景下，开发团队可以根据项目的特定需求和目标，选择适合的开发方法、编程语言、技术人员技能组合、管理策略和工具，以及适宜的软件工程环境。

每种开发模型都有其独特性和适用场景，选择合适的模型对于确保项目的成功至关重要。开发模型的影响总结如下。

① 开发模型影响时间管理。例如，瀑布模型强调阶段划分和顺序执行，因此项目管理团队需要制订详细的时间计划并严格控制每个阶段的进度；而敏捷模型则更注重迭代和快速响应变化，因此项目管理团队需要更加灵活地调整时间计划并关注每个迭代的目标和成果。

② 开发模型影响项目的成本结构。例如，增量模型允许项目分阶段交付成果并逐步增加功能，这有助于控制项目的总体成本；而瀑布模型则可能因需求变更导致项目成本增加。项目管理团队需要根据所选的开发模型来制订合理的成本预算和控制策略。

③ 不同的开发模型对风险管理的要求也不同。例如，敏捷模型通过快速响应变化和持续交付来降低风险；而瀑布模型则可能通过严格的阶段划分和文档编制来减少不确定性。项目管理团队需要根据所选的开发模型来制订风险应对策略和监控措施。

值得注意的是，由于目前尚无一种方法能完全解决所谓的"软件危机"中的所有问题，因此在软件开发的不同阶段采用综合性的治理方法是一种全面的策略。软件开发模型直接影响着开发周期和软件质量，是软件项目组织管理的核心，也是软件工程中重要的组成部分之一。为了更直观地展示软件开发模型的详细内容和流程，图 3.1 所示对软件开发模型的各个阶段做了细分。

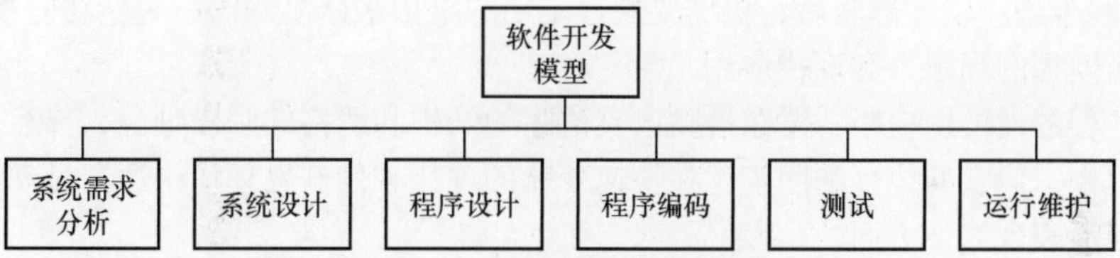

图 3.1　软件开发模型的细分阶段

软件开发模型通过将软件开发过程分解为一系列阶段，能够更加清晰和直观地表达软件开发的全过程。这种模型化方法不仅明确规定了要完成的主要活动和任务，还为软件项目的规划和实施提供了一个坚实的基础。在软件系统的多样性背景下，软件开发团队面临着多种选择。他们可以根据项目的特定需求选择不同的开发方法。此外，项目的性质和目标还决定了采用的程序设计语言，如面向对象的 Java 语言或功能性强的 Python 语言，以及团队成员的技能组合。有效的项目管理策略和工具的选择也至关重要，如可以选择使用敏捷管理工具（如 Jira）或传统的项目管理方法（如甘特图）。软件工程环境的选择，如集成开发环境（integrated development environment，IDE）和版本控制系统，也是重要的考虑因素。

随着软件设计理念的不断演进，软件开发模型也在不断发展。从最初以结构化程序设计为核心的瀑布模型，到以面向对象设计为核心的喷泉模型，再到以组件化思想为指导的基于体系结构的开发模型，软件工程领域见证了一系列创新。如今，第四代技术（4GT）等新兴方法正在推动软件开发进入一个更高效和质量更优的新阶段。每一个新的设计理念的出现都伴随着新的软件开发过程模型的诞生，以提高生产效率和软件质量为目标，不断提出解决软件开发问题的新方案。

3.1.1　瀑布模型

瀑布模型，作为软件项目管理过程中的一个经典方法，自从 1970 年由温斯顿·罗伊斯（Winston

<41>

Royce）在 IEEE WESCON 会议上通过《管理大型软件系统的开发》一文首次提出以来，就成了软件开发的一个重要里程碑。该模型的核心理念在于将软件开发流程分解为一系列线性且顺序的阶段，每个阶段都建立在前一个阶段的基础上。下面对瀑布模型的历史背景和理论基础、核心阶段及其实际应用、局限性与现代应用及其与其他软件开发方法的比较以及实践中的瀑布模型等方面分别进行阐述。

（1）瀑布模型的历史背景和理论基础

Winston 的论文不仅首次明确了软件开发的多个阶段，还强调了这些阶段之间严格顺序的重要性。他指出，传统的开发方法，如仅依赖分析和编码，常常忽视了项目规划和详细设计的必要性。因此，Winston 提倡在分析和编码之外引入更多的阶段，如需求定义、系统设计等，以确保开发过程的全面性和系统性。

（2）瀑布模型的核心阶段及其实际应用

① 需求分析：在这一阶段，开发团队必须与用户密切合作，确切理解并文档化软件所需实现的功能和约束。

② 系统设计：开发团队基于需求分析的结果，构建整个系统的架构。这一阶段涉及高层次的决策，如选择编程语言、硬件平台等。

③ 实现（编码）：此阶段是将设计文档转化为实际代码的过程。它要求开发人员具备强大的技术能力和对设计细节的深刻理解。

④ 集成和测试：这一阶段关注将不同模块的代码集成在一起，并进行全面的测试以确保软件的稳定性和性能符合预期。

⑤ 部署和维护：软件部署后，仍需要通过定期的维护来修复漏洞、更新功能和提升性能。

（3）瀑布模型的局限性和现代应用

在软件工程的发展历史中，瀑布模型以其清晰的结构和严格的阶段划分，曾经被广泛采用于软件开发过程中。但它的线性和固定性在快速变化的现代软件开发环境中逐渐显现出局限性。瀑布模型的局限性表现如下方面。

① 刚性的阶段界限。瀑布模型中严格的阶段划分限制了迭代性和灵活性，使得项目难以适应需求变化。

② 后期反馈。用户必须等到开发周期的末期才能看到成果，这增加了项目的不确定性和风险。

③ 错误积累的成本。由于模型的线性特性，早期的错误可能会被延续到开发的后期阶段，届时修正这些错误的成本和复杂度都会大大增加。

尽管瀑布模型在结构化和简化复杂软件项目方面非常有效，但它在处理需求变更方面却显得笨拙。例如，如果在测试阶段发现需求分析存在缺陷，那么可能需要返回到系统设计甚至需求分析阶段，导致项目时间和成本的显著增加。

随着敏捷方法论的兴起，瀑布模型在现代软件开发中的应用逐渐减少。然而，它仍然在某些场景中，尤其是在那些需求稳定、可预见的大型系统工程项目中，保持着其价值。

（4）瀑布模型与其他软件开发方法的比较

瀑布模型与敏捷模型、迭代开发等其他方法相比，有其独特的优势和适用场景。例如，对于大型政府项目或大型企业系统，其需求相对固定，瀑布模型因具有预测性和结构化特点，可能更为适用。

（5）实践中的瀑布模型

瀑布模型作为软件工程领域的一个基石，尽管它在某些情况下显得过于刻板和理想化，但仍为今日软件开发提供了宝贵的理论和实践基础。

通常软件开发人员在接到软件项目开发任务后，想尽快开始编写代码。这是一种缺乏软件工程实践经验的表现。对于规模较大的软件项目，往往是编码开始得越早，最终完成开发工作所需

< 42 >

要的时间反而越长。这是因为前面阶段工作可能错误太多，过早地进行软件编码往往导致大量返工，有时甚至造成软件工程过程失败。所以尽可能地推迟软件编码是按照瀑布模型开发软件的一条重要的指导原则。

　　在现实中，理论的瀑布模型如图 3.2 所示，其通常需要适当进行调整以应对实际情况。

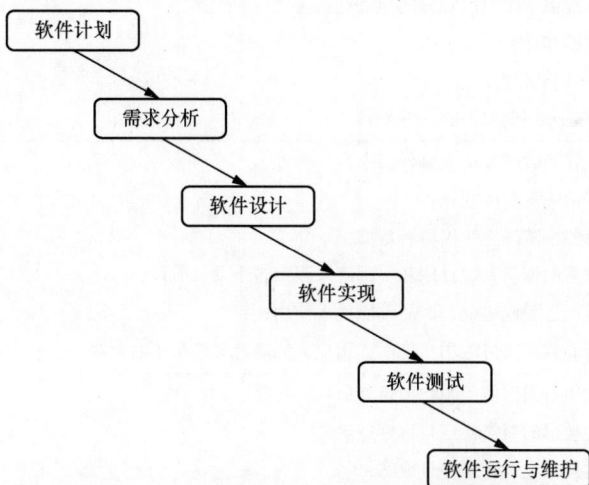

图 3.2　理论的瀑布模型

　　理论的瀑布模型过于理想化，人们在实际工作中不可避免地会发生错误。例如，在软件设计阶段可能发现需求说明书中的错误，而软件设计阶段的缺陷或错误可能在软件实现阶段显现出来，在软件测试阶段可能发现需求分析、软件设计、软件实现阶段的错误。因此，实际的瀑布模型带有"反馈环"，如图 3.3 所示。图中实线箭头表示开发过程，虚线箭头表示维护过程。当在后面阶段发现前面阶段的错误时，需要沿图中左侧的反馈线返回前面阶段，修正前面阶段的工作成果后，再回来继续完成后面阶段的工作。

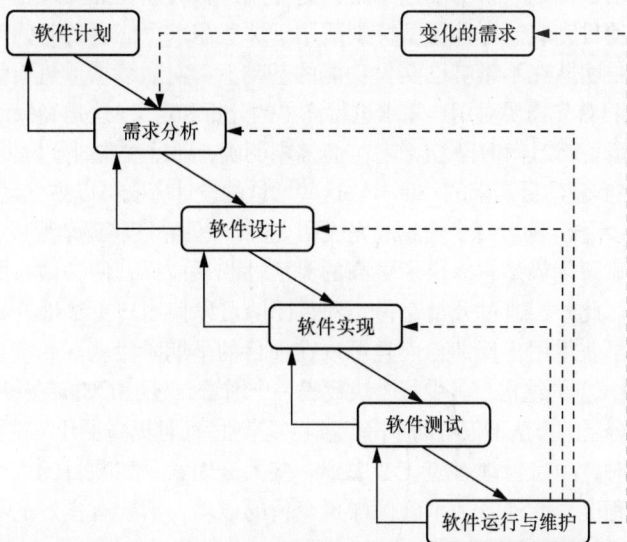

图 3.3　实际的瀑布模型

　　在实践中，软件工程师需要根据项目的具体情况和需求，灵活选择或调整使用的开发模型。瀑布模型的优点、缺点和适用情况如表 3.1 所示。

< 43 >

表 3.1　瀑布模型的优点、缺点和适用情况

优点	定义清楚，应用广泛； 强迫开发人员采用规范化的方法，如结构化技术； 严格规定每个阶段提交的文档； 为项目提供了按阶段划分的检查点； 易于建模和理解； 便于计划和管理； 有支持生命周期模型的多种工具
缺点	必须在开始时就知道大多数需求； 不便于适应需求的变化； 在项目各个阶段之间极少有反馈； 通过过多的强制完成日期和里程碑来跟踪各个项目阶段； 在项目接近完成之前，产品不能投入使用； 可运行的软件交付给用户之前，用户只能通过文档来了解产品
适用情况	待开发项目与以前的成功项目类似； 待开发项目的需求稳定且很好理解； 使用的技术经过验证并且成熟； 整个项目的开发周期较长（至少一年）； 用户不需要任何阶段性产品

3.1.2　增量模型

增量模型是一种灵活的软件开发模型，它结合了传统瀑布模型的顺序开发特性与快速原型模型的迭代优势，提供了一种分阶段交付的方法。在这种模型中，软件被设计为可以分批次逐步交付的多个增量，每个增量都是一个功能性子集，这样用户就可以在开发过程中逐步接触到新的功能，而不是等待整个项目完成。这种模型特别适用于那些需求可能会随时间演变或不完全确定的项目，因为它允许项目团队在不影响已交付功能的基础上，对后续增量进行调整或添加新功能。

在增量模型中，项目首先需要对用户需求进行详尽的分析和定义。这是确保项目成功的关键步骤，因为这些需求将指导后续的设计和开发工作。一旦需求明确，项目就被划分为多个较小的、可管理的增量，每个增量都旨在实现项目需求的一部分。这些增量的设计应既可以独立运作，也可以与其他增量整合以形成更完整的系统。随着每个增量的完成和交付，软件系统将逐渐形成，功能也将逐步完善。

增量模型的一个显著优势是它提供了更高的灵活性和适应性，使得项目团队能够更好地应对需求变化和不确定性。此外，通过分批交付，项目团队可以使用户更早地开始使用系统的某些部分，这不仅有助于提早获得用户反馈，而且可以在项目的早期阶段就开始实现投资回报。

图 3.4 所示为增量模型的结构，其中每个块代表一个增量，显示了如何在每个增量的基础上逐步构建和扩展系统。这种分层的方法不仅有助于降低项目复杂性，而且提高了开发过程的可控性和预见性。

在选择增量模型时，项目管理者应该考虑到一些关键因素，如项目的大小、复杂性、团队的经验以及用户的参与程度。此外，为了确保增量交付的成功，需要有良好的项目计划、清晰的需求定义以及有效的沟通机制。

增量模型通过其分阶段交付和灵活应对变化的能力，为处理复杂和不确定性较高的软件项目提供了一种实用的解决方案。通过逐步扩展和优化功能，它有助于提高项目成功的可能性，同时也提高了用户满意度和项目的整体质量。

< 44 >

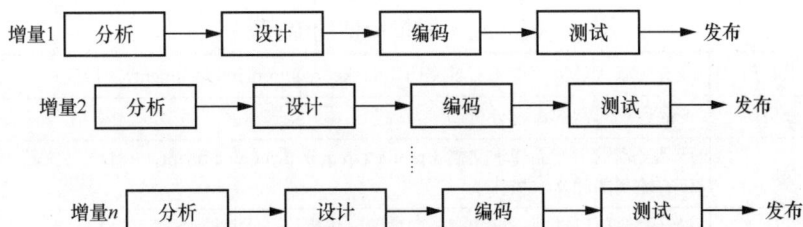

图 3.4 增量模型的结构

增量模型，亦称为渐增模型，是一种在软件开发过程中采用逐步增强和扩展功能的策略。该模型的核心在于"增量包"概念的引入，这使得开发团队不必等待全部需求一次性明确后才开始工作，而是可以针对已经定义清楚的需求部分立即启动开发过程。这种策略促进了开发工作的灵活性和动态性，允许需求在项目进展中逐渐被揭示和细化。

在增量模型中，每次提出的新需求被视为一个增量包，这些增量包将在前一次开发的基础上进行扩展和改进。这意味着每一轮的增量开发都需要在已有的功能和逻辑框架内进行，以确保新加入的功能与之前的增量能够无缝集成，维护整个项目的连贯性和一致性。如果某一次的增量需求与前一次的实现差异极大，可能会对项目的整体进度造成影响，因为这可能需要重大的结构调整或重新设计某些部分，从而影响到开发计划和资源分配。

因此，在采用增量模型时，项目管理和需求分析的精确性变得尤为关键。需求人员和项目团队需要密切合作，确保每次的增量开发都是在全面评估了其对现有系统影响的基础上进行的。同时，为了应对需求变化可能带来的挑战，项目团队应具备高度的适应性和灵活性，以便能够迅速调整开发策略，确保项目目标的顺利实现。

大项目和小项目的增量示例分别如表 3.2 和表 3.3 所示。

表 3.2 大项目的增量示例

第 1 个增量	实现软件的基本需求
第 2 个增量	提供更多后台管理功能，如编辑、删除、修改
第 3 个增量	实现安全修复，程序优化
第 4 个增量	实现高级的用户体验、设计优化及排版功能

表 3.3 小项目的增量示例

第 1 个增量	增加账号的输入框
第 2 个增量	增加密码的输入框
第 3 个增量	增加验证码的输入框
第 4 个增量	增加提交按钮

表 3.4 所示为增量模型的优缺点和适用情况。

表 3.4 增量模型的优缺点和适用情况

优点	开发早期反馈及时，易于维护； 逐步增加软件的功能，完成后再增加其他功能
缺点	需求开放式体系结构，可能会导致设计差、效率低，它需要开发人员经验丰富
适用情况	项目时间太紧，不可能完成所有功能的软件项目；较为稳定的系统

增量模型的流程如表 3.5 所示。后续增量依然采用如表 3.5 所示的循环。

< 45 >

表3.5 增量模型的流程

1	需求收集	业务需求人员提交市场需求文档（market requirement document，MRD）
2	分析	产品经理对需求进行分析
3	设计	产品经理输出产品需求文档（product requirement document，PRD）（文档内不包括原型，仅有流程图和文字描述）
4	设计	设计师输出设计图，标注颜色和位置，提供设计文档
5	编码	开发编码，开发文档
6	测试	测试文档
7	测试	产品和业务验收测试
8	需求收集	业务需求人员提交 MRD
9	分析	产品经理对提交的需求进行分析
10	设计	产品经理输出 PRD（文档内不包括原型，仅有流程图和文字描述）
11	设计	设计师输出设计图，标注颜色和位置，提供设计文档
12	编码	开发编码，开发文档
13	测试	测试文档
14	测试	产品和业务验收测试
15	需求收集	业务需求人员提交 MRD
16	分析	产品经理对需求进行分析
17	设计	产品经理输出 PRD（文档内不包括原型，仅有流程图和文字描述）
18	设计	设计师输出设计图，标注颜色和位置，提供设计文档
19	编码	开发编码，开发文档
20	测试	测试文档
21	测试	产品和业务验收测试
22	需求收集	业务需求人员提交 MRD
23	分析	产品经理对需求进行分析
24	设计	产品经理输出 PRD（文档内不包括原型，仅有流程图和文字描述）
25	设计	设计师输出设计图，标注颜色和位置，提供设计文档
26	编码	开发编码，开发文档
27	测试	测试文档
28	测试	产品和业务验收测试

3.1.3 快速原型模型

快速原型模型被广泛认为是对传统瀑布模型的一种重要改进，主要集中于需求收集的加速。快速原型模型，又称为原型法，首先聚焦于创建一个基本的、可运行的系统原型，以便实现用户与系统间的直接交互。此阶段的目的是通过用户的反馈来评估原型，并据此细化和完善软件的需求规格。随着原型的不断调整和优化，开发团队能够更准确地把握用户的实际需求。其次，基于经过调整的原型，开发出一个能够让用户满意的最终产品。值得注意的是，原型的主要作用是深入理解用户的需求，一旦这些需求被明确和验证，原型通常会被废弃。快速原型模型的开发流程如图3.5所示。

< 46 >

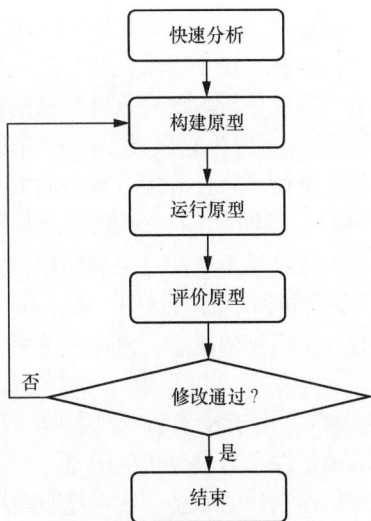

图 3.5　快速原型模型的开发流程

快速原型模型开发流程包括以下关键阶段。

① 快速分析：在这一阶段，分析人员必须与用户紧密合作，以迅速锁定系统的基本需求。这需要根据原型设计的核心特性来描述基本需求，确保它们能够支持开发原型的目的。

② 构建原型：基于快速分析阶段确定的需求，开发团队应尽快构建出一个实际可行的系统原型。此过程中，强大的软件开发工具是必不可少的，同时，可以暂时忽略最终系统可能涉及的一些复杂要求，如安全性、稳定性和异常处理等，重点放在确保原型能够有效反映出需要评估的关键特性上。

③ 运行原型：这一阶段不仅有助于发现潜在的问题，还能消除开发者与用户之间可能存在的分歧，是开发者与用户进行充分沟通协作的关键阶段。

④ 评价原型：在原型运行的基础上，重点评价原型展现的特性是否符合用户的期望，分析其运行效果，并针对之前的交互误解和需求分析中的不足进行修正。同时，考虑到环境的变化或用户新的需求，可能需要对原型提出新的要求并进行相应的调整。

⑤ 原型修改：依据对原型评估的结果进行相应的修改。如果原型未能满足既定的需求规格，可能是由于对需求的理解存在偏差或实现方案不尽合理，此时必须根据更明确的需求迅速对原型进行调整。

快速原型模型的优缺点和适用情况如表 3.6 所示。

表 3.6　快速原型模型的优缺点和适用情况

优点	开发工具先进，开发效率高，总的开发费用低，时间缩短； 开发人员与用户交流直观，可以澄清模糊需求，调动用户积极参与，能及早暴露系统实施后潜在的一些问题； 有效地避免开发人员和用户对需求理解的不一致性； 可作为培训环境，有利于用户培训和开发同步，开发过程也是学习过程
缺点	产品原型在一定程度上限制了开发人员的创新，没有考虑软件的整体质量和长期的可维护性
缺点	没有严格的开发文档，维护困难； 缺乏统一的规划和开发标准； 所选用的开发技术和工具不一定符合主流的发展，快速建立起来的系统结构加上连续的修改可能会导致产品质量低下； 难以对系统的开发过程进行控制
适用情况	用户需求不确定或经常发生变化； 开发人员的经验不丰富； 开发规模不大、不太复杂的系统，因为大型系统不经过整体的分析和设计是不行的

<47>

对比瀑布模型，快速原型模型提供了一种与传统瀑布模型截然不同的方法论视角。瀑布模型，作为一种线性和顺序性的开发方法，其核心在于需求在开发阶段之前被彻底定义和锁定。这种方法强调了在实际编码开始之前，通过需求分析阶段对软件需求的全面预先定义和固定。然而，这种做法在现实世界中往往是不切实际的，因为它假设了所有需求在项目开始时都是明确且不变的，而实际上，需求的动态性和不确定性是软件开发过程中的常态。

① 需求的动态性。许多软件项目面对的是一个不断变化的外部环境，使得需求随之变化。当软件按照原始规格开发完成时，可能已经无法满足当前的用户需求。

② 需求的不确定性。尤其在复杂和创新的项目中，需求往往在项目初期难以明确。许多用户在项目开始时对自己的需求只有一个模糊的概念，而这些模糊的概念在传统的瀑布模型中很难被准确捕捉和定义。

③ 开发者与用户之间的沟通障碍。由于技术和专业领域的差异，开发者和用户之间存在沟通障碍，这进一步加剧了需求的不确定性和需求分析的困难。

快速原型模型通过迭代的方式构建软件的原型，旨在克服瀑布模型的局限性。这种方法允许在开发过程中不断修改和精炼需求，从而更好地适应需求的变化。快速原型模型的优势总结如下。

① 增强沟通和理解。通过与用户一起开发原型，开发者可以更直观地理解用户的需求，同时用户也能更好地理解系统的潜在功能和限制。

② 应对需求的变化。快速原型模型允许开发者在开发过程中灵活地调整需求，使得软件能够更好地适应需求的变化，从而减少了开发后期大规模更改的需要。

③ 减少风险。通过初期的原型开发，项目开发人员可以发现潜在的技术和设计问题，从而在项目的早期阶段就降低了失败的风险。

④ 提高用户满意度。用户通过参与原型的评估和测试，能够直接影响最终产品的设计，这不仅增加了用户的满意度，也提高了最终产品的质量。

快速原型模型通过提供一个灵活的、迭代的开发过程，有效消除了传统瀑布模型在面对需求变化和不确定性时的局限性。它通过增强开发者和用户之间的沟通，降低了项目风险，缩短了开发时间，并提高了软件质量和用户满意度。可见，在当今快速变化的软件开发环境中，快速原型模型提供了一种更加灵活和有效的开发方法论。

3.1.4　螺旋模型

1988 年，螺旋模型这一创新的软件系统开发框架被人们使用，该模型旨在结合瀑布模型的系统性与快速原型模型的灵活性，着重于风险分析的重要性，这使其成为开发大型和复杂系统的理想选择。螺旋模型的独特之处在于其迭代的风险驱动方法，它通过在每个开发阶段前置风险分析来最小化潜在的项目风险，实质上是一种增强版的快速原型模型。

螺旋模型：自动驾驶系统项目管理实践

在螺旋模型中，风险分析采用多种方法以确保全面性和准确性，包括但不限于以下方法。

① 专家调查法：依赖于领域专家的深厚知识和经验，通过他们的直觉和洞察力识别潜在风险。

② 蒙特卡罗模拟法：通过随机抽样和统计实验，模拟可能的风险情境，以数学和统计方法近似真实世界情况，提供可靠的风险评估。

③ 风险综合评价法：结合多个风险指标，对不同的项目或系统部分进行全面的风险评估，以达到全局最优的风险管理。

风险综合评价法是运用多个风险指标对多个参评单位进行评价的方法，如表 3.7 所示。

螺旋模型认识到瀑布模型在需求确定性方面的局限性，并通过引入快速原型模型的概念来弥补这一点。它不是简单地按阶段开发，而是通过不断迭代来逐步推进，每次迭代都在上一次的基础上提升，确保了开发过程的连续性和灵活性。

< 48 >

表 3.7 风险综合评价法

评价步骤	评价内容
1	建立风险调查表，把软件项目可能遇到的重要风险全部列入表中
2	判断风险权重
3	确定风险发生的概率
4	计算每个风险因素的等级
5	表中全部风险因素的等级相加，得出整个项目的风险综合等级

螺旋模型每个阶段在开始之前都要进行风险分析，如果能消除重大风险则可以开始该阶段任务。在每个阶段，首先构建软件原型，根据快速原型模型完成这个迭代过程，产出最终完善的产品，然后进入下一个阶段，同样下一个阶段开始之前也要进行风险分析，这样循环往复直到完成所有阶段的任务。螺旋模型的若干个阶段是沿着螺线方式进行的，如图 3.6 所示。

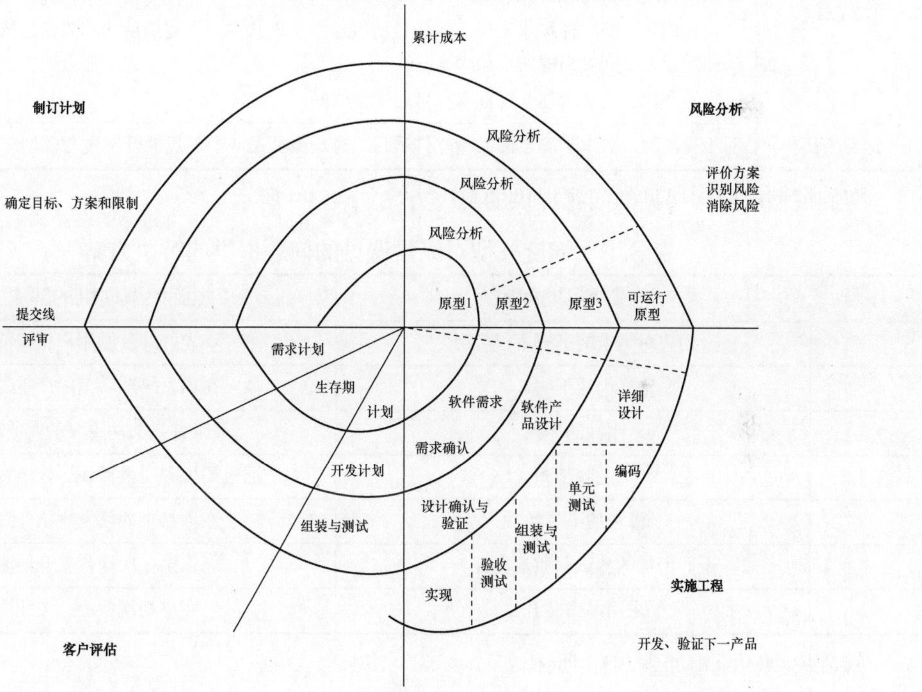

图 3.6 螺旋模型

图 3.6 有 4 个象限：制订计划、风险分析、实施工程、客户评估，各象限的含义如下。

① 制订计划：确定软件目标，制订实施方案，并且列出项目开发的限制条件。

② 风险分析：评价所制订的实施方案，识别风险并消除风险。

③ 实施工程：开发产品并进行验证。

④ 客户评估：客户对产品进行审核评估，提出修正建议，制订下一步计划。

在螺旋模型中，每一个迭代都需要经过这 4 个步骤，直到最后得到完善的产品，才可以提交。

螺旋模型强调了风险分析，这意味着对可选方案和限制条件都进行了评估，更有助于将软件质量作为特殊目标融入产品开发之中。它以小分段构建大型软件，不但使成本计算变得简单容易，而且因客户始终参与每个阶段的开发，既保证了项目不偏离正确方向，也保证了项目的可控制性。

螺旋模型通过其独特的迭代方法，利用快速原型模型作为降低风险的手段，同时融合了瀑布

< 49 >

模型的系统性和顺序性。这种结合快速原型模型和瀑布模型的迭代框架，有效地映射了软件开发的复杂性和动态性，为应对不断变化的项目需求和潜在风险提供了一个强有力的管理策略。螺旋模型的优缺点和适用情况如表 3.8 所示。

表 3.8　螺旋模型的优缺点和适用情况

优点	设计上具有灵活性，可以在项目的各个阶段进行变更； 以小的分段来构建大型系统，使成本计算变得简单容易； 用户始终参与每个阶段的开发，保证了项目的方向和可控性； 随着项目的推进，用户能始终掌握项目的最新信息，并能够和管理层有效地交互； 用户能够认可这种开发方式带来的良好的沟通和高质量的产品； 具有瀑布模型和原型模型两者的优点
缺点	采用螺旋模型需要丰富的风险评估经验和专门知识，在风险较大的项目开发中，如果未能够及时标识风险，会造成重大损失； 很难让用户确信这种演化方法的结果是可以控制的； 建设周期长，而软件技术发展比较快，所以经常出现软件开发完毕后却和当前的技术水平有了较大的差距，无法满足当前用户需求； 过多的迭代次数会增加开发成本，延迟提交时间
适用情况	对于高风险、需求不确定的大型软件项目，螺旋模型是一个理想的开发过程模型

螺旋模型对经常遇见的问题提供的解决方案如表 3.9 所示。

表 3.9　螺旋模型对经常遇见的问题提供的解决方案

序号	经常遇见的问题	螺旋模型提供的解决方案
1	用户对需求的了解不够充分	允许并鼓励用户反馈信息
2	沟通不明	在项目早期就消除严重的曲解
3	刚性的体系	开发首先关注重要的业务和问题
4	主观臆断	通过测试和质量保证，作出客观的评估
5	潜在的不一致性	在项目早期就发现不一致问题
6	糟糕的测试和质量保证	从第一次迭代就开始测试
7	采用瀑布法开发	在早期就找出并关注风险

螺旋模型的流程如表 3.10 所示。

表 3.10　螺旋模型的流程

序号	内容
1	业务需求人员提交需求文档
2	产品专家、开发专家、测试专家、架构师专家、运维专家进行风险分析；专家小组（约 10～20 位）根据直觉和经验，寻找项目潜在风险
3	产品经理输出产品原型 1（由于要有操作概念，因此需要流程图）
4	项目经理制订需求计划与生命周期计划
5	产品专家、开发专家、测试专家、架构师专家、运维专家进行风险分析
6	产品经理输出优化的产品原型 2（按软件需求优化）
7	业务人员和专家小组需求确认
8	制订开发计划

< 50 >

序号	内容
9	产品专家、开发专家、测试专家、架构师专家、运维专家进行风险分析
10	产品经理输出优化的产品原型 3（软件产品设计，包括产品的逻辑、计算公式）
11	设计师输出软件产品设计图，包括字体、颜色和位置的标注
12	专家小组和领导设计验证和确认
13	测试人员进行集成与测试计划
14	产品专家、开发专家、测试专家、架构师专家、运维专家进行风险分析
15	产品经理输出优化的产品原型 4（根据原型 1 配套的流程图检查原型能否运行，要求原型可运行，且可模拟真实系统的运行情况）
16	架构师和开发经理确定详细设计，包括计算方法、数据存储方法、数据库架构，并拆分任务给开发团队成员
17	开发人员进行编码（开发阶段，如果遇到问题，则产品经理和业务人员要与之进行沟通）
18	单元测试和集成测试、系统测试（单一的模块测试和系统整条流程的测试）
19	验收测试（产品经理和业务人员验收，有问题反馈给测试人员）
20	产品上线

3.1.5　传统软件开发模型总结

在软件工程领域，软件开发模型构成了项目管理的骨架，提供了一系列系统化的步骤，指导从项目启动到交付的全过程。这些模型不仅定义了核心活动和必须完成的关键任务，还概述了如何组织和管理软件开发的工作流程。因此，挑选一个与项目特性、团队能力及资源配备相匹配的开发模型是项目成功的关键因素。本小节旨在分析和总结经典的软件开发模型，特别是瀑布模型及其变种，旨在为项目管理者提供决策支持。

1．模型分析

（1）瀑布模型与改进的瀑布模型

瀑布模型，作为软件开发生命周期中的经典模型，尽管面临诸多挑战和局限，依旧是一种被广泛采纳的框架。其核心要求开发过程遵循一系列线性且顺序的阶段：需求分析、系统设计、编码、集成和测试、部署维护，每个阶段都有明确的输出和验证标准。瀑布模型强调了在每个阶段结束时都应进行严格的审查和验证，确保只有在当前阶段的所有活动和产出符合预定标准后，才能进入下一阶段。

这种模型的优势在于其能够帮助团队维护高质量的软件开发标准，通过早期发现并解决问题来降低缺陷率。此外，瀑布模型促使团队对系统有一个全面的理解，从而在扩展性和可维护性方面获得优势。然而，瀑布模型对于需求不明确或难以在项目初期完全确定的项目而言，可能不是最佳选择。对于规模较小的项目，资源分配问题可能会导致人力资源在某些阶段的浪费。

值得注意的是，并不应仅仅因为担心进度问题而不选择瀑布模型。实际上，如果在需求阶段就能够保证足够的资源投入，那么瀑布模型在开发周期上与迭代模型相比可能没有太大差异。错误地应用迭代或敏捷模型，特别是在缺乏全面架构设计的情况下急于开始编码，往往会导致后期大量的返工和进度延误。

架构设计是软件开发中的一个关键环节。优秀的架构设计可以将系统划分为多个子系统和功能模块，明确各模块间的接口。在完成架构设计后，可以采取增量开发的策略，即将系统分为多个模块并行开发，每个模块依然遵循瀑布模型的基本原则。

< 51 >

对于包含多个独立需求的新系统，可以考虑将其开发过程分解为多个小瀑布模型，再针对每个独立需求进行开发。这种方法虽然能够提高开发工作的灵活性，但可能会牺牲系统的整体设计和架构的一致性。

在项目管理实践中，为了更高效地利用资源并压缩进度，可以适当地重叠瀑布模型中的各个阶段。例如，一旦通过讨论和会议确定了实现方案，就可以立即开始下一阶段的工作，而不必等待前一阶段的所有文档完全完成。

（2）快速原型模型

快速原型模型在软件开发过程中扮演着不可或缺的角色，尤其是当它与传统的瀑布模型或迭代方法相结合时。这种结合形式可以视为一种集成了瀑布模型的线性流程、迭代方法的灵活性以及原型法风险管理能力的综合生命周期模型。

快速原型模型的核心价值在于通过构建工作原型来迅速揭示和精确捕获用户需求，特别是在用户和系统分析师双方缺乏足够经验的情况下。原型不仅可以充当沟通的桥梁，还是需求发现和验证的实用工具，确保最终产品能够更贴近用户的真实需求。原型可以分为抛弃型和演化型两种，抛弃型原型主要用于需求阶段的快速探索和确认，而演化型原型则在整个迭代过程中被逐步完善，成为最终产品的基础。

在迭代开发的背景下，每一个迭代周期产出的原型不仅是下一阶段进化的基础，也是一个包含基本功能且可独立运行的系统版本。这种持续演化的原型方法确保了软件开发的连续性和适应性，允许在整个开发过程中不断反馈和调整。

讨论快速原型模型时，理解增量和迭代两个概念的区别及其相互关系十分重要。增量模型侧重于将软件开发分解成多个可管理的小块，逐步构建最终产品。例如，如果有4个主要的功能模块需要开发，增量方法可能会选择分2个阶段完成，每个阶段实现2个功能模块。与之相对，迭代开发则在每次迭代中实现所有功能模块的基础版本，然后在后续迭代中不断完善和增强这些功能。

每次迭代都会经历完整的软件开发周期，从需求分析到设计、开发和测试，每个阶段的完成都标志着一个可交付且可评估的原型。迭代的长度和频率取决于项目的规模和复杂度，小型项目可能每周迭代一次，而大型项目可能选择每2～4周迭代一次。

成功实施迭代模型要求团队具备高水平的规划和执行能力，特别是在缺乏经验的架构师指导下，确定每次迭代的具体目标和交付物可能会是一个挑战。然而，无论是增量模型还是迭代模型，都能有助于项目管理人员有效地管理项目前期的风险，确保需求的连续匹配和软件质量的持续提升。

从总体设计角度来看，迭代模型允许从早期阶段就构建相对完整的系统框架或原型，并在每次迭代中对其进行细化和优化。而在标准的增量模型中，通常建议在完成详尽的软件需求规格说明后，再基于稳定的架构设计进行增量开发，以此保障系统的健壮性和可扩展性。

（3）螺旋模型

螺旋模型继承了瀑布模型的结构性特征，即遵循需求收集、系统设计、编码、集成和测试等的严格序列。然而，螺旋模型的核心创新在于它引入了迭代和风险驱动的机制，将传统的线性开发流程转变为一系列渐进的迭代周期。这种方法的主要目的是最小化项目风险，通过早期识别和解决潜在问题，逐步提升项目的可预见性和可控性。

螺旋模型特别强调风险分析和管理。每次迭代开始时，项目团队都会进行一次详细的风险评估，识别当前阶段可能面临的关键风险，并制订相应的缓解措施。这种方法确保了随着项目的推进，通过前期的风险识别和管理，项目整体的不确定性和风险水平逐渐降低。在每个迭代周期结束时，项目人员都会对产出物进行仔细的评估和验证，这不仅有助于确保项目的质量和方向，而且提供了一个检查点，如果项目被发现不可行或风险过高，那么项目团队可以及时做出调整甚至提前终止项目，从而避免进一步的资源浪费。

< 52 >

实施螺旋模型需要项目团队具备高度的专业素养和管理技巧。每次迭代的计划制订都要求管理者具备深厚的专业知识和经验，以便能够准确识别风险、制订有效的风险应对策略，并确保每次迭代都能产出可验证和测试的成果。

与 RUP（rational unified process，统一软件开发过程）等其他迭代模型相比，螺旋模型在每次迭代中通常只关注瀑布模型的一个或两个阶段。例如，在某次迭代中可能专注于需求分析，而下一次迭代可能集中在系统设计和开发计划阶段。这与 RUP 的迭代策略形成鲜明对比，后者在每次迭代中都会涵盖从需求到测试的整个开发生命周期。螺旋模型的这种特点强调了其迭代目的不仅仅是完成特定阶段的任务，而是在整个开发过程中不断精进和优化，以实现更高质量和更低风险的软件交付。

2．模型选择

在软件项目管理中，选择合适的开发模型是项目成功的关键因素之一。传统上，瀑布模型因其明确的阶段划分和简单直观的流程而广受欢迎，特别是在软件工程的早期阶段。瀑布模型之所以成为众多软件开发组织的首选，主要基于以下考虑的内容。

① 初级阶段的软件开发实践。许多软件开发组织处于成长的初级阶段，其中的开发人员和管理人员通常缺乏复杂项目管理的经验，且没有足够的历史数据支持。在这种情况下，瀑布模型以其简单、直观的结构提供了一种易于理解和实施的框架，使得团队能够按照预定的顺序逐步推进项目。

② 结构化方法学的支持。结构化方法学作为一种成熟的系统工程方法，为软件开发提供了坚实的理论基础。瀑布模型与结构化方法学的理念相契合，强调了开发过程中的顺序性和阶段性，这使其成为实现结构化开发的理想选择。

③ 标准的一致性。瀑布模型的普及也得益于其与众多国家标准和军用标准的兼容性。这种一致性为软件开发提供了一种遵循行业最佳实践的标准化路径。

随着计算机科学的进步和软件工程实践的演化，新的开发模型和方法论逐渐出现，以更好地应对日益增长的项目复杂性和动态变化的需求。在选择软件开发过程模型时，应遵循以下关键原则。

① 项目特性的适应性。选择的模型应能够灵活适应项目的规模、复杂性以及特定的技术和业务需求，确保开发流程与项目目标的一致性。

② 技术兼容性。开发模型应与采用的技术栈和开发方法论相兼容，以利用现有的技术资源和专业知识，优化开发效率和成果质量。

③ 进度要求的满足。所选模型应支持项目的时间线和里程碑，确保按期完成项目各阶段的目标，满足整体交付时间表。

④ 风险管理能力。优秀的开发模型应内置有效的风险识别和缓解机制，帮助项目团队预见和管理潜在的风险，减少不确定性带来的影响。

⑤ 工具和资源的支持。选择的开发模型应得到现有计算机辅助软件工程工具的充分支持，以提升开发效率和协作能力。

⑥ 团队能力的匹配。模型应考虑到团队成员的技能水平和经验，确保所有人员都能有效参与到开发过程中，促进团队的整体协作和进步。

⑦ 管理和控制的便利性。良好的开发模型应促进项目的透明管理和有效控制，通过明确的阶段划分和责任分配，提高项目成功率。

基于上述这些原则，软件开发项目在选择过程模型时应进行全面评估，考虑项目的独特需求和条件。例如，瀑布模型可能适合需求明确且变化不大的项目，而对于需求不断演变的项目，则可能需要采用更灵活的敏捷或迭代模型。同时，结合项目的具体情况，如资金状况、团队经验和

< 53 >

技术栈，可能需要采用混合模型或定制化的开发流程，以最大化项目成功的可能性。

对于软件工程过程模型的选择，可以总结出以下建议。

① 对于需求明确且变化不大的项目，瀑布模型或其变体提供了一个清晰和结构化的开发路径。

② 对于经验不足的团队或需求不明确的项目，原型模型可以帮助快速迭代和验证，以逐步明确需求。

③ 对于面临高不确定性或需要快速响应市场变化的项目，敏捷或增量迭代模型提供了灵活性和适应性。

④ 对于大规模或复杂的系统，可能需要采用基于架构的开发方法，通过构件化和模块化来降低管理复杂性。

通过深入分析项目需求和环境，结合上述原则和建议，项目团队可以选择和定制最适合其特定情况的软件开发过程模型，从而提高项目的效率和成功率。

3.2 扩展软件开发模型

随着软件产业的迅猛增长和技术的不断进步，人们对软件开发过程模型的探索和创新从未停止。除了前文讨论的传统软件模型，近年来，众多新兴的开发过程模型应运而生，并在业界获得了广泛的认可和应用，它们以其独特的优势和适应性，满足了多变的项目需求和市场动态。本节将深入探讨在当代软件工程实践中受到重视的开发模型或方法论。

3.2.1 敏捷模型

敏捷模型，自 20 世纪 90 年代起逐步引领软件开发领域的一场革命，不同于传统的瀑布模型或结构化方法，敏捷模型强调的是一种灵活且响应迅速的开发哲学。它旨在通过一种更加人性化、协作性强的方法论来应对不断变化的项目需求

敏捷模型：健康
管理应用开发

和市场环境。敏捷模型与传统模型的显著不同之处在于，它更侧重于团队协作、直接沟通（优先于书面文档）、频繁且持续的软件交付以及高度自治的团队结构。这种方法特别强调团队成员之间的互动和个人对项目的贡献，相信这些因素是驱动高质量软件开发的关键。

近年来，敏捷模型已经逐渐成为众多团队的首选，其核心在于以人为中心的理念和迭代式的开发策略。敏捷模型的一个显著特点是其项目开发的高速度，这得益于团队的自我管理和自组织能力。每位团队成员都享有极高的自由度和责任感，这不仅激发了他们的创造力和热情，还加速了开发进程。此外，敏捷模型的以人为中心的理念还体现在紧密地将用户纳入开发流程中，根据用户的即时反馈调整产品功能，确保最终产品能够满足用户的实际需求。同时，项目团队的全体成员采取自我管理的方式，充分发挥个人的主动性和创造性来推进任务的完成。

敏捷模型体系内包含多种实践方法，如迭代式增量软件开发（Scrum）、水晶方法（Crystal）、特征驱动开发（feature-driven development，FDD）、自适应软件开发（adaptive software development，ASD）以及极限编程（extreme programming，XP）。这些方法虽有所不同，但都共用敏捷模型的核心价值观和原则，即通过紧密的团队合作、快速迭代和用户参与来驱动软件项目的成功。每种方法都有其独特的实践和重点，如 Scrum 强调的是管理和控制开发过程的灵活性，而 XP 则侧重于编程实践和技术卓越，旨在提高软件质量和响应性。选择哪一种敏捷模型方法取决于项目的具体需求、团队的组成以及组织的文化，但无论采用哪种方法，核心目标都是实现高效、透明和适

< 54 >

应性强的软件开发过程。

1．XP 方法

　　XP 是由 Smalltalk（面向对象语言）社区中的杰出人物肯特·贝克（Kent Beck）于 1998 年首次提出的一种创新的软件开发方法。作为一种轻量级的敏捷模型方法，XP 特别强调适应性而非预测性，倡导以人为本而不是过程导向，注重对变化的快速响应和对人性化的深刻理解。其核心理念体现在轻便灵活、时间驱动、恰到好处的原则上，以及在整个软件开发过程中采用基于构件的、并行的工作方式。

　　XP 定义了一系列核心价值观和实践方法，摒弃了传统重量级开发流程中的许多烦琐和非必要元素，构建了一个以渐进式开发为核心的工作流程。这种方法将软件开发的关键活动（分析、设计、编码和测试）融合在一起，贯穿整个开发周期，采用迭代增量开发、持续反馈和重复测试的策略。XP 将软件生命周期划分为 6 个主要阶段：用户故事、体系结构规划、发布计划、迭代交付、验收测试和频繁发布。在这一框架下，"用户故事"取代了传统开发模型中的需求分析阶段，允许用户以自己熟悉的领域语言来表达需求，而不涉及技术细节，从而确保需求的准确性和可理解性。采用 XP 方法的软件过程如图 3.7 所示。

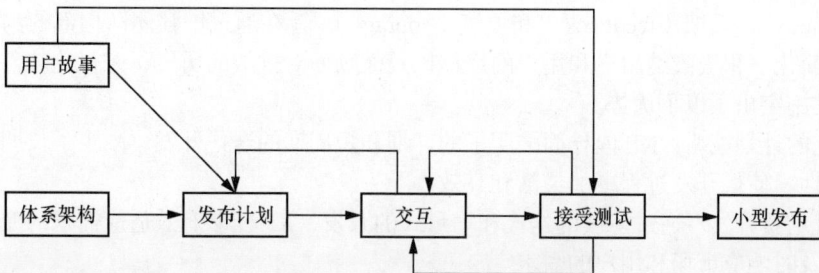

图 3.7　采用 XP 方法的软件过程

　　XP 通过对传统软件开发方法的深刻反思，提出了一套简单而有效的实践规则。这些规则基于对过去软件开发实践中促进效率或导致低效的因素的观察和分析得出，旨在平衡开发团队的创造力和活力与开发过程的组织性、聚焦性和持续性之间的关系。通过这些实践规则，XP 旨在促进团队协作，提高软件质量，加快开发速度，并使软件开发更加透明和可预测。这些实践规则的详细描述通常会以表格形式呈现，以便于开发团队理解和采纳。XP 的实践规则如表 3.11 所示。

表 3.11　XP 的实践规则

序号	规则	内涵
1	完整团队	XP 项目的所有参与者（开发人员、用户、测试人员等）一起工作在一个开放的场所中，他们是同一个团队的成员
2	计划游戏	计划是持续的、循序渐进的。每隔两周，开发人员就会为下两周估算候选特性的成本，而用户则根据成本和商务价值来选择要实现的特性
3	用户测试	用户测试是选择每个所期望的特性的一部分，用户可以根据脚本语言来定义出自动验收测试以表明该特性可以工作
4	简单设计	团队设计工作目标保持与当前的系统功能相匹配。简单的设计通过了所有的测试，不包含任何重复，表达出了编写者想表达的所有东西，并且包含尽可能少的代码
5	结对编程	所有的产品软件都是由两个程序员、并排坐在一起、在同一台计算机上构建的
6	测试驱动开发	在程序员被分配任务后，首先要制订出该任务的测试用例；实现该任务的标志是确保全部测试用例正确工作。各任务所使用的 TDD（test driven development，测试驱动开发）中的测试用例将被保留下来并应用到所有进一步的集成测试中

< 55 >

续表

序号	规则	内涵
7	改进设计	随时利用重构方法改进已经出现问题的代码，保持代码尽可能干净且具有表达力
8	持续集成	系统需要被完整持续集成。开发人员将其本地开发的代码更改并提交（或称为签入）到版本控制系统的中央代码库中，新旧代码正确集成后，其他团队人员再更新本地代码库
9	集体代码所有权	任何结对的程序员都可以在任何时候改进任何代码。没有程序员对任何一个特定的模块或技术单独负责，每个人都可以参与任何其他方面的开发
10	编码标准	系统中所有的代码看起来就好像是由单独一人编写的
11	隐喻	隐喻是将整个系统联系在一起的全局视图，它是系统的未来影像，使得所有单独模块的位置和外观变得明显直观。如果模块的外观与整个隐喻不符，则该模块是错误的
12	可持续的速度	团队只有持久才有获胜的希望。他们以能够长期维持的速度努力工作，保存精力，把项目看作马拉松长跑，而不是全速短跑

XP 作为一种敏捷模型方法论，与传统的软件开发模型在多个方面展现了显著的区别。它不像传统模型那样重视分析和设计阶段的详尽文档编制，而是更早地开始编码活动，本质上强调可运行软件的价值高于详尽的文档。XP 的核心理念围绕 4 个主要的原则：交流（communication）、简单（simplicity）、反馈（feedback）和勇气（courage），旨在通过增强团队内部的沟通、追求过程和代码的简化、积极吸纳用户和用户的反馈以及鼓励面对挑战的勇气，来优化软件开发过程。

XP 的实施突出了以下优势。

① 简化的计划策略。XP 倡导简洁明了的计划和短周期的迭代开发，减少了长期计划的不确定性和复杂性，使得开发过程更加灵活和高效。

② 迭代增量开发。通过持续的迭代和增量式的开发，XP 能够有效适应需求的变化，确保软件产品能够及时响应市场和用户的需求。

然而，XP 也面临一些挑战和局限性。

① 适用范围的限制。XP 主要在小规模到中等规模的项目中得到应用和验证，其在大规模项目中的适用性和有效性仍需进一步考察。

② 有限的实践数据。虽然在开发阶段，XP 的一些实践已被证明是有效的，但关于软件维护阶段的数据相对较少，因此难以全面评估其对维护成本的影响。

③ 对开发人员的高要求。XP 对开发团队的技术能力和经验有较高要求，可能不适合技术能力参差不齐的团队。

鉴于这些因素，将 XP 视为一种软件开发的哲学或方法论，而不仅仅是一个固定的生命周期模型，可能更为恰当。XP 的核心实践和原则旨在简化开发过程，提升效率，并不是要过分强调遵循严格的阶段划分或过程规范。因此，无论采用瀑布模型、增量迭代模型还是原型模型，都可以从 XP 中吸取有价值的实践，以补充和增强传统的开发流程。

XP 提供了一种高效灵活的开发方法论，尤其适用于那些需要快速反映市场变化、用户需求不断演变或项目规模较小的软件开发场景。通过具体情况的深入分析，开发团队可以根据项目的特定需求和环境选择是否采用 XP，或者将其理念和实践与其他模型结合使用，以实现更高的代码质量和团队满意度。

2．Scrum 方法

Scrum 方法论基于这样一个核心假设：软件开发过程类似于新产品开发过程，其最终规格在项目初期往往难以完全确定。这一过程充满了探索、创新和试错，因此不存在一条固定的路径能够保证项目的成功。Scrum 将软件开发团队视为一个充满活力的单元，类比于橄榄球运动中的队伍，其中每位成员都对共同的终极目标有着清晰的认识，深谙团队协作的重要性，并且技术精湛。

< 56 >

团队成员享有高度的自主权,他们通过紧密的交流与合作,灵活应对各种挑战,确保项目能够持续向着既定目标稳步推进。

在 Scrum 方法论中,软件开发周期通常被划分为一系列短暂的迭代周期,每个周期(称为 Sprint)通常不超过 30 天。每个 Sprint 的开始都以用户提出的新产品需求为基础,开发团队和用户共同决定在即将到来的 Sprint 中需要实现的功能模块。团队承诺在 Sprint 结束时交付可用的软件成果,为此,他们每天会进行一次短暂的站立会议(通常持续约 15 分钟),在会上检视项目进度,讨论团队成员当前的工作计划,并寻找解决遇到的问题的方法。

Scrum 的显著优势在于其对变化的高度适应性。与传统的软件开发模型(如瀑布模型、原型模型和螺旋模型)相比,Scrum 能够更快速地应对内外部因素的变化,这些变化可能会影响项目的进展和成功。在面对不断增加的系统复杂性时,传统模型往往会发现项目成功的可能性急剧下降。相比之下,Scrum 通过其灵活和迭代的特性,显著提高了项目成功的概率。这一点可以通过对比 Scrum 和传统模型在不同复杂性条件下的成功率来直观地看出。通过实际应用 Scrum,许多团队已经证实,即使在高度复杂和不断变化的环境中,采用 Scrum 方法论也能够有效地推进项目,实现目标。传统软件开发模型(如瀑布模型)与 Scrum 的对比如图 3.8 所示。在瀑布模型中,随着复杂性的增加,不可预测性的僵化反应引起了软件成功概率的急剧下降;而在使用 Scrum 的软件开发模型中,如图 3.8(b)所示,图中右侧的虚线代表使用 Scrum 后的软件成功概率。可以看到,瀑布模型和 Scrum 的阴影部分面积提示软件成功概率有了显著提高。这是因为 Scrum 针对软件的不可预测性会做出灵活的应对,所以 Scrum 中软件复杂性对软件成功概率的影响会减小。

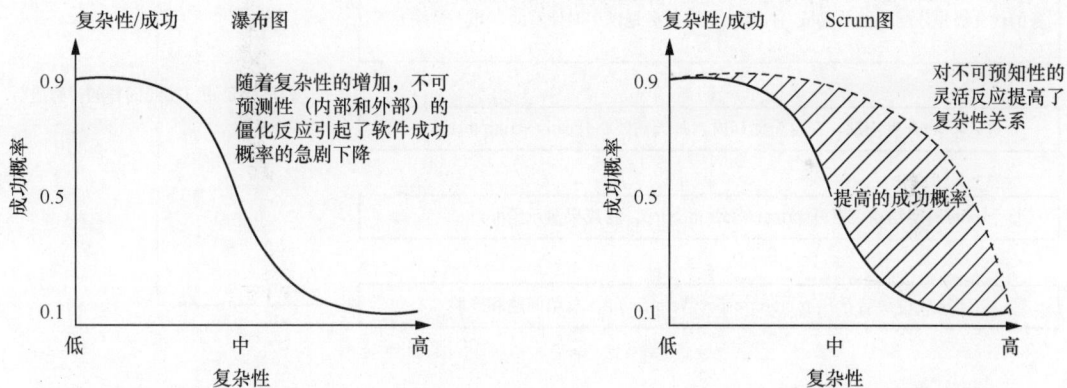

(a)瀑布模型中的软件成功概率与复杂性的关系　　　(b)Scrum 中的软件成功率与复杂性的关系

图 3.8　瀑布模型和 Scrum 的对比

Scrum 中常用到一些名词,用以对整个过程的一些工具进行描述,模型中常用名词的说明如表 3.12 所示。

表 3.12　常用名词的说明

序号	名词	说明
1	backlog	指可以预知的所有任务,包括功能性的和非功能性的任务
2	sprint	指一次迭代开发的时间周期。一般最多以 30 天为一个周期。在这段时间内,开发团队需要完成一个指定的 backlog,并且最终成果是一个增量的、可以交付的产品
3	sprint backlog	指一个 sprint 周期内所需要完成的任务
4	scrum master	指负责监督整个 Scrum 进程中修订计划的一个团队成员
5	time-box	指一个用户开会时间段,比如每个 daily scrum meeting 的 time-box(时间盒子)为 15 分钟

< 57 >

序号	名词	说明
6	sprint planning meeting	指在启动每个 sprint 前召开的会议。一般该会议时长为 8 小时。该会议需要制订的任务是：product owner 和团队成员将 backlog 分解成小的功能模块，决定在即将进行的 sprint 里需要完成多少个功能模块，确定这个 product backlog 的任务优先级。另外，该会议还必须详细地讨论如何能够按照需求完成这些小功能模块。制订的这些模块的工作量以小时计算
7	daily scrum meeting	指开发团队成员召开的会议。一般该会议时长为 15 分钟。每个开发成员需要向 scrum master 汇报 3 个项目：今天完成了什么，是否遇到了障碍，即将要做什么。通过该会议，团队成员可以相互了解项目进度
8	sprint review meeting	指在每个 sprint 结束后召开的会议。这个 team 将这个 sprint 的工作成果演示给 product owner 和其他相关的人员。一般该会议时长为 4 小时
9	sprint retrospective meeting	指对刚结束的 sprint 进行总结。会议的参与人员为团队开发的内部人员。一般该会议时长为 3 小时

实施 Scrum 的过程如图 3.9 所示。

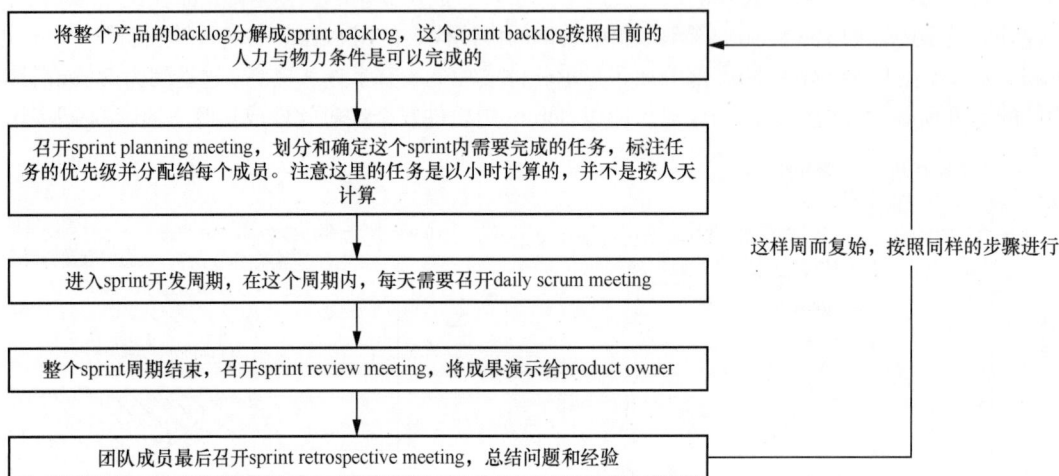

图 3.9　实施 Scrum 的过程

3．敏捷模型实例分析

互联网企业的快速发展及其对创新的不断追求，使得敏捷模型成为其适应不断变化需求的首选方法。以一家典型的互联网公司为例，其采用敏捷模型的路径充分展现了如何在高度不确定的市场环境中快速迭代和创新。

该公司在引入敏捷模型方法的早期阶段，首先进行了广泛的行业调研和敏捷方法学的学习，深入理解敏捷模型的核心理念和实践。基于这些认知，公司结合自身的工作特点和文化，开始在部分团队中试验敏捷实践，通过不断进行实践和优化，逐渐形成了一套适合自己的敏捷模型模式。这一过程本身就体现了敏捷方法论的迭代精神。

在敏捷实践方面，公司的实践可以分为以下关键部分。

① 产品管理。该公司采用了特性驱动开发的变种，明确设立产品经理角色，负责产品的全周期管理，包括需求验证、方向设定、市场和用户研究等。这种模式强调产品特性的滚动式开发，使得产品能够灵活适应市场变化。

② 项目管理。在项目管理过程中，公司参考了 Scrum 框架，但并非严格遵循 Scrum 的所有规范，而是根据公司的特点和需要，对 Scrum 实践进行了适应性调整，例如，通过每日站会、迭

< 58 >

代开发、时间盒子（time boxing）、迭代展示和回顾总结等活动，保持项目管理的灵活性和高效性。

③ 开发实践。公司在开发实践中借鉴了 XP 的部分理念，特别是在自动化测试和持续集成方面。这些实践有助于提升开发效率，确保产品能够快速迭代和发布。

整个敏捷实施过程大致分为 3 个阶段。

① 学习期。通过外部培训和行业考察，全面了解敏捷模型的理论和实践。

② 试点期。在部分团队中试行敏捷实践，通过专题研讨和内部培训，树立成功案例，并逐步扩大培训范围。

③ 推广期。成立内部敏捷顾问团队，开发入门课程，持续在组织内推广敏捷理念和实践，确保敏捷文化的深入人心。

这样的敏捷模型实践，不仅提升了公司对市场变化的快速响应能力，还促进了内部团队的紧密合作和创新能力的提升，展现了敏捷模型在互联网企业中的巨大潜力。另外，还有一些实际的有利于敏捷实施的做法。

① 可以在公司内部创建一个充满活力的知识共享和文化交流平台，鼓励所有团队都将自己的敏捷实践经验分享到平台上。这种做法极大地促进了优秀实践的传播和学习，使得不同团队能够相互借鉴和启发，不断优化自己的工作方式。还可以组织大量的交流研讨活动，并设立专门的团队来普及敏捷理念，确保敏捷实践能够深入到每个团队中去。

② 为了更加系统和客观地评估团队的敏捷实践水平，可以引进一个敏捷能力评估模型，将团队分为 A1、A2、A3 三个等级。每个等级都有明确的评估标准和指标，以量化的方式衡量团队的敏捷实践能力和成熟度。这种分级制度不仅帮助团队明确自身在敏捷实践中的定位，而且指导他们进一步提升敏捷能力。

③ 可以设立排行榜和相应的奖励机制，以激励员工更积极地参与和实践敏捷模型。这种个人激励措施有效地提升了员工的参与度和积极性，进一步促进了敏捷文化在公司内部的深化和扩散。

这些多层次、多角度的措施，不仅在团队层面上成功地推广了敏捷实践，而且在个人层面上也营造了一个积极向上的敏捷实践环境，为持续的创新和改进提供了坚实的基础。

敏捷模型同样面临一些挑战。

① 多样性。例如，团队数量多，每个团队的规模、特点和采用的方法都有所不同，这就需要灵活地调整敏捷实践以适应各个团队的需求。

② 产品范围广泛。假如公司产品类型较多，不同的产品可能需要不同的开发模式，敏捷方法需要根据具体产品的特性做出调整。

③ 过程改进。敏捷实践是一个持续改进的过程，这可能会引起一些团队的不适应性，这就需要找到适合团队的平衡点。

④ 人员素质差异。新员工招聘后，需要时间去理解和融入敏捷团队，这是敏捷培训和融合的过程。

⑤ 长周期项目。需要探索如何在长周期的 Scrum 框架内实施敏捷实践。

尽管存在挑战，但通过持续的学习和改进，敏捷方法已经成为各种互联网公司提高效率、响应市场变化和增强用户满意度的重要手段。

3.2.2 Rational 统一过程模型

RUP 是一种创新的软件开发模型，结合了面向对象的设计原理和网络化的应用环境，旨在提供一套全面的指导框架，以支持软件开发的各个阶段和层面。作为 Rational Rose 和统一建模语言（unified modeling language，UML）的开发者 Rational 公司的杰作，RUP 不仅仅是一个方法论，

< 59 >

它更像是一个在线导师，通过提供详尽的指导方针、模板和实践案例，帮助开发团队在复杂的软件工程项目中找到明确的方向。

RUP 与其他面向对象的软件开发过程共同构成了当代软件工程实践的理论基础。这些方法论的核心在于将传统的面向过程的开发活动（如需求定义、设计、编码和测试等阶段）与软件开发的其他关键组成部分（包括但不限于文档、模型、手册和代码）整合到一个统一而协调的框架之内。这种综合性的方法不仅增强了项目管理的效率，也提升了软件质量和可维护性。

RUP 将软件开发生命周期划分为一个二维模型，其中横轴代表时间维度，反映了软件开发过程的动态进展，涵盖了从项目启动到产品交付的全过程。这一维度使用周期（cycle）、阶段（phase）、迭代（iteration）和里程碑（milestone）等术语来描述开发的不同阶段和关键节点。纵轴则聚焦于软件开发的内容和逻辑结构，包括活动（activity）、产物（artifact）、参与者（worker）和工作流（workflow）等要素，这些要素共同构成了项目实施的基础。

在 RUP 的架构下，软件生命周期被细分为 4 个连续的阶段：启动、细化、构建和交付。每个阶段的结束标志是一个重要的里程碑，它不仅代表了时间的节点，也是项目管理中的一个关键决策点。每个阶段结束时，项目团队都会进行一次详细的评估，以确保阶段目标的实现情况。只有当评估结果表明所有目标均已满足时，项目才会进入下一个阶段，从而确保软件开发过程的连贯性和目标的一致性。

（1）启动阶段的扩展分析

启动阶段是 Rational 统一过程中至关重要的第一步，其核心目的在于构建一个坚实的基础，确保项目的可行性和成功。这一阶段的关键活动包括建立商业案例、明确项目目标、识别潜在风险，以及界定项目范围。通过深入分析与系统互动的各个外部实体，项目团队可以在较早阶段识别关键的业务需求和潜在挑战，为项目定下清晰的方向和界限。此外，对于基于现有系统的开发项目而言，此阶段可能较为简短，但其重要性不容忽视。该阶段的顶点是生命周期目标里程碑，它提供了一个评估项目基本生存能力的机会，确保项目的商业案例是坚实的，目标是清晰的，且风险是可控的。

（2）细化阶段的深度分析

继启动阶段之后，细化阶段的目标是对问题域进行深入分析，确立一个健全的体系结构基础，并制订详细的项目计划。在此阶段中，关键活动包括对体系结构的决策，如定义其范围、主要功能及性能等功能需求，同时建立项目支持环境，包括开发案例、模板和工具。这一阶段的成功依赖于有效地识别和淘汰项目中的高风险元素，确保项目基础稳固。阶段结束时，生命周期结构里程碑将确立，为后续阶段提供了清晰的结构基准，便于团队衡量和调整。

（3）构造阶段的全面实施

在构造阶段，项目进入实质性的开发和实施阶段。这一阶段的焦点是完成所有必要的编码工作，集成所有组件，并对产品进行全面测试。可以将此阶段视为一个高效的生产过程，旨在通过精细的资源管理和流程控制来优化成本、进度和产品质量。构造阶段的完成标志是初始功能里程碑的达成，此时需要验证产品是否已准备好在测试环境中部署，确保软件、环境和用户准备就绪，为系统的实际运行打下基础。

（4）交付阶段的精细调整与发布

交付阶段标志着项目进入最后阶段，重点是确保软件对终端用户的可用性。这一阶段可能包含多次迭代，涵盖产品的最终测试、基于用户反馈的调整等活动。在此阶段，用户反馈主要聚焦于产品的微调、安装设置和易用性问题，而所有重大的结构性问题应在项目的早期阶段得到解决。最终，产品发布里程碑标志着项目的成功交付，此时需要验证项目目标是否已实现，并决定是否启动下一个开发周期。

RUP 的核心构成涵盖了 9 个基本工作流，这些工作流被细分为 6 个核心过程工作流和 3 个核

< 60 >

心支持工作流。这一细致的划分超越了传统瀑布模型的线性阶段，采用了一种迭代和增量的方法，其中每个工作流在整个项目生命周期中被反复访问，以不同的重点和强度实施。下面是对这些工作流的进一步阐述和扩展。

（1）商业建模

商业建模工作流旨在通过开发针对目标组织的概念构想来描绘业务框架，进而在商业用例模型和商业对象模型中定义组织的流程、角色和职责。这一过程有助于识别和阐明项目背后的商业逻辑，确保软件解决方案与组织的业务目标和需求一致。

（2）需求

需求工作流关注于精确描述系统应完成的任务，并促成开发团队和用户间对这一描述的共识。通过详细地提取、组织和文档化功能需求和约束，此工作流确保了对系统所需解决的问题的全面理解，为后续的设计和实现工作奠定了基础。

（3）分析与设计

分析与设计工作流的核心在于将需求转化为系统设计，开发出一套健壮的结构并确保设计与实现环境相匹配，以提升性能。该工作流产出设计模型和可选的分析模型，其中设计模型作为源代码的高级抽象，包含了精心组织的设计类、设计包和设计子系统，以及描述类对象如何协作以实现用例功能的描述。此外，以体系结构设计为中心的设计活动，通过各种结构视图来表达，从而清晰地展现了设计的重要特征。

（4）实现

实现工作流致力于定义代码的层次结构组织，将类和对象以组件形式（源代码、二进制文件、可执行文件）实现，并对开发的组件进行单元测试和集成测试，以构建成一个可执行的系统。此工作流确保了代码的结构化组织和高效集成，为系统的稳定运行奠定了基础。

（5）测试

测试工作流的目标是通过全面验证组件间的交互、软件的整体集成以及所有需求的正确实现来确保软件质量。RUP 采用迭代方法进行测试，意在项目早期发现缺陷，以降低修复成本。测试不仅从功能性、可靠性和性能等多维度确保软件质量，还通过识别和处理预发布阶段的缺陷来提高产品的稳定性。

（6）部署

部署工作流关注于软件的发布准备和最终用户交付，包括软件打包、安装以及用户支持等活动。此外，可能还包括 beta 测试、软件和数据的迁移以及正式验收等任务，以确保软件对用户的可用性。

（7）配置与变更管理

配置与变更管理工作流旨在处理项目中大量产物的控制问题，提供了一套规范来管理系统演化中的多个版本，跟踪软件开发过程中的变更，管理并行和分布式开发，并维护产品修改的详细记录。

（8）项目管理

项目管理工作流旨在通过提供项目管理框架、实用的规划和执行指导、风险管理策略，来平衡项目中可能出现的各种冲突目标，确保项目的成功交付。

（9）环境

环境工作流致力于为软件开发提供必要的过程和工具支持，包括配置项目所需的活动，以及支持开发项目规范的活动，提供指导手册并助力组织中过程的实施。

RUP 作为一种通用的过程框架，涵盖了广泛的开发指南、工件和角色定义，由于其庞大的体系结构，需要根据具体开发机构和项目的特点进行适当的裁剪。裁剪 RUP 的过程类似于定制一个元过程，通过这种定制，可以生成多种不同的、针对特定需求的开发过程，这些过程实质上是 RUP

的具体实例化。裁剪 RUP 的步骤如下。

① 识别项目所需的工作流。

② 确定每个工作流中所需的元素。

③ 规划 4 个主要阶段之间的演进关系。

④ 为每个阶段制订迭代计划，明确每次迭代的开发重点。

⑤ 规划工作流的内部结构。

RUP 的优势在于显著提升了团队的生产力，并在迭代开发、需求管理、基于组件的架构设计、可视化软件建模、软件质量验证和变更控制等关键开发活动中，为团队成员提供了详尽的指导、模板和工具。RUP 创建了一个清晰、简洁的过程结构，增强了开发流程的通用性。然而，RUP 并非没有缺点。作为一个开发流程框架，它并不覆盖软件开发过程的所有方面；同时，它也不支持多项目开发结构，这在一定程度上限制了在整个开发组织中实现广泛重用的可能性。因此，虽然 RUP 是一个良好的起点，但它并非无懈可击。在实践中，根据具体需求对 RUP 进行调整和改进，并结合如开放过程（open process）和面向对象软件过程（object oriented software process，OOSP）等其他软件开发流程的相关内容，可以进一步完善 RUP，使其更加贴合实际项目需求。

3.2.3 DevOps 模型

在传统软件开发组织中，开发团队与运维团队之间往往存在沟通和理解的障碍，这导致软件产品不能快速地进入市场。这种障碍的根源在于，开发人员和运维人员在工作方法及角色定位上存在显著差异。开发团队致力于不断响应新的需求，迅速开发新功能。与此同时，运维团队的首要任务是确保系统的稳定性，任何小的失误都可能对用户造成负面影响。为了解决这一问题，开发运维一体化（development and operations，DevOps）的概念应运而生，它将敏捷模型的理念扩展到运维领域，创建了一套覆盖软件开发和运维全过程的实践方法。

DevOps 模型：
电商平台开发与
运维协作实践

1．DevOps 的生命周期

DevOps 代表了敏捷模型理念在软件生命周期中的全面应用，它通过文化变革、自动化实践、标准化流程、优化架构和工具的辅助，消除了开发与运维之间的隔阂。在追求卓越品质的基础上，DevOps 致力于减少产品从构思到市场所需的时间。这一过程始于项目规划，贯穿编码、构建、测试、发布、部署、运维和监控等关键环节，形成了一个持续循环的模式，体现了 DevOps 持续改进和永无止境的核心精神。这种循环也反映了在软件开发和运维中追求快速迭代、高标准交付和即时反馈的目标。

自动化是 DevOps 实践的核心，它通过一系列工具的整合，使得软件的构建、发布和部署过程更加高效、频繁且稳定。DevOps 工具链通常以持续集成工具为核心，将项目管理、缺陷跟踪、版本控制、构建自动化、测试、发布管理、部署和监控等工具串联起来，形成一个协调一致的工作流程。这样的工具链不仅支持了 DevOps 的全周期实践，而且为开发与运维的无缝协作提供了强有力的技术支持。

2．DevOps 的应用原则

为了实施和提升 DevOps 实践，吉恩·金（Gene Kim）等人介绍了一套基础的"三步工作法"原则，用以指导 DevOps 的运作。

① 第一步：流动性原则，这一原则致力于加速价值流动。在追求市场竞争力的过程中，DevOps 追求的是在减少代码从修改到部署在生产环境中的时间的同时，确保服务的质量和可靠性。这一

< 62 >

目标通过创建一个从开发到运维的快速、无缝且能够持续向用户交付价值的工作流程来实现。流动性原则采纳了精益生产的理念,通过使工作过程可见、减少工作批量和等待时间、在生产过程中内建质量控制等策略,来防止缺陷的传播,从而增强了价值的流动性。

② 第二步:反馈原则,这一原则着眼于建立一个持续且迅速的反馈系统。它允许 DevOps 过程中的每个环节都能迅速获得反馈,及时识别并解决问题,从开发阶段就开始控制质量,并为后续的环节提供优化。

③ 第三步:持续学习与实验原则,这一原则旨在营造一个创新和信任的企业文化。它鼓励团队成员勇于面对问题、承担责任、寻求解决方案;通过从成功和失败中学习,进行科学的实验和持续的改进;在团队内部分享知识与经验,以建立一个以学习为中心、知识共享的工作环境。

3. DevOps 核心理念

DevOps 的核心理念是"持续性",其关键技术实践包括持续集成、持续交付和持续部署。

① 持续集成(continuous integration,CI):这指的是开发者频繁地(可能一天多次)将他们的代码更新合并到主代码库中。每次合并时,都会执行一系列质量保证措施,如代码审查、自动化测试和安全检查,以确保代码的高标准。CI 的主要目的是确保软件始终处于可运行状态,同时快速识别和修复问题,从而提高软件的整体质量。

② 持续交付(continuous delivery,CD):在 CI 的基础上,CD 意味着将集成后的代码自动部署到一个模拟生产环境的"准生产环境"中。持续交付是 CI 的延伸,其主要目标是确保软件始终准备好部署,实现快速响应业务需求,同时保持软件的可部署性。

③ 持续部署(continuous deployment):在持续交付的基础上,持续部署将代码自动推送到生产环境中。持续部署的目标是加速代码从提交到生产部署的过程,并迅速收集用户反馈。在整个 CI 和 CD 的过程中,代码和相关制品不断向生产环境流动,借助工具链的支持,实现价值的快速交付。

在持续集成、持续交付和持续部署的整个过程中,代码及相关制品不断向生产环境的方向流转,在工具链的支持下实现价值的快速流动。

4. DevOps 工具链

DevOps 工具链由一系列工具组成,包括项目管理工具、版本控制系统、构建自动化工具、代码质量分析工具、自动化测试框架、部署自动化工具和监控系统等,它们共同促进了软件开发和运维团队在整个软件开发周期中的高效合作。这些工具通常以持续集成工具作为核心,整合其他工具,形成一个可重复、可靠的自动化工作流程,以实现快速且持续的价值交付。

常见的持续集成工具包括但不限于开源的 Jenkins、Atlassian 的 Bamboo、腾讯的 Coding、华为云的 DevCloud 以及阿里巴巴的云效流水线等。整个 DevOps 流程大致分为以下关键阶段。

① 计划阶段:使用项目管理软件进行任务规划、问题追踪和团队协作,如 Jira 和 Pivotal Tracker。

② 编码阶段:开发者在集成开发环境(IDE)中编写代码,并通过代码质量检查工具或同行评审确保代码质量。常用的版本控制工具包括 Git 和 SVN,而代码静态分析工具则有 SpotBugs、PMD(programming mistake detector,程序错误检测器)、CheckStyle 和 SonarQube 等。

③ 构建阶段:构建工具负责管理项目依赖项、编译和链接源代码,生成可执行代码。C/C++ 项目常用的构建工具有 CMake 和 Bazel,而 Java 项目则常用 Maven 和 Gradle。

④ 测试阶段:部署自动化工具将编译后的代码部署到测试环境,并运用自动化测试工具执行测试案例。单元测试工具如 JUnit、CppUnit、PyUnit,API(应用程序接口)接口测试工具如 Postman 和 SoapUI,功能测试工具如 Selenium,以及性能测试工具如 JMeter 和 LoadRunner 等。

⑤ 发布阶段:通过部署工具将测试通过的代码部署到生产环境,实现软件的发布。Capistrano

< 63 >

和 CodeDeploy 是部署工具的代表，开发者也可以通过脚本自定义部署流程。

⑥ 运维阶段：监控系统对生产环境中的软件进行实时监控，包括性能指标、日志记录和分布式追踪等。一旦发现问题或有新的需求，相关变更会通过项目管理工具重新进入开发流程。Prometheus、Grafana、ELK 和 Jaeger 等是监控工具的典型代表。

3.3 本章小结

本章深入探讨了软件开发过程中的关键概念和实践——软件开发模型。以下是本章的主要内容。

① 软件开发模型的概述：解释了软件开发模型的定义及其在项目成功中的关键作用。

② 传统软件开发模型：分析了包括瀑布模型、增量模型、快速原型模型、螺旋模型在内的传统方法，并讨论了它们的优缺点及适用场景。

③ 敏捷模型方法论：介绍了敏捷模型的核心价值观和原则，以及 Scrum、XP 等敏捷框架的实践方法。

④ XP 敏捷模型方法：详细讨论了 XP 的原则、实践规则及其在软件开发中的应用。

⑤ Scrum 敏捷模型方法：描述了 Scrum 框架的核心概念、流程和实施策略。

⑥ 敏捷模型的实例分析：通过案例展示了敏捷模型在实际项目中的应用和效果。

⑦ Rational 统一过程（RUP）：阐释了 RUP 的二维模型、4 个阶段以及 9 个基本工作流。

⑧ DevOps 文化和实践：讨论了 DevOps 如何通过自动化和协作优化软件开发及运维流程。

通过学习本章内容，读者能够全面理解软件开发模型的重要性，熟悉传统和现代软件开发方法论，并能够根据不同项目需求选择合适的开发模型。通过学习敏捷、Rational 和 DevOps 实践，读者可以了解到适应快速变化的市场需求，提升团队协作和产品迭代速度的新形态软件开发模型的变化及延展方式。这为读者学习后续关于软件工程、项目管理和持续集成等内容奠定了坚实的基础，帮助读者建立了软件开发方法和模型的完整概念。

3.4 习题

一、简答题

1. 软件开发模型的作用是什么？

2. 瀑布模型中的核心阶段是什么？

3. 请描述敏捷模型方法论中的核心价值观和原则。

4. 什么是 XP？

5. 快速模型中的快速代表了什么？在开发过程中怎么做才符合快速的含义？

6. RUP 的特点是什么？

7. 有一个由 8 名开发人员组成的团队，任务是开发一个中等复杂度的 Web 应用项目，该项目需要在 6 个月内完成。项目需求已经基本明确，但预计在开发过程中可能会有小幅度的变更。从本章所学的模型中选择一个你认为合适的软件开发模型，并说明选择该模型的理由。

8. 调研一下，哪些项目使用了 DevOps 的开发模式，谈谈你对开发运维一体化的理解。

软件项目
管理实践

从第 2 篇开始，本书将软件开发过程的 6 个典型阶段（瀑布模型）融入软件项目管理过程的 5 个阶段中。同时为了方便读者更好地理解项目管理的内容，本书还将项目管理和软件开发过程联系起来，在后续章节把项目管理的 5 个阶段分成对软件项目的 3 个过程的管理，在这 3 个过程里，融入了软件开发的典型过程，分别是启动、需求、设计、编码、测试、收尾这 6 个阶段，相关知识内容和本书章节对应关系如下。

软件项目的 3 个过程	软件开发过程	本书章序	内容
软件启动和规划阶段 的项目管理	软件启动调研	第 4 章	范围管理、进度管理、成本管理
		第 5 章	人员管理、配置管理、风险管理、质量保证管理
软件执行和监控阶段 的项目管理	软件需求分析、设计（架 构、概要、详细）、编码	第 6 章	团队组建者管理、范围进度成本监控、风险过程监控、 质量监控、配置变更管理
		第 7 章	从软件开发不同阶段的视角，结合本阶段的项目管理各 领域内容进行项目管理的讨论
软件交付和总结阶段 的项目管理	软件测试和部署 移交维护	第 8 章	测试阶段项目管理及任务交付和总结相关项目内容等

本篇的第 9 章是以"咕咕知识管家"项目管理实例作为案例，介绍实际应用中的项目管理。

需要注意的是，软件项目管理虽然按照项目进度划分成了 3 个阶段，但是后续章节每个阶段所介绍的软件项目管理的相应的手段和内容，都会应用于项目的整个过程。例如，项目工作量的度量，在启动阶段、科研和需求阶段、执行阶段都会有所涉及，前期是工作量计算和目标管理，后期是根据进度进行工作量和目标之间的更精准调控。再如，项目测试的内容，在项目执行和监控阶段都会涉及。可见，项目管理的不同领域可能会出现在不同章节与不同阶段，请悉知。

本篇将全面揭示软件项目管理的概念性内容，例如，什么是软件项目管理，哪些元素会影响到软件项目管理，软件项目管理过程和软件开发过程又有什么关系，有哪些不同的软件开发模型等。希望通过学习本篇内容，读者能够建立起全面的软件项目管理的基础理论结构。

第4章 启动和规划阶段的项目管理（一）

——范围、进度、成本

前面已经介绍绍过，软件项目的生产是需要进行管理的，无论项目大小（例如，造金字塔是一个项目，制作一台机器也是一个项目），这个过程都需要有计划、有步骤地实施。所以对软件进行管理时，系统工程思想应该贯穿项目管理的全过程。

在进入项目管理的知识体系之前先明确，后续章节的知识内容都将重点围绕项目经理的职责开展，后续章节会涉及多角色的职责内容，但是主线内容依旧是以项目经理的视角进行内容体系的学习。因为软件项目管理的组织具有一定的特殊性，基本上是基于团队管理的个人负责制，项目经理这个角色是整个项目组中协调、控制的关键。

软件项目管理的要点是创造和保持一个使项目顺利进行的环境，同时采用先进的项目管理的方法、工具和技术手段，使置身于这个环境的人们能在集体中协调工作以完成预定的目标。因此对于学习软件项目管理，本书的目标是使读者掌握基本的原则，学习一些项目常用的方法，并实践某些环节。

本章学习目标

① 理解项目启动阶段的关键活动，包括项目章程的制订、干系人的识别和项目启动会议的召开。

② 理解范围管理的基本原则、定义项目范围，包括需求收集、范围定义、创建工作分解结构、范围核实和范围控制。

③ 理解如何制订项目进度计划，包括活动定义、排序、历时估算、进度计划编制和进度控制。

④ 理解如何进行项目成本管理，包括资源计划编制、成本估算、预算制订和成本控制，了解质量对成本的影响。

4.1 项目启动及规划概述

一个项目正式开始的前期，还有许多工作要做，如项目的竞标、项目的选型、前期可研的调查等一系列为项目启动而服务的工作。从项目进入启动阶段，就需要和规划阶段的部分工作开始并行。

启动阶段软件项目应该重点关注 3 点内容，首先是与项目用户、本方高层间的沟通，明确需求并获得相关支持，其次是明确项目目标，最后是召开启动会，进行项目的初步确认，并明确团队及执行相关要求。项目启动会的任务包括向所有干系人代表阐述项目背景、价值、目标，并介绍项目最后交付物的相应情况，同时成立项目组织机构及介绍主要成员职责，设立相应的管理制度。在这次启动会上，项目团队还需要展示初步的计划和风险分析的成果。从启动会的内容可以看出，项目启动会已经涉及软件项目规划阶段的初期内容，这也印证了在项目管理体系中启动阶段与计划阶段有重叠。

项目启动阶段的典型的工作内容如下。

（1）制订项目章程

制订项目章程的工作内容是制订一份正式的文件用于批准项目或当前阶段，并记录初步需求，反映项目相关人员的需要和期望。在多阶段项目中，这一过程有助于确认或优化先前的项目章程制订决策。

（2）识别干系人

所有受项目影响的人或组织都应该在这个阶段全部列出，并记录其利益、参与情况和影响项目成功的过程。项目干系人既可能来自组织内部，也可能来自组织外部；可能直接参与到项目当中，也可能只是受项目的影响。一般来说，软件项目干系人包括项目发起人、项目经理、项目组成员、辅助人员、项目用户、厂商、竞争对手等。

（3）召开项目启动会

前面已经介绍过项目启动会的主要任务和地位。其中的初步计划和前期的风险分析都是非常重要的规划阶段的活动。由于技术变化较快，所以风险评价是信息技术项目决策中非常重要的环节，与项目风险相关的因素，比如项目经理的能力，项目人员对技术的熟悉程度及从事同类项目、同类计算机平台、计算机语言的经验，一些关键设备、一些软件的可得性，实施项目的团队、人员的配备，人员的流动性，项目团队大小，项目经理对团队的控制权等，这些都会影响项目的风险大小，对此都必须做出分析评价。

任何项目的管理过程的基础，都来自项目初期为其制订的计划。项目计划是影响项目结果成败与质量的最直接因素，因为它是项目的蓝图。项目计划应该越详细越好（但是在实际的工作中是很难实现的），因为它为项目整个团队服务，并且指导团队成员的工作，这一系列的计划制订都应该遵循项目经理制订、项目主管评审、项目执行组执行这样一个基本的过程。

软件项目计划是项目管理的第一步，也是软件项目管理中整体管理的主要部分。做计划的时候实际遇到的大部分情况是，知道目标以及知道现在可以做什么，但是不清楚将来该做什么。在这种情况下，项目开始是有计划的，但是某些未来发生的事情会导致计划失去作用。

以下是可能导致后期计划失去作用的原因。

① 对计划的认知存在误区。例如，长远计划或整体计划的制订不切实际或不够精确，从而缺乏实施指导的价值。

② 计划的制订仅仅是出于应对领导或用户的要求，缺乏真正的实施意愿。同时，领导或用户对拖延和返工习以为常，导致这样的计划被轻易接受而不被重视。

③ 计划的制订不够严密，经常出现较大的差错。由于计划总是赶不上变化，相关人员可能会失去耐心，并选择放弃对计划的关注和执行。

软件项目管理计划中设置的内容实际上是由多种项目的管理计划或者规则组成的。在软件的项目计划和启动阶段，关注的项目管理计划主要有软件范围管理、项目资源管理、项目进度管理、项目质量管理、项目成本管理、项目风险管理、项目相关方管理、项目沟通管理、项目采购管理等，这些也是 PMBOK 中项目管理的 9 个知识领域的相关内容。

后续章节重点围绕下述管理内容开展。

① 软件项目综合管理：包括 3 个基本的子过程，即项目计划制订、项目计划执行以及项目综合变更控制，这 3 个部分会在本书的第 4~8 章展开阐述。

② 软件项目范围管理：包括范围计划的制订、范围界定、范围核实以及范围变更控制。

< 67 >

③ 软件项目进度管理：包括活动定义、活动排序、活动时间估计、项目进度编制以及项目进度控制。

④ 项目成本管理：包括资源计划编制、成本估算、成本预算以及成本控制。

⑤ 项目质量管理：包括 4 个过程，即质量规划、质量控制、质量保证和全面质量管理。

⑥ 项目团队人员管理。

⑦ 项目风险管理。

⑧ 项目配置管理。

4.2 项目范围管理

项目范围是团队为了交付有规定特性与功能内容（产品、服务或成果）等所必须完成的全部的并且工作量最少的工作。可见，项目范围包含两个要点：一是产品，二是过程。项目范围对项目的影响是决定性的，它确定了软件项目的工作量。有效的范围控制能够确保项目仅涵盖必须完成的任务，避免不必要的扩展和无效努力，同时能防止因需求不明确而导致的严重系统缺陷。

项目范围是包含产品范围的。项目范围管理和产品范围管理不同。产品范围一般着眼于产品本身，产品的功能和特性的总和是该产品的范围，因此产品的需求是衡量范围管理的标准。而项目范围以产品范围为基础，以项目管理计划来检验项目范围的完成情况。产品的范围管理一般根据需求管理来完成（大致应该包括实现的目标、主要的功能、性能、接口、特殊要求等方面），而项目的范围管理则会涉及项目相应人员的工作、相关人、相应的管理工具及文档。同时避免范围管理不要在项目进行的过程中无限制地蔓延。综上所述，本书给项目范围管理下一个定义：项目范围管理是界定并且着手设定项目中应该包含的内容，以及不包含的内容的一个过程。

如图 4.1 所示，软件项目范围管理在项目的全过程中划分了 6 种过程。

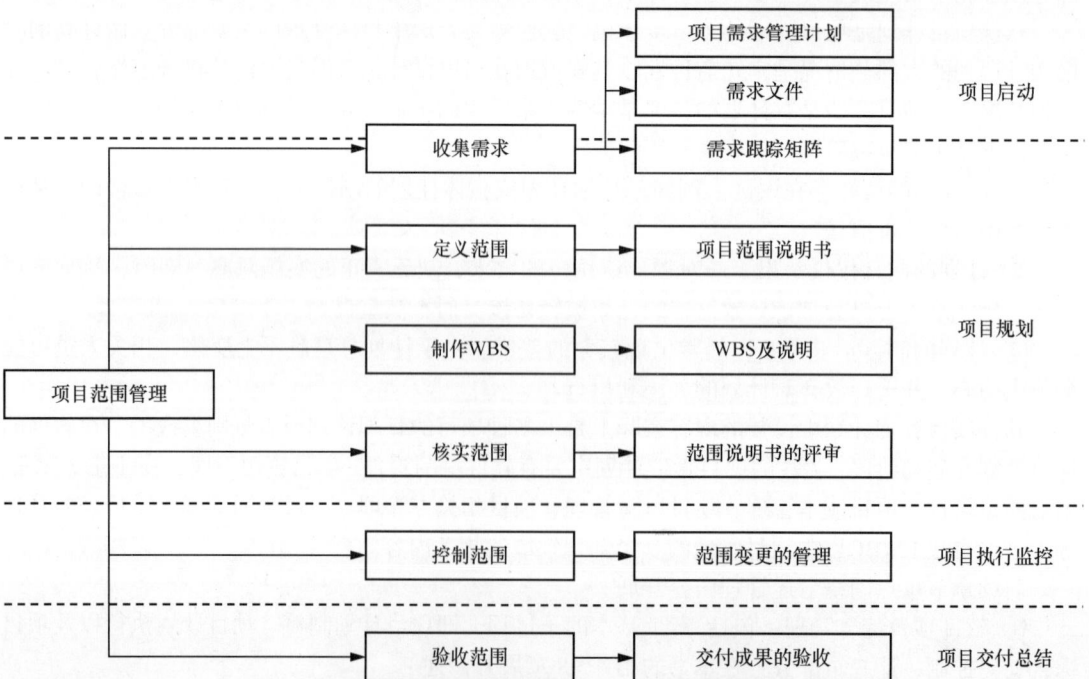

图 4.1　软件项目范围管理的 6 种过程的内容

下述是项目范围管理的 6 种过程。

① 收集需求：创建基本的需求文档，包括项目需求管理计划、需求文件以及需求跟踪矩阵。

② 定义范围：评审项目章程和创建项目范围说明书，确定项目工程量。

③ 制作 WBS：将项目的成果和项目实施过程中的工作划分为可控的部分并进行相应的说明，即生成 WBS（工作分解结构），然后进行分步实施。

④ 核实范围：正式化地认可项目范围，也就是评审项目范围说明书的内容。

⑤ 控制范围：通过管理范围变更情况实现对项目范围的控制（本书第 6、7 章）。

⑥ 验收范围：项目总结交付阶段，对交付成果的范围进行验收（本书第 8 章）。

在上述过程中项目范围管理的最重要的步骤内容就是制作工作分解结构。工作分解结构以可交付成果为基础，分解项目中涉及的工作，然后得到项目的整体范围的定义。

4.2.1　范围管理计划

项目范围管理的基础来自前期启动阶段项目的系列资料内容，从产品的说明或初步的范围说明、前期的项目章程以及启动会上确立的系列内容，通过分析和专家评审，可以形成项目范围管理计划。范围管理计划是项目管理者用于规划、定义、确认、管理和控制项目范围的计划文件或指南。它明确规定如何确定项目范围、制订项目范围说明书、构建项目工作分解结构、确认和控制项目范围，以及如何应对项目范围的变化以确保与项目要求保持一致。

具体而言，范围管理计划应包含以下工作内容。

（1）确定详细的项目范围

这部分的内容关注的是如何获取项目范围，即需要采取什么样的方法、采用什么样的工具和过程来逐步得到详细的项目范围。一般来说，项目团队会根据项目章程和项目管理计划以及初步项目范围说明书，编制详细的项目范围说明书的过程和方法。对于抽象的软件系统项目，确定精确的产品范围不是一件容易的事情，必须要有科学的方法。需求工程拥有一套完整的理论体系，在需求开发方法中有许多成熟的获取与分析需求的方法论，如用例分析等，项目经理需要结合具体的项目特点和环境进行取舍，制订出当前范围的定义。

范围定义的最终结果是项目范围说明书。而软件项目中，是把用户需求或者系统规划说明书的内容作为项目范围说明的主要文档，配合其他文档共同说明项目的范围。制订范围计划，需要考虑清楚如何综合需求说明书等文档，以清晰且详细地表述项目的需求。

最后得到的详细项目范围说明书，也就是产品定义说明书的内容，应该至少包括产品范围描述、产品可接受标准、所有可交付成果的详细信息。

（2）根据项目范围说明制订项目工作分解结构

在范围管理计划中关注的问题是采用什么样的过程和方法得到项目的 WBS。WBS 是整个项目团队为完成项目目标，创造项目成果而对工作内容进行的有层次的结构分解。WBS 也表达了完整的项目范围，它的层次结构让项目的范围变得更加清晰、更容易管理。

（3）验收项目产品（又称可交付物）过程和方法

在后期随着项目的开展，项目的产品——项目的可交付成果逐渐完成，这时就需要按照规定的流程来完成对产品的验收，相应的，在计划中就需要制订这样的验收可交付物的过程和方法。软件开发项目的产品是抽象的，与工程项目的产品验收的方法也不同。对于需求分析、设计文档等，通常是组织专家评审进行验收，而对于开发完成的系统，则采取测试的方法进行验收。

（4）控制项目范围变更的过程和方法

在软件开发的项目中，项目范围控制的主要任务是，当出现范围变更需求时，管理相关的计

< 69 >

划、资源安排以及项目成果，使项目的各个部分能很好地配合在一起，消除变更带来的不利影响，确保范围的变化处在可控、可跟踪的状态。项目充满了各种各样的变化。当项目发生变化时，项目中的相关工作同样也会发生变化，影响到人员安排、进度计划、成本等相关内容的变化。如果项目的范围失控，可能使项目陷入混乱，增加项目的风险。为了保证项目的稳定推进，消除范围变更造成的不利影响，项目管理需要借助范围的变更控制系统来加以完善，也就是需要制订变更控制系统在本项目中的工作流程。

4.2.2　项目产品范围

软件项目的目标是开发或实施某项软件系统或产品，这就需要提炼用户需求范围，将其转换为软件的需求表达方式。产品定义说明书是用于明确产品本身范围的内容，所以内容上是需求收集的结果。

因此本小节的项目产品范围搜集最终得到产品定义说明书，而产品定义说明书的重点是编写软件需求规格说明书，将各种需求与项目相关的业务需求进行对应，主要包括产品期待成果、目标市场情况、竞争分析、产品功能的详细描述、产品功能的优先级、产品用例、系统需求、性能需求、销售和支持需求等。重点需要有功能、接口、质量特征的描述内容。

1．软件需求收集方法

软件项目的需求分析也是一门综合且专业的学问，需求说明书的编写前提是进行明确的需求收集。下述内容是需求搜集的典型方法。

① 采用访谈有经验的项目参与者、干系人和领域专家的方法获取需求。这有助于识别并定义项目可交付成果的特征和功能。

② 采用引导式研讨会邀请主要的干系人一起参加会议的方法获取需求。这有助于对产品需求进行集中讨论与定义。

③ 采用头脑风暴（智力激励法/自由思考法/集思广益会）的方法获取需求。这有利于产生和收集对项目需求与产品需求有启发的多种创意。

④ 采用原型法获取需求。原型法是综合运用系统调查、系统分析和系统设计后得到一个初步的可交互的产品，使用户在初期阶段就能看到系统开发后的样子，提高用户参与开发的程度。

2．软件需求管理计划

在确定了系统建立的需求之后，为需求建立管理计划也是产品说明书的一部分，同时需求管理计划也是范围管理规划的结果，用于描述在整个项目周期内对需求的分析、记录和管理。这部分计划主要包括4项内容。

① 规划、跟踪和报告各类需求活动，以确保项目需求得到有效管理。

② 配置管理活动的说明，包括如何启动产品变更、如何分析其影响、如何进行跟踪和报告，以及需求变更审批和需求优先级排序过程的定义与审批人的明确说明。需求的变更管理将在后续章节中详细描述。

③ 建立需求跟踪矩阵，明确哪些需求属性用于设计跟踪矩阵，并指出在哪些项目文件中可以追踪到这些需求的具体内容。

④ 描述需求来源，详细记录需求的来源、获取需求的方式和相关人。

3．软件需求跟踪矩阵

需求跟踪矩阵就是这个计划在全过程中用以追踪管理需求的工具。它把每一个需求与业务目标或项目目标联系起来，用以跟踪需求到设计、设计到编码、编码到测试的映射过程。

< 70 >

项目组可以根据实际情况使用需求跟踪矩阵来满足项目的要求。需求跟踪矩阵中需要填写需求号，需求号是每条需求编制唯一的识别号，通过需求号可以与需求文档中描述的需求建立一一对应关系。一般需求号采用一级功能编号.二级功能编号.三级功能编号.N级功能编号的编码方式，一般不超过 5 级。

　　为了保证需求矩阵的作用，软件开发的过程中需要正确维护跟踪矩阵。由于矩阵的设计方式，它不可能一成不变，而是在生命周期的很多点上需要更新。开始，矩阵只有需求数据。随着开发的进行，其他域的数据不断被加进来。一般更新矩阵是在相关阶段评审结束后进行的。同时为了对项目的跟踪矩阵更好地进行维护，在工作产品的所有文档中必须使用编号机制。表 4.1 所示为一个典型的需求跟踪矩阵的样式。

表 4.1　典型的需求跟踪矩阵的样式

用户需求			系统需求		概要设计		系统设计		代码/模块		......	系统测试用例	
编号	描述	状态	编号	描述	编号	描述	编号	描述	编号	描述		编号	描述

　　在矩阵构建后以及矩阵维护期，还需要执行检查。这里列出的项目是确保需求跟踪矩阵的完整性和准确性的示例步骤。

　　① 核查矩阵中的需求数量和文档中的需求，确保矩阵所有需求无遗漏。

　　② 对需求编号排序，然后比对需求数量与文档中的数量。

　　③ 为了确保矩阵中列出的每个程序、类和其他单元在最终软件中的必要性且无冗余代码，必须在矩阵中进行明确标识，后续还要检查每个需求的实现情况。

　　④ 检查功能需求的空白列，筛选需求的实现情况。

　　⑤ 若其他需求的设计和程序领域为空白，则必须审核相关需求是否对程序产生直接影响。

　　⑥ 每个性能需求都应设计相应的测试用例。通过与矩阵进行比对，检查测试用例是否适用于检验该性能需求。

　　⑦ 将集成和系统测试计划与矩阵进行交叉核对，确保所有需求条件都包含在系统测试计划中。

　　在需求变更的情况下也需要维护矩阵的完整性。当需求变更发生后，矩阵维护通常有两种形式，下述是对这两种更新形式的简单描述。

　　① 更新需求规格文档的方法同样也可以在更新跟踪矩阵时使用。如果需求变更附加到文档中，它将作为附加需求，并在跟踪矩阵中为它增加一个表项。

　　② 更改现有需求，需要同时确定矩阵中的相关表项是否需要更改。

4.2.3　工作量估算

　　在前期定义了本项目的具体需求和功能之后，基于项目的产品范围说明可以进行软件项目所耗费的资源数的估算，工作量的估算是后期进度、成本、风险、团队等管理的基础。需要注意的是，工作量和软件规模不是同一个概念。规模是指项目大小，是一个固定的概念。而一个软件项目开发的工作量与公司整体水平、管理效率、人员素质等因素相关。

　　估算一般在战略阶段、可行性研究阶段就开始了，这个时期主要是选择项目以及对该项目是否可以进行做支撑研究。如果该项目计算出来能够按时和在预算内交付，并且能够满足要求和质量，那么可以继续下一步的工作。当然，在估算的过程中会遇到许多困难。估算本身就是一种不

< 71 >

确定性的行为，它基本上都会带来偏差，初始计算出来 10 万元可以完成的项目，最终花费可能是初始计算的 5 倍。在估算过程中，新的软件的应用方式、新技术带来的冲击，估计者对此类项目的经验和掌握的数据（数据还有可能没有用处），以及前面提到的估算的不确定性以及主观性，都会给项目的估算带来困难（估算的困难是由软件的本质带来的）。

首先，明确要点。估算并不是对这个项目耗费资源作出预测，而是根据实际可以掌握的条件，对这个项目可能耗费的资源做一个管理目标的设计。估算实际上是一个管理项目的工作（因为软件开发是人力密集型的工作）。做管理目标设计的这个过程，有两条定律，一是用完所有可以利用的时间，二是一项工作已经延迟了，如果投入更多的人，那么可能导致更多的延迟，因为团队规模的增加会增加管理、协调、通信的成本，这就是著名的帕金森定律和布鲁克斯定律。其次，明确资源估算的表达方式。工作量估算的资源包含人力和时间，一般用人天、人月的形式来衡量（软件成本＝耗费资源×资源单价）。

从估算单位的角度来说，工作量估算的方法分为两类：直接估算法和间接估算法。直接估算法是基于 WBS 的工作量估算方法，直接估算出人天工作量；间接估算法是先估算软件规模，再转换成人天工作量。根据估算的依据，间接法又分为基于代码行（source lines of code，SLOC）的工作量估算方法和基于功能点（function point，FP）的工作量估算方法。

无论采用怎样的估算方法，最后都要将工作量的估算细化到具体的 WBS 的每个工作包里，这是对需求的进一步细化，也是最后确定项目所有任务范围的过程，最终结果是形成 WBS 表。

1．基于 WBS 的工作量估算

项目范围定义的输出（结果）就是 WBS。WBS 在整个项目中是非常重要的，要求每个任务的状态和完成情况是可以量化的。WBS 明确定义每个任务的开始和结束。每个任务都有一个可交付成果，这个成果的工期易于估算并在可接受期限内，且容易估算成本。其中的各项任务是独立的并且能被清楚描述的。基于 WBS 的工作量估算方法，是常用的一种估算方法。这个小节通过分析 WBS 的建立方式，引导读者学习对项目工作量进行估算的方法。

基于 WBS 的工作量估算

复杂的任务总是难以接受和理解的，所以需要把在项目范围说明书中确定下来的项目主要目标分解为具体的可交付成果，并且将其分为较小的、更易管理的单元。更细致的分解就能更为准确地计算成本、任务工期和分配资源。

WBS 法又称为由底向上法（自下而上法），将项目分解为细项和子项，也称为子任务。图 4.2 所示为项目分解为子任务的示意。分解是为了确保找出完成项目工作范围所需的工作要素，使项目更小，更易管理，更易操作。项目分解停止的特征应如下述内容所示。

① 子任务彼此之间独立，而且是最小任务。

② 子任务有对此负责的独立责任人。

③ 能对子任务估算工期和工作量。

将任务分解为更小的部分，可以提高对成本、时间和资源的估算准确性。这种方法还能够帮助管理人员应对后续软件范围的变更。无论是增加功能还是调整需求，都可以根据任务的分解情况来重新评估，并更好地适应变化。WBS 的结果还为管理人员提供了项目范围基线，是范围变更的重要输入。

在 WBS 的基础上，可以为后续的工作量评估和分配任务提供具体的工作包，这是进行估算和编制项目进度的基础。这里提到了工作包（work package，WP）的概念，它的含义是项目中最小的可控单元，是 WBS 中最低层的项目可交付成果。工作包可以再细分为工作活动。在实际工作中，每个工作包都需要由明确的某个责任人或某个部门进行负责，而不是由多个人或部门

< 72 >

共同承担。工作包的周期应该尽可能短，以确保其高效执行。此外，工作包之间的关系也需要明确定义，以确保各个工作包能够相互协调和配合。

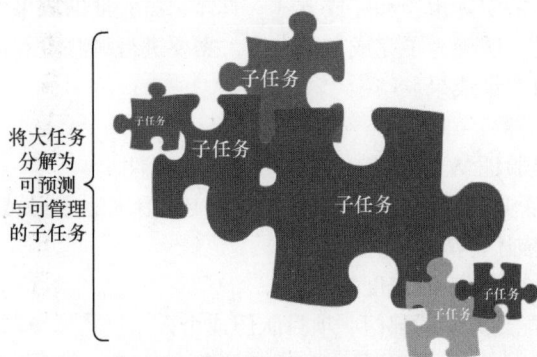

图 4.2　项目分解为子任务的示意

基于 WBS 的工作量估算需要按照项目发展的规律，根据一定的原则和规定，进行有序、相互关联和协调的层次分解。一般来说，项目任务分解的基本步骤是从顶层开始设计 WBS，然后根据需要对 WBS 进行调整。这个过程包括确认并分解项目的组成要素、确定分解的标准、检查分解是否足够详细、确认项目的交付成果，并验证分解结果的正确性。通过这样的步骤可以建立起清晰、可操作的 WBS，为项目的顺利进行提供有力支持。

通常通过 WBS 计算工作量的估算步骤如下。

① 查询类似历史项目，进行项目的比较分析。根据这些历史项目的工作量和经验，对本项目的总工作量进行初步估计。

② 进行工作分解，将整个项目的任务逐步细化。将任务分解到每个人或小团队可以承担的合适粒度。在分解的过程中，需要明确识别出所有的交付物、项目管理活动、工程活动等。

③ 参考类似项目数据并使用类比法或通过有经验的专家进行判断，对 WBS 中每个活动的工作量进行估算。

④ 将所有活动的工作量汇总，得到整个项目的总工作量。

⑤ 将第①步的结果与实际情况进行核对和分析。根据分析结果，确定最终的估算结果。这样可以确保对项目工作量的估算更加准确和可靠。

其中对于第②步工作分解的过程，一般采取如下步骤。

（1）细化项目任务

这一步的主要内容是充分利用已有的工作模板，进行任务分解。可以采取的方法有类比法和自上而下的分解策略。类比法主要是借鉴过去相似项目的 WBS，以此为蓝本来构建新项目的 WBS。自上而下的分解法则是从明确项目目标出发，层层分解项目任务，直至所有参与者认为任务定义已足够详尽。这种方法能确保对项目工期、成本和资源需求估算的精确性。

（2）确定高级任务（使用项目交付物和范围描述）

在 WBS 的高层，某些任务可能被定义为子项目或特定的生命周期阶段。此步骤的目标是识别项目的关键组成部分，即主要交付内容。通常情况下，这包括项目的交付成果和项目管理工作。所以这个步骤的关键问题是：明确为实现项目目标，需要完成哪些关键任务（这些任务一般出现在 WBS 的第二层）。

（3）完善高级任务的子任务（其他级别）

这一步的目的是确认每个交付内容的详细程度是否足够，以便进行正确的成本和进度估算。此时详细程度可能随着项目的不同阶段而变化，因为有的交付内容无法在当前阶段进行详细分

< 73 >

解。如果详细程度合适，那么将进入下一步骤，否则将继续对任务进行细化。接下来，确定交付内容的构成要素，这些要素应以可量化、可验证的成果进行描述，以便后期评估。这些构成要素的界定应当基于项目工作的实际组织和完成方式。具体、可验证的成果可以是产品，也可以是服务。此步骤的关键问题是：明确为了完成上述内容，需要进行哪些更具体的任务，以及明确这些具体任务的先后顺序和可验证成果。

（4）核实分解的正确性

这一步的主要内容是验证 WBS 架构、核实分解的正确性。

① 考虑最低层项是否必需且充分，如果不是，则必须添加、删除或重新定义组成元素。

② 保证每项的定义描述得清晰完整。

③ 保证每项都能够恰当地编制进度和预算。

④ 保证每项能够分配到具体的部门、项目队伍或个人。

⑤ 保持在项目实施计划过程中不断地对 WBS 更新或修正，以覆盖内容的完整度进行检验。

在实际应用中，通常会看到以表格或树状图表示的 WBS，它们提供了项目任务的清晰视图。为了保持简洁和可操作性，层级通常被控制在 10 层以内，超过 20 层则可能显得过于复杂。对于规模较小的项目，4～6 层的分解通常就足够了。在构建完 WBS 之后，下一步是对每个工作包进行工作量的评估。实践经验是将工作包的工作量限制在 40 小时以内，更理想的工作时间范围是 4～8 小时。图 4.3 所示是一个较为典型的软件工程项目 WBS 工作量估算图。

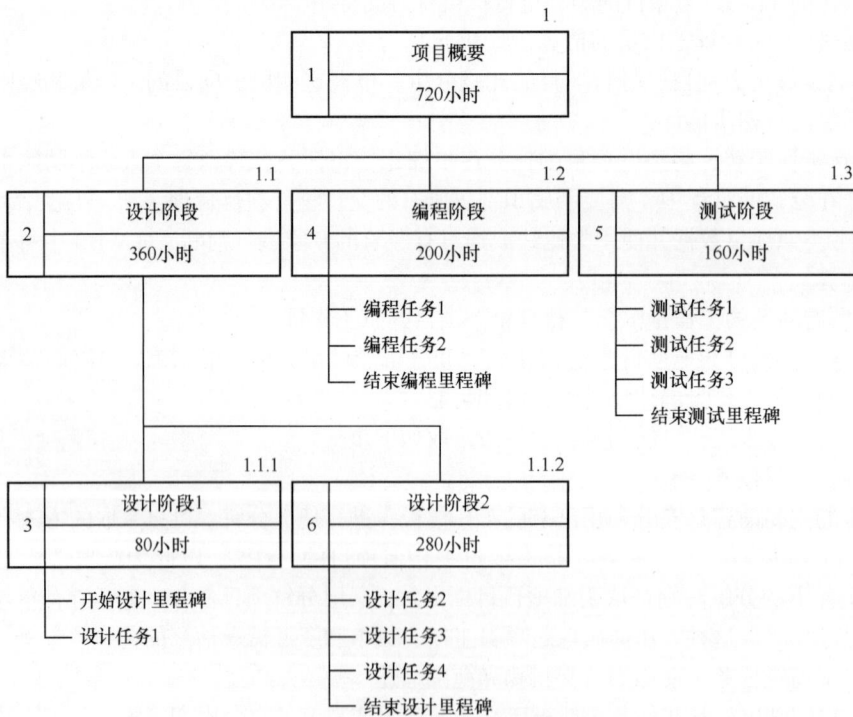

图 4.3 软件工程项目 WBS 工作量估算图

图中项目总共工时是 720 小时，被分成了 1.1、1.2、1.3 三个包，其中 1.1 设计阶段继续做了 WBS 的包细化，不同的阶段有不同的里程碑进行阶段结束的控制。此处的例子没有做更深入的 WBS 层次细化。

2．基于代码行的工作量估算

基于代码行的工作量估算，是从开发者的技术角度出发度量软件。代码行数是软件开发者最早进行规模测量的主要方法。进行工作量估算时，先采用 WBS 法、类比法等统计出软件项目的代码行数，然后将代码行数转换为人天数。其中，将代码行数转换成人天数主要有两种方法，分别是生产率方法和参数模型法。

（1）生产率方法

该方法要求由每人天开发的代码行数估算出代码行数后，直接利用代码行数除以每人每天开发的代码，即得工作量人天数。

将代码行数转换成人天数的办法，需要考虑开发人员的工作效率和项目的复杂度等因素。一般一名程序员每天能够编写的代码行数通常在 50～100 行，但还需要根据项目的具体情况进行调整。 例如，一份代码有 5000 行，假设一名程序员每天能够编写 80 行代码，那么完成这份代码需要的时间就是 5000 行代码 ÷80 行/天 ≈63 天，这表示该项目需要一名程序员工作 63 天才能完成。但需要注意，这个计算结果可能并不十分精确，因为没有考虑到团队合作、代码复杂度、测试和调试等因素。在实际项目中，必须考虑到这些因素以及其他复杂度因素，才能更加准确地估计完成项目所需要的时间和人力资源。

（2）参数模型法

参数模型法可以使用的模型有多种，如 COCOMO Ⅱ模型、Putnam 模型和 IBM 模型。本小节介绍最典型的 COCOMO Ⅱ模型。

COCOMO Ⅱ（constructive cost model, version 2）是一种软件工程模型，称为构造型成本模型，用于估算软件项目的成本、进度和规模等关键指标。1981 年提出的原始 COCOMO 81，在实际应用中匹配采用瀑布模型的软件项目取得了很好的效果。但是软件项目的软件生命周期、技术、组件、工具、表示法及项目管理技术不断变化，贝瑞·贝姆（Barry Boehm）提出了一个新的 COCOMO Ⅱ模型。

COCOMO Ⅱ模型通常首先采用软件规模估算方法（代码行数或功能点数等指标）对项目的规模进行估算。再选择合适的 COCOMO Ⅱ过程模型，综合应用 5 个规模指数因子，通过相关计算，将规模转化为工作量，并通过 17 个成本驱动因子对工作量进行调整。17 个因子包括：产品特性（product characteristics）；软件开发环境（software development environment）；人员能力（personnel capability）；项目经验（project experience）；工程方法和过程成熟度（engineering methods and process maturity）；开发规模（development scale）；软件可靠性需求（product reliability requirements）；数据库规模（database size）；软件复杂度（software complexity）；项目会议（project meetings）；项目的开发语言和工具（programming language and tools）；开发中的安全（security）；容错需求（fault tolerance）；程序的可移植性（program portability）；开发的可重用性（reuse）；交互性（interactivity）；用户体验（user experience）。

COCOMO Ⅱ模型有 3 种过程模型：应用组装模型、早期设计模型和后体系结构模型。

① 应用组装（application composition，AC）模型，适用于早期软件开发阶段的成本估算模型，特别是在软件项目的需求还没有完全确定时。该模型特别适用于那些开发周期短、迭代快、用户界面密集的项目。因此可以在缺乏详尽的软件设计信息时对成本和工作量进行快速估算。应用组装模型依赖于"对象点"（object points）来计算软件规模的度量。对象点是以用户界面屏幕、报告和第三方模块的数量和复杂性为基础的。这种方法比基于代码行的度量方式更适合早期阶段的项目，因为在设计详细化之前，基于代码行的度量方式往往难以准确估算。

② 早期设计（early design，ED）模型，在项目开始后的早期阶段，结合 5 个规模指数因子和 7 个成本驱动因子（由 17 个成本驱动因子综合而成）进行软件项目工作量的估算，以便在项目早期阶段进行相对准确的估算。

③ 后体系结构（post architecture，PA）模型，适合于软件的关键架构决策已经基本完成的时候，也就是软件项目的体系结构已经详细定义之后的阶段。此时基本已完成初步设计，处于详细

< 75 >

设计准备开始的时候，如选择编程语言、硬件平台、设计模式、库和框架等已经完成。基于这些决策可以进行更准确的成本和工作量估计。

3．基于功能点的工作量估算

基于功能点（FP）的工作量估算是一种从最终用户视角出发对软件规模进行量化的方法，它体现的是软件量化管理的思想。与前面基于代码行数的估算方法存在差异。

基于功能点的工作量估算的特点如下。

① 功能点估算是理想的前期估算工具，尤其是在项目初期或需求清晰阶段，此时采用功能点估算能够提供较高的准确度。相对而言，如果过早采用代码行估算，可能会引入较大的误差。

② 功能点估算与对特定开发技术的了解程度无关，代码行估算则与所采用的技术平台紧密相关。

③ 功能点估算以用户需求为导向，而代码行估算侧重技术视角。

④ 功能点可通过行业标准或组织的内部度量转换为代码行数，这样的估算方式更加灵活。

项目开始时进行功能点估算有助于预测项目范围，但需求的变更或细化可能会在开发过程中引起项目范围蔓延，导致实际结果与初期估算不符。因此，项目完成时应重新进行估算，以准确反映项目的实际规模。在工作量估算过程中，首先确定软件项目的功能点数，然后将这些功能点数转换为人天的工作量。

其中，估算功能点数的主要方法有 3 种：IFPUG 法、Mark Ⅱ法、COSMIC FFP 法。这 3 种方法现在都已经成为国际标准，并有详细的操作手册。这 3 种方法的基本描述如下所示。

① 国际功能点用户组（international function point users group，IFPUG）法，通过识别功能点的类型，计算数据类型功能点和人机交互功能点的数量，并考虑调整因子来确定软件的规模。

② 马克二（mark Ⅱ function point counting，Mark Ⅱ）法，侧重于用户需求和系统功能，通过计算功能点来评估软件的复杂性和工作量。

③ 通用软件度量国际委员会功能点（Common Software Measurement International Consortium Function Point，COSMIC FFP）法，通过测量软件的功能需求来评估软件的规模和工作量。

图 4.4 所示为以国际标准组织提供的功能点估算法 V4.1.1 为基础分析的功能点估算法的步骤。

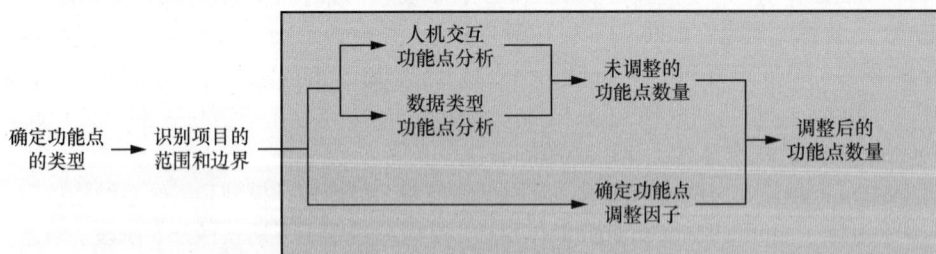

图 4.4　功能点估算法的步骤

功能点估算法的具体步骤如下。

① 确定功能点的类型，也就是遍历所有功能点，归纳所有的功能点类型。

② 识别项目的范围和边界，明确项目所有可能且应该包含的功能点。

③ 计算数据类型功能点所提供的未调整的功能点数量和人机交互功能所提供的未调整的功能点数量。

④ 同时确定功能点的调整因子。

⑤ 计算调整后的功能点数量。

功能点估算完成后，通常使用人天来表示工作量。将功能点转换成人天数和前面代码行数转

< 76 >

换的方法雷同，可以使用生产率法和参数模型法进行转化。

4.2.4 项目范围说明书确认

项目范围说明书是范围定义的结果，详细描述项目的可交付成果、与可交付成果相关的必要工作以及验收与范围控制的方法。它主要包括项目与产品的目标、产品或服务的要求与特性、产品验收标准、项目要求与可交付成果、项目制约因素、项目假设、项目的初步组织、初步识别的风险、进度里程碑、初步工作分解结构、量级费用估算、项目配置管理要求、审批要求。

项目范围说明书需要在对项目其他过程领域的相应成果进行分析后才能最后生成（例如，费用估算是成本管理的内容，进度里程碑是进度管理的内容）。创建项目范围说明书的目的是要清晰地定义和阐述项目的内容与复杂性。在这项活动中，项目经理与用户一起工作，而项目范围说明书的内容是双方达成共识后的结果。

项目范围说明书里的内容，必须要进行确认，才可以成为后续各项工作的基础。项目范围确认是指由项目相关利益者（用户方、项目发起人、项目委托人、项目团队等）对于项目范围的正式认可和接受的工作过程。

项目范围的确认有两项内容，第一是彻底审查和肯定已定义的项目范围结果，验证各项目输出和工作量的界定，以保证它们是充分且必要的内容；第二是保证最终的项目产出物范围和项目工作范围符合项目范围管理的要求与目标，需要得到利益方的认可。

对项目范围进行确认的依据如下。

① 项目的各种文件。这包括项目章程、项目合同、项目集成计划、项目范围管理计划、详细的项目范围说明书、项目工作分解结构及字典、项目技术设计文件和其他各种到项目验证时已有的项目文件。

② 项目的各种信息。这包括与项目有关的环境方面的信息、组织过程资产中包括的各种信息、项目变更请求和审批的信息、项目所属专业技术领域方面的信息以及其他各种相关的项目信息。

③ 项目范围界定的结果，即有关项目产出物、可交付物和工作范围定义的结果文件。

④ 项目实施工作的结果。

项目范围确认中审查的对象包括整个项目范围定义结果（合理性和可行性）和项目实施结果（完备性和正确性）两个方面，结果审查的主要方法是工作核验的方法，通常通过核验清单对项目的范围进行检查，表 4.2 所示是一份项目范围说明书的核验项目及核验内容。

表 4.2　项目范围说明书的核验项目及核验内容

核验项目	核验内容
项目范围说明书的核验项	项目目标是否完善和准确
	项目指标是否可靠和有效
	项目约束条件是否真实和符合实际
	项目假设前提条件是否合理和明确
	项目范围是否能够保证项目目标的实现
	项目范围带来的风险是否可以接受
	完成项目范围是否有足够的把握
	项目范围定义给出的工作效益是否高于成本
	项目范围定义是否需要进一步深入研究和定义等

< 77 >

核验项目	核验内容
项目范围界定结果的核验项	项目目标和要求的描述是否清楚
	项目产出物的指标是否可行和有效
	项目产出物及其分解是否都是为实现项目目标服务的
	项目可交付物的分解是否能满足最终生成项目产出物的需要
	项目工作的分解是否能够生成项目的可交付物和项目产出物
	WBS 中的各个工作包是否都是为形成项目产出物和项目可交付物服务的
	项目工作范围和项目产出物范围与项目目标之间的关系是否具有传递性且符合逻辑与要求
	项目工作分解给出的工作包是否有合理的绩效度量指标和规定的指标值
	项目目标与项目工作绩效度量指标是否相匹配
	项目工作分解结构的各工作包的划分和相互之间关系是否科学合理
	项目工作分解结构中各工作包的划分是否有利于资源的配置等

4.3 项目进度管理

项目进度管理在软件项目中起着至关重要的作用。它是项目管理的核心部分，项目管理者围绕项目要求编制计划，并定期检查实际执行情况，确保项目按时完成，资源得到合理分配，并发挥最佳的工作效率。整个项目进度管理过程动态变化且具有挑战性，需要有效地分析进度偏差原因，并不断调整计划直至交付，同时兼顾成本，努力达到质量控制目标和时间目标。

在项目启动和规划阶段，项目进度管理的主要任务是根据项目结构和项目单元定义，分解出项目的各项内容，并为其制订合适的进度计划。例如，创建里程碑管理运行表，以便对关键节点进行跟踪。为了清晰地表达各项子任务之间的依赖关系，通常会采用图示方式，如甘特图或网络项目图。

在后续阶段，项目进度管理的内容可能会根据实际情况进行调整。项目团队需要定期举行项目状态会议，评估进度和存在的问题，并确定正式的项目里程碑是否按预期完成。此外，还要比较实际开始日期与计划开始日期是否吻合，以确保项目按计划进行。

项目进度管理在软件项目中具有核心地位，它支撑着项目的按时完成、资源的合理配置以及工作效率的优化等工作。整个项目进度管理需要精确控制进度计划。项目变更可能导致时间成本增加，对进度产生重大影响，因此前期制订详细的计划并严格把控过程显得尤为重要。在项目进行过程中，进度的冲突会逐渐凸显，特别是在项目后期，进度问题往往成为主要冲突。因此，有效的项目进度管理不仅有助于按时完成项目，而且能合理分配资源并发挥最佳工作效率。

4.3.1 项目进度计划

项目进度计划首先需要有一个明确的项目目标，在项目确定的范围内，还需要确定的需求和质量标准，同时要保证进度和成本预算的许可。

进度安排的方法如下。

① 依靠以往类似项目的经验。

② 把最适当的成本、时间、人员、工作量联系起来。

③ 考虑各阶段的实现方法，以及可能遇到的风险。

< 78 >

④ 合理分配工作量。

⑤ 利用有效方法严密监控项目的进展情况。

进度安排有两个前提，一是确认交付日期和使用资源后再安排计划，二是保证在正确的时间里有恰当的资源可以使用。有了这两个前提，项目团队可以进行进度计划的制订，图 4.5 所示是进度计划生成的基本步骤。

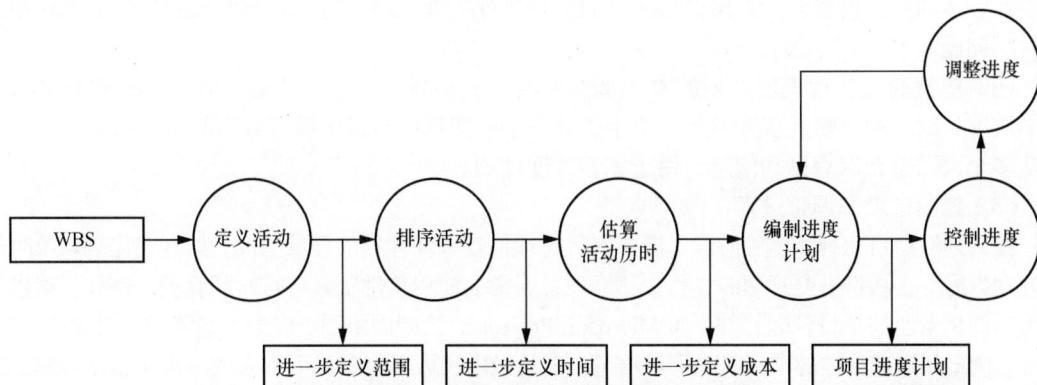
图 4.5　进度计划生成的基本步骤

（1）通过 WBS 定义活动和其相关的元素

项目必须被划分成若干可以管理的活动和任务。为了实现项目的划分，对产品和过程都需要进行分解。首先最重要的是需要识别出负责该活动相应的干系人。推荐采用 WBS 或者组织的分解结构作为进度计划制订的基础，定义活动会产生辅助性的文件资料，可以将重要的产品信息与具体活动相关的约束条件形成相应的文件。

定义活动和相关元素的工作包括以下内容。

① 确定活动的关联性：需要确定每个被划分的活动或任务之间的相互关系。任务的进行有顺序和并发两种方式。顺序进行的活动需要前期的其他活动产生工作产品之后才能够开始。

② 分配时间：只要任务开始调度，就分配若干人天的工作量以及规定开始和结束日期。

③ 确认工作量：管理者需要再次确认每个时间段的任务人员数量不会超出项目组人员总和。

④ 定义责任：指定特定的小组成员负责每个任务。

⑤ 定义结果：调度的任务定义交付内容。对于软件项目而言，它指的通常是工作产品（如一个模块的设计）或某个工作产品的一部分。通常将多个工作产品组合交付。

⑥ 定义里程碑：每个任务或任务组都应该与一个项目里程碑建立联系，以此来检查里程碑的完成度。

（2）排序活动

明确交付成果及相应的里程碑之后，接下来的步骤是对活动进行逻辑排序，目的是确定各项任务的执行策略。逻辑排序过程建立了任务与里程碑之间的关联性和依赖顺序，包括确定活动的先后执行顺序、并行处理以及严格遵循的先后关系。排序活动的目的在于对时间进行分解，进而精确到天甚至小时，确保每个阶段的时间的定义是清晰的。同时这一过程还涵盖了对所有活动的仔细审查，以排除任何可能的错误或疏漏。在软件开发过程中，排序活动可以确保包含日常必要活动，如每日例会或进度同步会议。

（3）估算活动历时

活动历时评估是后续成本估算的关键所在，具有一定的挑战性。这个过程涉及对各项活动任务所需时间的细致评估，随着计划的推进，它会不断地细化，因为其直接受到人员安排和成本估

< 79 >

算活动的影响。一旦确定了活动的持续时间，就可以据此定义相关的成本。经验丰富的项目管理者可以更好地处理活动排序和时间评估的任务。

（4）编制进度计划

编制进度计划此时就成为整合各活动进度的关键。整合各个活动任务进度至关重要，它用于确保项目整体进度的准确性。对于任务和里程碑在进行历时评估之后，就需要进行进度计划的编制以及各活动的进度整合。如果保持独立的项目进度管理，那么将无法全面描述与整个项目相关的时间问题。

同时应该通过执行进度计划的审查来发现问题并不断完善进度计划。对于较大和复杂的项目，进度计划的制订需要多方参与。由于没有一个人能具备项目中所有方面的相关知识，因此需要从多个人那里获取意见和信息，用于完善进度计划。

（5）控制进度和调整进度

在后期的项目执行和监控阶段，需要项目经理检查进度计划的开展情况，如有变化必须及时修改计划内容。在项目进度管理的过程中，管理者通常会使用软件工具进行时间管理。例如，项目经理可以使用专业的项目管理软件（如 Microsoft Project），绘制网络图、确定关键路径、创建甘特图、报告、浏览和筛选具体的项目时间管理信息；项目经理还可以与项目干系人使用沟通软件有效交换与进度有关的信息，或者使用生成决策支持模型的工具，分析与进度有关的各种权衡因素。

1. 编制进度计划的工具

编制进度计划需要使用定义活动—排序活动—估算活动历时的过程来确定项目的开始和结束时间。制订进度计划的最终目标是建立更符合实际的进度计划，更直观地了解时间进展情况。

编制进度计划的工具：双代号网络图

网络图和甘特图是项目进度计划管理中常用的两种图示方法。网络图和甘特图可以清楚地表示出项目中所有活动的先后顺序、依赖关系以及每个活动的持续时间。网络图将项目中的每个活动表示为图中的节点，并用表示活动先后顺序的箭头将节点连接起来；在节点的上方或下方，可以标注出该活动的预计历时、预计开始时间和预计结束时间。

（1）项目网络图法

项目网络图主要用于上述内容中的活动排序，主要展示了活动之间的逻辑关系和排序的图形显示。使用箭线图或者双代号网络进行编制。图 4.6 所示是一个双代号网络图法示例。

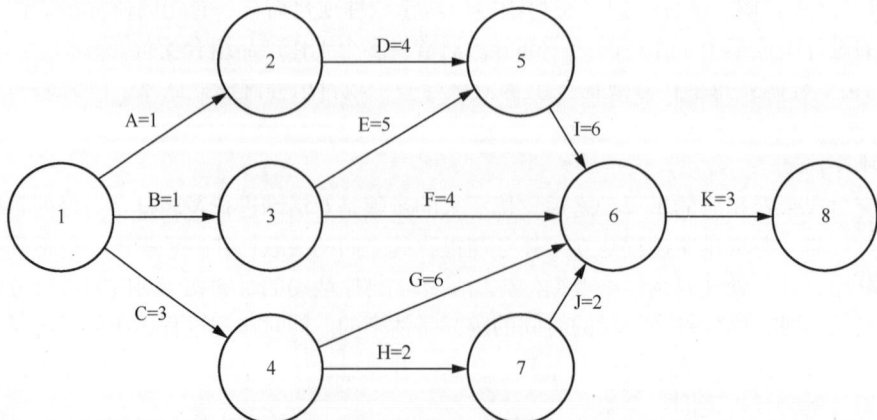

图 4.6　双代号网络图法示例

其中 1～8 代表的是前期分解出来的活动，序号也代表了活动之间的排序。箭头代表的是联系。假设 2 是需求调研活动，A=1 代表的是进行调研前 A 活动历时的时间。

假设某个项目从 6 月 1 日开始，到 8 月 15 日结束，其间包括了许多并发的活动。例如，"编码输入""编码更新""编码查询""编写使用手册"等活动都从 6 月 16 日开始进行。在网络图中，连接不同并发任务的箭头构成了网络图中的许多条并行的"路径"。例如，从"设计"到"编码查询"到"单元测试"再到"系统测试"就是网络图中的一条路径。如果把某一条路径中所有活动的持续时间之和当作该路径的"长度"，就很容易找出网络图中长度最长的那条路径。网络图中最长的路径一般称为项目的关键路径。

项目关键路径对于时间压缩有关键的作用。关键路径上的所有活动在项目中持续时间最长。想要压缩整个项目的执行时间，就必须先缩短关键路径上某些活动的持续时间。当改变了关键路径的持续时间后，网络图中其他的路径有可能会变成新的关键路径。

（2）前导图法

网络图的一种类型是前导图，它的节点是方框表示各项活动，箭头代表活动之间的关系，能够比较直观地可视化时间联系。图 4.7 所示是一个前导网络活动图示意。

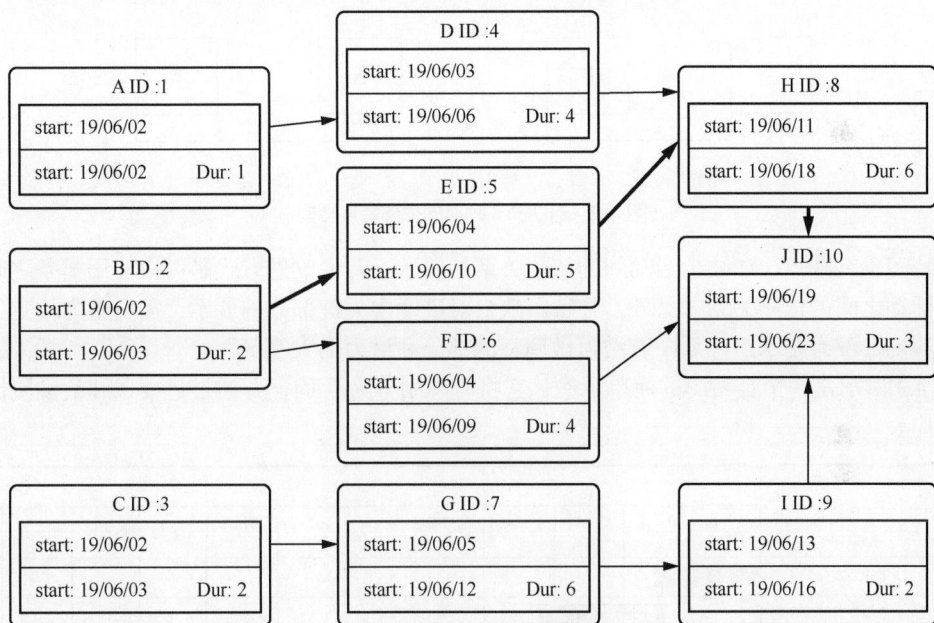

图 4.7　前导网络活动图示意

活动历时=实际时间+间歇时间。可以看到加粗路径所代表的关键路径是项目计划中的重要组成部分，它代表了完成项目所需的最短时间路径。一旦关键路径上的活动出现延误，将直接影响整个项目的进度。

前导图中还确定了活动之间的依赖关系。这些依赖关系可以是强制的、自由的或者外部的。一旦明确了这些依赖关系，接下来就需要确定它们的类型。活动之间存在 4 种依赖关系类型，如图 4.8 所示。

4 种依赖关系的解释如下。

① 完成—开始：A 活动必须在 B 活动开始之前完成。

② 开始—开始：A 活动必须早于 B 活动或同时与 B 活动开始。

③ 完成—完成：A 活动完成后，B 活动才能完成。

④ 开始—完成：A 活动开始后，B 活动才能完成。

（3）甘特图法

显示项目进度信息最常见的是甘特图法，它以日历形式列出项目开始和结束时间，反映项目

< 81 >

的进度信息。软件开发过程中，可以用任务网络或者任务大纲的方式输入工作分解结构，然后为每一项任务输入工作量、持续时间和开始时间，并为每一项任务都分配特定的人员。通过这样的方式可以得到 "时间表（timeline chart）"，也叫作 "甘特图（Gantt chart）"。项目人员可以为整个项目建立一个甘特图，也可以为各个项目功能或各个项目参与者分别开发各自的甘特图。甘特图展示的信息特点很明显，可以显示基本的任务信息，可以查看任务的工期、开始时间和结束时间以及资源的信息，同时甘特图可以很方便地进行项目计划和项目计划控制，和网络图一起被广泛应用于软件项目管理中。

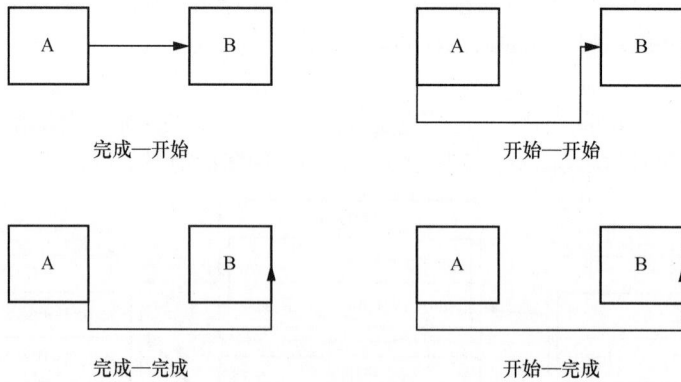

图 4.8　活动的 4 种时间依赖关系类型

甘特图也有缺点，如缺少活动间的依赖关系的展示，有种改进方式是可以使用横条之间的箭头表示活动之间的依赖关系。另外，甘特图缺少对进度中关键部分的展示，需要主力攻克的任务部分不明确，没有指示出计划中有潜力做调整的部分和潜力的大小等。

图 4.9 所示是一个甘特图的简单示例，它将时间划分为 8 周，并通过进度条和活动阶段进行一一对应。

图 4.9　甘特图的简单示例

2．编制进度计划的方法

进度计划的编制一般采用关键路径确定法进行。通过确定关键路径和关键活动来制订项目的进度计划。在项目计划中，关键路径的确定可以通过网络图分析来实现。位于关键路径上的活动

< 82 >

被定义为关键活动，这通常是因为这些活动所涉及的资源较为紧张。每个项目都必然存在一条关键路径，它是项目管理中的核心要素。

图 4.10 所示为项目网络图中的关键路径，此时可以通过计算时间找到项目的关键路径。可以看到这个项目的关键路径是从"设计"到"编码输入"到"单元测试"再到"系统测试"的这条路径。

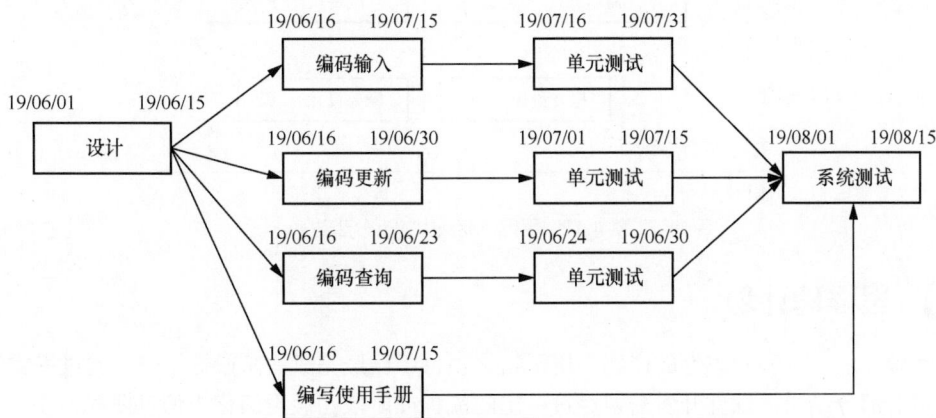

图 4.10　项目网络图中的关键路径

关键路径的作用在于预测总体项目历时，是帮助分析与解决进度延期的重要工具。确定关键路径后，项目人员可以合理安排进度，进行进度计划编制。实际中常常有多条关键路径。并且在项目的进行过程中，关键路径可能会改变。

关键路径的应用在于以下 3 点。

① 利用关键路径分析平衡进度计划。

② 尽量缩短关键路径上的活动历时。

③ 关注和即时更新关键路径数据。

项目人员常用正推法和逆推法推出关键路径，然后确定进度计划。关键路径通常是网络图的各条路径中总路径最长的一条或者几条。关键路径越多，项目的风险越大，越难以管理。

在关键路径法中，还涉及每个活动的时间定量，可以采用计划评审技术（program evaluation and review technique，PERT）和关键路径法（critical path method，CPM）两种方法为项目工作定量进行划分。PERT 不同于 CPM 的主要点在于：CPM 利用的是活动持续时间的最可能的估算值，而 PERT 利用的是活动持续时间的 3 种时间（乐观时间、最可能时间和悲观时间）加权值；CPM 常用于基于精确的时间预算并有较强资源依赖性的项目，而 PERT 常用于估算时间的风险具有高度可变性的研发项目。

另外，还可以结合平行作业法的思想，为各项活动设计更优的平行路线。该方法的思想在于可以尽可能多地平行开展各项活动，图 4.11 所示为平行作业法示例。

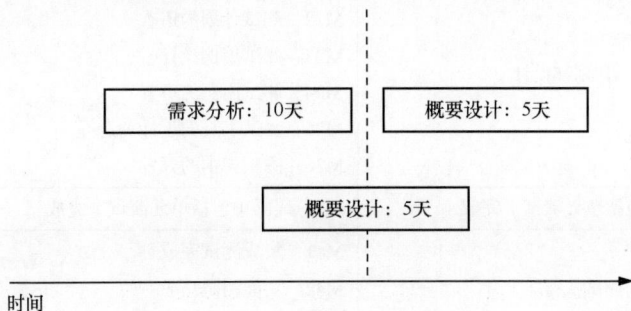

图 4.11　平行作业法示例

< 83 >

此外，还可以对活动进行拆分，以达到可以平行开展活动的目的，如图 4.12 所示。

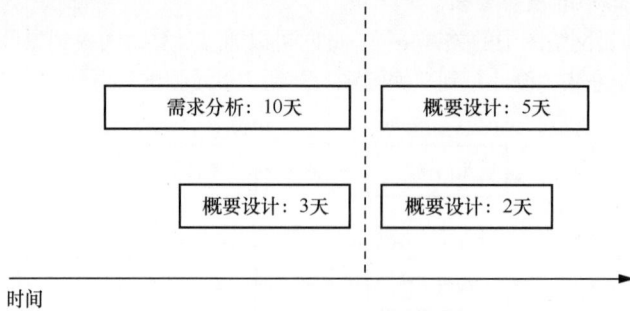

图 4.12　平行作业法中的拆分活动

4.3.2　里程碑计划

里程碑一般是一种标志性的产物，用于指出项目中已经完成的阶段性工作，通过里程碑可以看到项目的部分结果。软件开发需要经过一定的流程或阶段，假设简化为信息搜集、需求分析、系统设计、系统开发、系统测试，则对应的只有 4 个阶段产生交付物，如在信息搜集阶段后将产生一份《可行性说明书》、在需求分析阶段后将产生一份《需求说明书》等，可见，类似这样的文档就是结论性的标志，用于描述一个过程性的任务结束或者明确的起止点。多个阶段的起止点就构成引导整个项目进展的里程碑（milestone），它标志着当前阶段完成的标准和下个新阶段启动的条件或前提。里程碑在配置管理中叫作基线（见第 5 章配置管理），用于在配置计划中控制各项交付物的版本确定。

里程碑一般是多层次的，如父子里程碑是在父里程碑的下一个层次中定义子里程碑。不同类型的项目里程碑设置不一定类似。不同规模项目的里程碑，其数量不一样，同时里程碑可以合并或分解。

例如，在软件测试周期中，可以通过细分测试周期的完整过程来定义 6 个父里程碑、19 个子里程碑。表 4.3 所示为软件测试周期的一些典型的里程碑。

表 4.3　软件测试周期的里程碑的定义示例

父里程碑	子里程碑
M1：需求分析和设计的审查	M11：市场/产品需求审查 M12：产品规格说明书的审查 M13：产品和技术知识传递 M14：系统/程序设计的审查
M2：测试计划和设计	M21：测试计划的制订 M22：测试计划的审查 M23：测试用例设计 M24：测试用例的审查 M25：测试工具的设计和选择 M26：测试脚本的开发
M3：代码（包括单元测试）完成	M3：代码（包括单元测试）完成
M4：测试执行	M41：集成测试完成 M42：功能测试完成 M43：系统测试完成

续表

父里程碑	子里程碑
M4：测试执行	M44：验收测试完成 M45：安装测试完成
M5：代码冻结	M5：代码冻结
M6：测试结束	M61：为产品发布进行最后一轮测试 M62：写测试和质量报告

在里程碑到来之前需要进行一次检查，以了解当前的状态并确定是否能在预期时间内达到里程碑阶段完成的各项标准。如果发现存在较大的差距，就必须立即采取措施，努力达到里程碑的标准。即使无法完全达到，也可以通过改善来缩短差距。

每当达到一个里程碑时，必须严格检查实际完成情况是否符合先前定义的标准。此时，应及时对前一阶段的测试工作进行总结。有必要的时候可以根据实际情况调整后续的测试工作计划，如增加资源或延长某一里程碑的时间，以确保实现下一个里程碑的目标。这种方式有利于项目人员推动项目的顺利进行，并及时调整计划以应对可能出现的挑战。

项目人员通过关注里程碑，能够更好地掌控项目进度，并及时采取措施应对潜在风险。这有助于确保项目按时交付，并满足用户和利益相关者的期望，同时能方便项目人员根据里程碑设计软件测试的进度表。

下面用一个例子对比说明里程碑的管理意义。

场景一：程序员甲需要一周内编写一个模块，前三天可能都挺悠闲，可后两天就得拼命加班编写程序了，而到周末时发现系统有错误和遗漏，还需要加班进行修改和返工。

场景二：项目团队在周一与程序员甲一起列出所有需求，并请业务人员评审，这时可能发现遗漏并及时修改；周二要求程序员甲完成模块设计并确认，如果没有大问题，就安排程序员甲周三或者周四编程，项目团队准备测试案例，并在周五完成测试；一般经过需求、设计确认，程序员甲会在周五如期完成任务，周末可以休息。

场景一是无里程碑管理的情况，此时程序员甲需要周末加班进行修改和返工，同时周末的延期对整个项目进度都造成影响。

场景二增加了里程碑管理，到了周五，完成测试并确认模块的功能和性能。

如图 4.13 所示，第二种方式增加了"需求确认"和"设计确认"两个里程碑，虽然这是额外的工作，但是它能针对复杂的项目需求逐步达成目标。

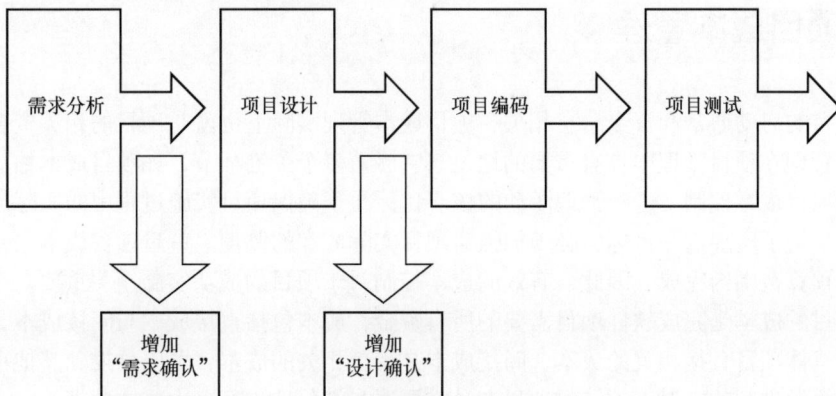

图 4.13　增加两个里程碑管理

< 85 >

里程碑就是每一步逼近的结果，各个里程碑产物也是可以控制的对象。从这个例子可以得出以下结论。第一，里程碑降低了项目风险。通过早期评审可以提前发现需求和设计中的问题，降低后期修改和返工的概率。第二，里程碑每个阶段产出结果，有助于成本计划的管理。第三，里程碑的强制规定，有助于细化时间的利用，从而合理分配工作，提高管理效率。

通过这种里程碑管理的方式，项目团队可以确保每个阶段的工作都能及时完成，并且能够及时发现和解决问题。里程碑也是进行项目阶段性内部验收的指标，同时还能对下阶段工作进行重新的论证和计划的调整。

在编制里程碑计划时，最佳的做法是由项目的关键管理者和关键项目干系人共同召开项目启动专题会议进行讨论和制订。这并非仅由一个人或少数人简单地做出决策，而是通过集体参与的方式确保里程碑目标明确且获得更广泛的认同。与项目经理单独制订里程碑计划并强制执行相比，这种方式能够更好地获得团队的支持。

在启动专题会议上，参与者通常不超过 6 人，以确保意见能够更容易地统一。通过这样的参与和讨论，项目团队可以更全面地考虑各种因素，确保里程碑计划的合理性和可行性。编制里程碑计划的具体步骤一般如下。

① 最终的里程碑确认。要求所有人在项目定义时就对最终的里程碑取得统一认知。

② 列举所有可能里程碑。通过集体讨论和头脑风暴法，把观点记录在活动挂图上，以便选择所有可能的里程碑。项目经理负责引导整个讨论过程，并预先设定关键控制点，包括但不限于里程碑。这些关键控制点是用于检验软件开发前、开发中和开发后等阶段是否符合规范的环节。

③ 审核备选里程碑。在完成了集体讨论和备选里程碑的筛选后，需要进行里程碑计划的审核。在这个阶段，需要对所有备选的里程碑进行评估和比较，明确它们之间的关系，并判断谁可以作为里程碑。这一过程中，记录下所有相关的判断，尤其是具有包含关系的里程碑。

④ 测试各条结果路径。需要将结果路径可视化，以更好地理解里程碑之间的关系。例如，将每个里程碑写在便利贴，贴在白板上，并根据它们的发生顺序进行适当的调整和排列。

⑤ 确定里程碑的逻辑关系。从项目的最终产品出发，采用倒推法确定它们之间的逻辑关系。这一步骤可能需要对里程碑的定义进行重新考虑，可能需要添加新的里程碑、合并现有的里程碑，甚至可能改变结果路径的定义。

⑥ 确定最终的里程碑计划。由项目重要干系人进行审核和批准。

经过以上 6 个步骤，基本可以完成里程碑计划的编制工作。由于软件项目一般具有自己的特点和过程，具体步骤可以基于以上内容进行改善。

4.4 项目成本管理

软件项目的启动通常和资金息息相关，项目成本管理实际上也就是项目的相关资金管理，因此项目成本管理在项目管理中具有重要的地位。它涵盖多个关键环节，如项目成本估算、项目预算编制以及项目成本控制。这些管理活动的核心目标在于确保项目实施过程中的实际成本不会超出预算成本。为了实现这一目标，必须加强对项目实际成本的监控。一旦项目成本失控，项目很可能无法在预算范围内完成。因此，有效的成本控制对于项目的成功实施至关重要。

软件项目的成本是完成软件项目需要的所有资金，成本包括直接成本与间接成本，直接成本是与开发的具体项目直接相关的成本，间接成本是运营相关的成本，可以分摊到其他项目中。成本估算是对资源进行的，对于独特的项目产品需要逐步细化地进行多次成本估算。

通常软件项目中，成本是最容易失控的一项资源，常常是由以下原因造成的。

< 86 >

① 在初始阶段，没有进行准确细致的成本估算和成本预算。

② 缺乏统一标准的成本估算、成本预算、成本控制方法。

③ 思想上的问题：实际支出必然超出预算。

这 3 个原因其实指示出软件项目管理在多方面存在的问题，所以成本管理的结果是最直接反映项目管理优劣程度的一项内容。进行软件的项目成本管理的具体活动内容如图 4.14 所示。

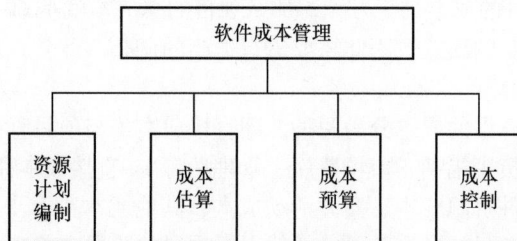

图 4.14　成本管理的 4 项内容

成本管理过程包括以下 4 种活动的内容。

① 资源计划编制：估计项目可能会使用到的资源种类和数量。

② 成本估算：成本管理的中心环节，旨在编制一个为完成项目各活动所需要的资源成本的近似估算。

③ 成本预算：根据项目进度，将总成本估算分配到各单项工作活动上，形成成本基准，为后期成本监控提供支持。

④ 成本控制：通过项目跟踪，控制项目预算的变更。

4.4.1　资源计划编制

资源计划编制是成本管理的关键环节，旨在确定完成项目所需的各种资源（包括人力、物资、设备、服务等）的种类、数量及时间安排。形成资源计划需要进行资源需求确认、资源数量估算、资源时间安排等操作。

（1）资源需求确认

资源需求确认一般需要基于项目的 WBS，这是资源需求估计的基础。然后识别完成每项任务所需的具体资源类型，这可能包括人力资源（如程序员、设计师、测试工程师等）、物理资源（如服务器、硬件设备）、软件工具（如开发平台、测试工具）以及服务采购（如外包服务、专业咨询）。

（2）资源数量估算

基于资源需求确认的结果，估算每种资源类型需要的数量。例如，根据任务复杂度和工期，估算需要多少人天的编程工作量，或特定设备的使用时长；同时评估组织内部资源的可用性，包括人员的技能水平、设备的使用状况等，并考虑是否需要外部采购或租赁资源。同时，需要分析资源在项目不同阶段的可复用性，合理安排以减少不必要的成本。

（3）资源时间安排

资源计划的编制还需要确定每种资源需求的时间点金和持续时间，以免资源闲置或冲突，优化资源利用率；并结合考虑不同类型资源的可行性，如人力资源的工时限制、特定设备的租期等。

4.4.2　成本估算

成本估算的主要目标是对项目资源计划中的资源所需成本进行初步判断。这涉及对完成项目所需费用的预估和计划，包括预测开发一个软件系统所需的总工作量。成本估算是一个量化的过程，经常应用于软件项目的立项申请。

在进行成本估算时，需要对各年的现金流进行预测，并对各种方案（如维持原系统、新增功能、自制或外包）进行成本比较。一般而言，估算的单位是货币，从管理的角度来看，估算的单位可能是人/小时或人/月。软件项目的规模（工作量）是成本估算的基础。例如，如果一个项目需要 20 人/月，而每人每月的成本是 3 万元，那么项目的总成本就是 60 万元。

成本估算可能会有一定的误差，因此需要进行适当的调整。此外，只要 WBS 发生变化，就可能需要重新进行成本估算。

前面提到，软件项目开发的成本分为两种，即直接成本（与项目直接相关的成本）和间接成本（如培训、房租水电、员工福利、市场费用、管理费等）。直接成本和间接成本都会有 4 种类型：人力资源成本、软硬件资源成本、商务活动成本、其他成本费用。

成本的估算会出现在项目的各个阶段，一般根据项目的阶段来确定估算的类型和方法，也有相应的准确程度。图 4.15 所示为软件产品生命周期中出现估算的阶段和类型。

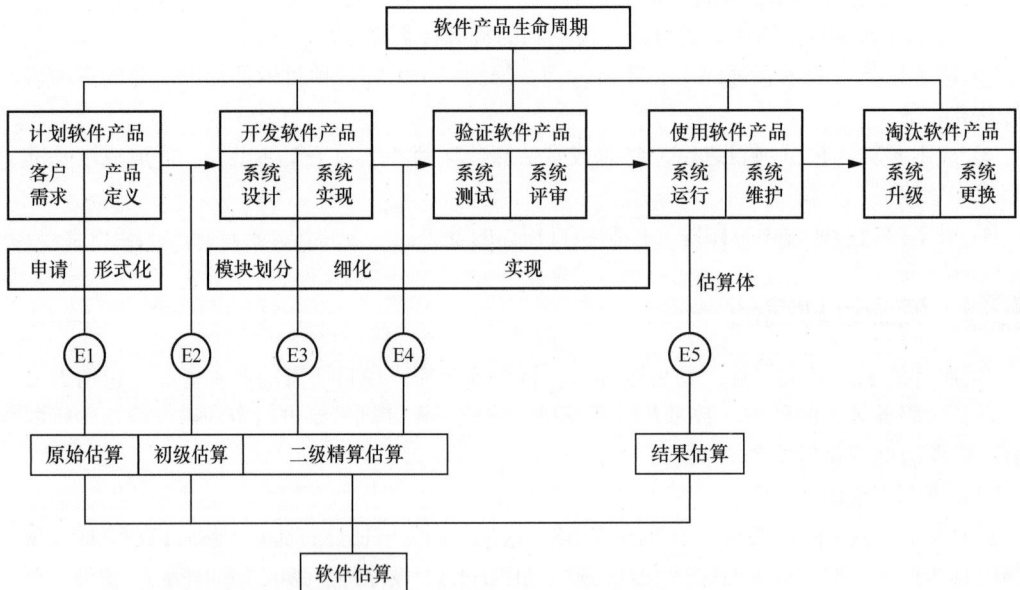

图 4.15　软件产品生命周期与估算类型

从图 4.15 中可以看到不同类型估算出现的阶段，相应的估算说明如下。

① 原始估算用在项目启动阶段，通常依据历史经验、比例因素进行，相当于"测算"。常用可行性估计的方法精度为-25%～+75%。

② 初步估算用在项目计划阶段，在项目信息有限时进行，通常采用自上而下的方式，相当于"估计"。常用的估计方法有类比估计、预算估计、自上而下估计，精度为-10%～+25%。

③ 在获得完整的 WBS 后，可以进行二级精算估算。二级精算估算在已经得到了系统的详细设计的内容并且获得完整项目信息的情况下进行，通常采用 WBS 进行自下而上的估计，相当于"预算"。常用的估计方法有 WBS 估计、详细估计、自下而上估计、控制估计，精度为-5%～+10%。

④ 结果估算用在项目开发基本完成、进入系统的运维阶段时。此时的估算是对已产生的成本进行统计和计算。

每种估算类型都会采用一些相应的估计方法，以下是 4 种常用的估计方式。

（1）基于工作量的估算法

这类方法很多，基本是从软件程序量（代码行或者功能点）的角度定义项目规模（查看前面工作量计算章节），然后从规模计算具体的成本。这类方法的要求是功能分解足够详细，前期有经验数据（类比和经验方法），同时会根据编程语言有不同的估计方案。此大类的估算模型有 Putnam 模型、COCOMO 模型及其改进的 COCOMO Ⅱ 模型，还有功能点估算、用例点估算等方法。

（2）类比估计法

类比估计法需要有过往项目的资料，根据已完成项目所消耗的总成本（或总工作量），推算将要开发的软件的总成本（或总工作量）。其优点是估算工作量小，速度快。其缺点是缺乏对项目中的特殊困难的考虑，估算出来的成本较为笼统，会遗漏具体项目中的一些特性工作。

（3）参数模型估算法

参数模型估算法是一种基于项目特性参数建立数据模型来估算成本的方法。它利用统计技术，如回归分析和学习曲线，对项目成本进行预测和估算。这种方法需要参考历史信息，并根据实际情况对参数模型进行适当调整。

（4）自下而上估计法

自下而上估计法是基于 WBS 进行详细估算的方法。首先，WBS 需要包含开发、管理等全部任务，包括需求评审、配置管理、项目规划、项目评审、项目跟踪等项目管理的工作，这样可以直接估算每个任务所需的时间和资源。

如果 WBS 只包含了单纯的软件开发工作，那么可以根据经验数据，将软件开发工作量乘以一个经验系数，以估算整个项目的管理成本。

自下而上估计法能够提供更精确的估算结果，因为它基于项目的具体工作和任务进行估算。然而，这种方法需要投入更多的时间和资源进行详细的分析和评估。在大型项目中，这种方法可能会面临工作量过大的挑战。

下面以一个例子来讲述基于 WBS 的成本估算方法的计算流程。

某软件公司为一家小型旅行社开发一套 B/S 结构的用户关系管理软件。该旅行社每年的游客接待人数约为 8 万人。

步骤 1：创建该项目的 WBS。

该估计法是基于项目的 WBS 而进行测算，所以首先根据项目任务分配工作包的内容，并形成文档。

步骤 2：估算各项活动的成本。

为各项 WBS 估算成本的方式是列出该活动的成本细项，并进行该项成本在本项目上的估算。表 4.4 所示为该系统的工作包之一——用户交易跟踪模块的成本估算示例。

表 4.4　用户交易跟踪模块的成本估算示例

细目	估计成本/元	说明
员工工资	1008	项目组共有 4 人，包括 3 个程序员、1 个数据库设计员
咨询服务费	424	用户关系管理方面的咨询成本
出差费	250	参与用户会议、外出培训等出差费用
租金	489	租借服务器的成本
其他供应和花费	153	电话费、各种办公费用、评审费用
风险准备金	310	为项目阶段风险发生预备的成本

总成本：2634 元

< 89 >

步骤 3：成本汇总。

将各个 WBS 的成本进行汇总，得到最终的成本结果。

上述例子的计算步骤是以费用为单位进行估算，为了更好地从管理角度计算成本，还可以以人力成本为单位进行估算。表 4.5 所示是该项目的 WBS 表，该表目前以天为单位。

表 4.5　以天为单位计算的 WBS 表

编号	任务	天数	小计
1	需求分析	5	5
2	系统设计	6	6
3	编码		
3.1	通用功能		
3.1.1	新闻通告	6	
3.1.2	旅游线路信息查询	9	
……			
3.2	用户关系管理		29
3.2.1	用户信息录入	4	
3.2.2	用户交易跟踪	10	
……			
3.3	互动功能		
3.3.1 ……	论坛	已存在	
4	测试	20	20
……			
合计：			60

① 计算开发成本。根据表 4.5 中 WBS 的内容，已知项目规模是 60 人天，假设开发人员的成本参数=100 元/天，则内部的开发成本是

$$60 \times 100 = 6000（元）$$

另外，部分模块外包 1000 元，因此总开发成本是 7000 元。

② 计算管理成本。根据经验，管理成本（包括质量管理）占 15%，则

$$7000 \times 15\% = 1050（元）$$

③ 计算分摊的间接成本。根据经验，间接成本是直接成本（即开发成本与管理成本之和）的 20%。计算得到

$$8050 \times 20\% = 1610（元）$$

④ 总估计成本。

$$8050 + 1610 = 9660（元）$$

考虑到项目应该有 15%的利润、10%的风险基金、5%的税费，则

$$9660 \times（1+15\% + 10\% + 5\%）= 9949.8（元）$$

而项目原来的报价是 11000 元，与这样的计算方式相比，相差 10%左右。

< 90 >

成本估算还可以采用混合逐步细化的模式进行。上述用户关系管理软件项目，采用的是直接进行估计的方法；而大型项目，则采用混合逐步细化的模式。随着项目进展，可供决策的细节信息越来越多，成本估算也不断提高。逐步细化不仅分解了成本估计的体量，同时其估计结果还可以为下一个类似项目提供依据。此外，大型项目往往无历史数据可用，而且意外事件多，因此往往用多种估计方法。

对于大型项目一般采用自下而上的方法，而风险较大的任务还会混合使用 Delphi 法及专家判定法。例如，专家法是将 WBS 的每个任务分给领域专家进行工作量评估，超过 1 人周的任务则要求专家做原因分析，并提出分解方案。这样混合的估算方式有助于降低估算的复杂度，提高准确率。

4.4.3　成本预算与成本控制

1．成本预算

项目成本的预算和控制是为了确保以最小的成本实现最大的项目价值而进行的专业管理工作。项目成本预算主要涉及制订项目成本控制标准，为项目各项具体工作分配和确定预算、成本定额，以及确定整个项目的总预算。

通过将整体成本估算分配到各个单项工作（确定预算、成本定额，以及确定整个项目总预算等），可以建立一个衡量绩效的基准计划。成本基准是按时间阶段将各阶段活动的成本加总形成的曲线，用于监测和评估成本执行情况。许多大型项目可能存在多条成本基准线和资源基准线，用于衡量项目绩效的各个方面。

项目预算具有计划性，因为在项目计划中，项目预算将成本估算总费用精确地分配到 WBS 的每一个组成部分，确保与 WBS 形成相同的系统结构。这有助于确保资源的合理配置和有效利用。同时项目预算作为一种资源分配计划，具有强制约束性。因为分配结果可能无法完全满足涉及的管理人员的利益要求。这意味着预算需要在资源、成本和利益之间进行权衡和取舍，以达到最佳的资源利用效果。项目预算的实质是一种控制机制。通过预算，项目团队可以监控项目的实际支出，确保实际成本与预算保持一致。当出现偏差时，可以及时采取措施进行调整，以保证项目的顺利进行。

在编制项目成本预算时，应遵循以下 4 项原则。

① 项目成本预算应与项目目标相联系。在考虑项目成本时，必须同时考虑到项目的质量目标和进度目标。确保预算能够支持项目的整体目标，并确保在满足质量要求和进度安排的前提下进行成本控制。

② 项目成本预算应以项目需求为基础。这意味着预算的制订应基于对项目具体需求和活动的充分了解及分析。只有深入理解项目的需求，才能确保预算的合理性和有效性。

③ 项目成本预算应切实可行。这意味着预算不应过高或过低，而应基于实际的项目需求、资源可用性和市场条件，避免过于乐观或过于保守的预算，确保预算具有实际的可操作性。

④ 项目成本预算应具有一定的弹性。考虑到项目实施过程中可能出现的意外情况和变化，预算应留有一定的余地。这样可以更好地应对可能的风险和不确定性，确保项目的顺利进行。

项目成本预算的结果是将前面项目成本估算的成本分配给单个工作包。这些单个工作包是以项目 WBS 为基础的。表 4.6 所示为一个详细的需求分析过程中对成本的分解。

< 91 >

表 4.6　某项目需求分析阶段基于 WBS 的成本预算结果（部分）

任务名称	工期	开始时间	完成时间	前置	成本/元	固定成本	负责人
1 分析软件需求	15 工作日	20××/4/22	20××/5/12		10480.00	0.00	
1.1 行为需求分析	5 工作日	20××/4/22	20××/4/28		3200.00	0.00	分析人员
1.2 起草初步的软件规范	3 工作日	20××/4/29	20××/5/1	1.1	1920.00	0.00	分析人员
1.3 制订初步预算	2 工作日	20××/5/4	20××/5/5	1.2	1600.00	0.00	项目经理
1.4 工作组共同审阅软件规范	4 工时	20××/5/6	20××/5/6	1.3	720.00	0.00	项目经理/分析人员
1.5 根据反馈修改软件规范	2 工作日	20××/5/6	20××/5/8	1.4	640.00	0.00	分析人员
1.6 确定交付期限	1 工作日	20××/5/8	20××/5/11	1.5	800.00	0.00	项目经理
1.7 获得开展后续工作的批准	4 工时	20××/5/11	20××/5/11	1.6	800.00	0.00	管理人员/项目经理
1.8 获得所需资源	1 工作日	20××/5/12	20××/5/12	1.7	800.00	0.00	项目经理
1.9 分析工作完成	0 工作日	20××/5/12	20××/5/12	1.8	0.00	0.00	项目经理

2．成本控制

项目成本控制是项目实施过程中一项重要的管理工作，其目标是确保项目实际发生的成本控制在预算范围之内。它涉及对各种可能影响项目成本的因素进行控制，包括下述 3 种控制手段。

① 事前控制：控制设计各种能够引起项目成本变化的因素。

② 事中控制：项目实施过程的成本控制。

③ 事后控制：项目实际成本变动的控制。

在成本管理中，常常会遇见的问题基本都是来自对预算的控制并不细致准确，如对项目成本估算不准确。过于乐观的估算将引发预算计划不能执行和频繁变更成本预算；过于悲观的估算将使成本预算无法成为作为监控标准，或者在制作预算的时候不够详细。尽管有的成本估算也许准确，但在成本预算中，成本估算和资源计划、WBS 等对应不上，导致成本监控过程中无法判断项目进展状况是否符合预算计划。又如，在项目监控过程中对成本预算变更不及时。在项目成本监控时发现预算不适宜，又因为时间紧迫等原因没有及时进行成本预算变更、原因分析和纠正。预算不准确的原因不明，导致变更控制流于形式。

项目成本超支是一个管理失控的典型问题，有主观和客观两方面原因。客观原因比较常见，如项目的复杂性较大和大型项目的成本估算难度高；主观原因则在于缺乏科学的项目成本管理，如管理者低估成本，没有充分考虑到意外事件，或者出于利益目的而高估成本以获取更多的资源。此外，项目范围管理不到位、需求模糊以及缺乏可靠的历史数据和管理人员成本管理知识欠缺也可能导致成本控制的问题。

想要有效地控制项目成本，需要以成本计划作为基准，将成本控制与项目范围、进度和风险管理等其他管理领域相联系。基于这些基准管理内容，促使管理者更客观地估计成本，降低人为因素的影响。其中，项目不确定性成本的控制是关键。项目不确定性成本控制的根本任务是识别和消除可能导致成本发生的不确定性事件。

项目成本控制的关键之一是管理不确定性成本。不确定性成本是指在项目实施过程中可能出现或面临的不确定事件所产生的成本。这些不确定事件可能导致额外的费用或延误，从而影响项

< 92 >

目的预算和进度。

不确定性成本的产生主要有以下 3 个方面的原因。

① 项目具体活动本身的不确定性。某些活动发生与否取决于多种因素，如项目需求、技术可行性、资源可用性等。这种不确定性导致成本的不确定性，因为需要根据活动发生的可能性来估算相关成本。

② 活动规模及其所耗资源数量的不确定性。在项目实施过程中，活动规模和所消耗的资源数量可能会有所变化。这种不确定性可能导致成本的不确定性，因为需要根据预计的规模和资源需求来估算相关成本。

③ 项目活动所消耗资源价格的不确定性。市场条件、供应和需求的变化以及通货膨胀等因素都可能导致资源价格的不确定性。这种不确定性会影响项目成本，因为成本的计算需要考虑资源的价格。

上述这些不确定性因素可能导致项目成本的波动和不确定性，因此需要进行有效的项目成本控制。通过充分了解项目的实际情况、采取合适的成本控制方法和工具、持续监控和调整成本执行情况，可以更好地管理项目成本，降低成本超支的风险，确保项目的经济效益和可行性。

4.4.4　成本与质量的平衡

在控制成本前提下保证质量是每个管理者想实现的最理想的目标。因为软件项目是在时间和成本约束下，为了实现目标并达到一定的质量所进行的一项过程性工作。而项目管理就是要在预定的成本、计划的工期内实现预定的目标质量。在项目管理中，成本、质量和时间是最基本的要素，这 3 个要素之间存在相互制约的关系。提高质量可能会导致成本的增加，而缩短工期也可能会增加成本。所以，软件项目管理的目的是寻求时间、质量和成本的有机统一，确保软件项目能够以最高效、最经济的方式完成。

质量对软件项目成本的影响主要体现在两个方面。首先，更高的质量要求通常涉及更详细和更多的活动与任务，这意味着需要更多的资源和预算来确保任务的完成。这可能涉及增加人力、物力和时间等方面的投入。其次，高质量产品也意味着需要更高的质量成本。质量成本包括预防质量问题发生的相关费用（质量保障成本）以及质量问题发生后的处理费用（质量故障成本）。质量总成本由质量故障成本和质量保障成本组成。低质量会导致更多的不合格损失，从而增加故障成本。相反，高质量会提高一定的质量保证成本。因为质量保障成本是为了保障和提高质量而采取的相关措施所消耗的开支。这类开支越大，质量保障程度越可靠，但是这样可以减少故障损失，从而降低故障成本。

因此，项目成本与质量之间的关系并不是线性的。随着产品或服务质量的提高，总成本开始下降。然而，到达某个点以后，当质量继续提高时，总成本可能会开始上升。这意味着并不是产品质量越低或越高就越好，而是应该找到中间的质量点，使得总成本达到最低点。因此，项目团队需要在确保质量和控制成本之间找到平衡点，以确保项目的经济效益和可行性。

4.5　本章小结

本章主要介绍了软件项目启动和规划阶段的项目管理，具体包括范围管理、进度管理、成本管理等方面的内容。

项目启动是项目管理的起始阶段，涉及项目章程的制订、干系人的识别和项目启动会

< 93 >

议的召开。在这个阶段，明确项目目标、范围和需求是至关重要的，同时要确立项目的组织结构和初步的管理制度。这 3 种管理内容的总结如下。

① 范围管理。范围管理是确保项目包含所有必要的工作，同时排除不必要的工作。本节介绍了范围管理的重要性，包括收集需求、定义范围、制作 WBS、核实范围和控制范围等过程。

② 进度管理。进度管理是制订和控制项目时间表的过程，包括定义活动、排序活动、估算活动历时、编制进度计划和控制进度等。强调了甘特图和关键路径方法在制订项目进度计划中的作用。

③ 成本管理。成本管理涉及资源计划编制、成本估算、成本预算和成本控制。讨论了如何对项目成本进行准确估算和控制，以避免超支并确保项目经济效益，同时讨论了成本和质量之间的关系。

本章为读者提供了软件项目启动和规划阶段的全面视角，可使读者掌握软件项目启动和规划阶段的范围、进度、成本管理的相关内容。

4.6 习题

一、简答题

1. 每个大学生必须掌握的一项技能就是写报告。报告的工作量被许多因素影响，如果建立一个估算学生完成报告的模型，有哪些因素将会影响完成报告的难度？

2. 什么是范围核实？范围核实的实质是什么？

3. 质量对成本的影响体现在哪两个方面？

4. 关键路径是什么？属于项目管理哪个管理领域？项目中是否可以有多条关键路径？越多的关键路径意味着什么？

5. 一个软件开发项目的成本估算为 100 万元，其中人力成本占 60%，设备及其他成本占 40%。如果人力成本增加了 10%，设备及其他成本减少了 5%，则总成本将增加还是减少？变化了多少？

6. 现在需要开发学生成绩管理系统，系统功能及每个功能模块的代码行数如下：

① 学生信息的录入、编辑和删除，200 行。

② 课程信息的录入、编辑和删除，150 行。

③ 成绩的录入、编辑和删除，300 行。

④ 成绩的查询和统计，250 行。

假设团队的平均编码速度为 10 行/小时。在不考虑需求分析、设计、测试和文档编写等其他活动的情况下，估算总工作量（小时）。

二、实践题

1. WBS 的创建（可以使用各种绘制工具，如 boardmix 或者亿图图示）。

任务描述：为大学生创建一个计算机学习平台，这个平台是基于 Web 开发框架（Spring/SpringMVC/MyBatis，SSM）和 Android 实现的，涉及的学科范围包括大学软件工程专业的基础知识点（程序设计、操作系统、计算机网络、数据结构等）。系统整体上应具有以下内容。

① 具有后端（需要设置服务器＋数据库）。

② 具有移动端（Android 或 Harmony、iOS、微信）。

③ 具有 Web 前端（可选）。

④ 系统主体上应以促进学生学习知识为目的。学习部分的内容表现方式可以有多种，包括游戏、动画、视频等。不应单纯地通过文字展示知识内容。系统还有论坛、讨论组、错题本、练习题和考试功能。

针对这个项目的需求，制作一个本项目从调研到开发到市场投放的 WBS 分解图，应该包括项目的具体阶段和工作内容分解，体现出层级和工作内容即可。

2. 用双代号网络法为表 4.7 的活动绘制网络图。

表 4.7　活动顺序表

序号	工作代号	工作名称	前序工作	延续时间/天
1	A	拆开		2
2	B	准备清洗材料		1
3	C	电器检查	A	2
4	D	仪表检查	A	2
5	E	机械检查	A	2
6	F	机械清洗组装	B, E	4
7	G	总装	D, C, F	2
8	H	仪表校准	D	1

< 95 >

第5章 启动和规划阶段的项目管理（二）

——人员、配置、风险及质量保证

本章依旧是启动和规划阶段的软件项目管理内容，继续讨论项目管理领域中的人员管理、配置管理、风险管理以及质量管理的内容。本章之后，软件项目初期的正确方向和管理框架就基本搭建完成了。

本章学习目标

① 理解项目执行期间的人员配置与团队协作机制，包括如何构建高效能的项目团队，明确团队成员的角色与责任，以及促进团队间的有效沟通与协作。

② 理解配置管理的精髓，学习如何建立并维护项目配置的完整性与一致性，确保项目成果的质量与可追溯性。

③ 理解项目风险管理的策略，包括风险识别、评估、应对与监控，学会如何在不确定的环境中导航，降低项目偏离轨道的可能性。

④ 理解质量管理实践，质量管理体系的构建，以及如何在软件开发全生命周期中实施质量控制与质量保证措施。

5.1 人员管理

软件项目中，人员、工作程序和技术都是完成项目目标的重要因素。其中，人员的作用尤其关键。拥有熟练技能和专业知识的人员是项目成功的核心要素。对于任何软件开发项目，根据具体需求来选定具备相应任务知识和技能的合适人员，或者对相关人员进行必要的培训，都是至关重要的。

项目开发过程中不仅要发掘个人能力，还需要发掘集体能力。软件项目开发通常以团队的形式进行人员的组织，所以软件项目的人员管理通常也是对一个项目的团队进行管理。

团队中存在各种职能人员，包括团队开发成员、管理人员、用户或接包团队等成员，这些成员需要共同承诺并为一个共同的目标努力工作，每个人的努力需要协调一致，并且团队成员之间必须以高度的意愿进行合作，从而开发出高质量的软件产品。

对团队进行管理是确保项目顺利实施的关键。首先，需要识别和记录项目中的角色、职责、所需技能、报告关系，并制订用人计划。明确各个角色的职责和所需技能，有助于确保项目团队具备完成项目所需的能力。接下来需要确认可用的内部和外部人力资源，并根据项目需求组建适合的团队。选择具备合适技能和经验的团队成员，能够提高项目执行效率。

在项目的开发过程中，团队建设也是至关重要的环节。这包括提高团队成员的工作能力、促进团队成员之间的互动、改善团队整体氛围等。通过有效的团队建设活动，可以提高团队凝聚力和工作效率。

此外，管理项目团队还需要跟踪团队成员的工作表现，提供及时的反馈和指导。这有助于发现潜在问题，及时调整工作计划和资源分配。

当团队出现问题或变更时，需要采取相应的措施进行管理。这可能涉及调整项目计划、重新分配资源或解决团队内部冲突等。

另外，明确定义组织结构和各组织的职责也很重要。这有助于确保不同组织之间能够协同工作，保证系统开发活动的顺利进行。通过明确的职责划分和沟通机制，可以减少冲突和误解，提高项目的成功率。

综上所述，采取适当的团队管理措施有利于激发和保持人员的工作热情及积极性。以下是可参考的团队管理措施。

① 保证团队的目标明确，让成员清楚自己工作对目标的贡献。

② 设置的团队组织结构清晰，岗位明确。

③ 有成熟的工作流程和方法，而且流程简明有效。

④ 对团队成员有明确的考核和评价标准，其结果应公正、公开、赏罚分明。

⑤ 团队的组织纪律性强。

⑥ 建立相互信任的团队环境，让成员善于总结和学习。

5.1.1 人员组织架构

项目组织是由一些个体成员组成的队伍，旨在实现特定的项目目标。其核心使命是在领导人物的指挥下，团队成员共同努力，以实现项目的既定目标。由于软件项目的特性，项目组织通常具有临时性和目标明确的特点。

在构建项目组织结构时，通常会根据参与成员的数量、类型以及架构目的进行选择。主要的组织结构类型有 3 种：职能型、项目型和矩阵型。

（1）职能型组织结构

图 5.1 所示是典型的职能型组织结构示意图。

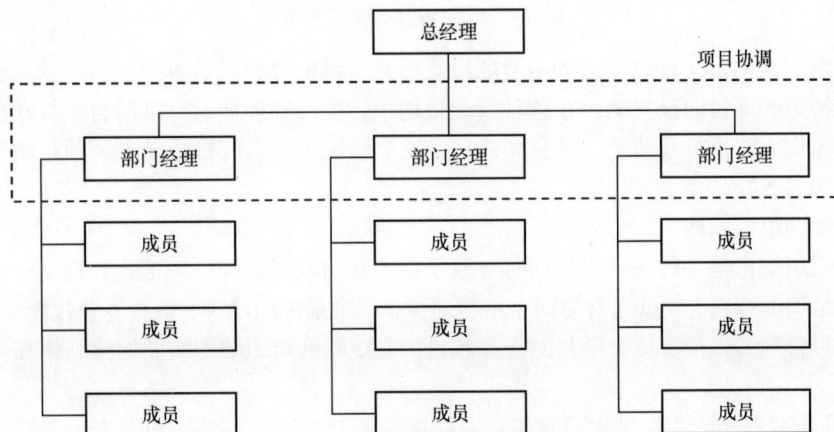

图 5.1 职能型组织结构示意图

< 97 >

职能型组织结构是一种比较传统的人员组织形式，具有清晰的层级结构。公司的每个成员都会有自己的职能部门或者属于特定的职能领域，如市场营销、财务、人力资源、研发等部门。每个职能部门会有一个部门领导（如部门经理），当有项目需要在各部门推进工作的时候，由该领导进行项目协调。职能型组织结构的优点和缺点如表 5.1 所示。

表 5.1　职能型组织结构的优点和缺点

优点	缺点
① 职能部门的资源集中优势可以得到充分发挥，通过将资源集中于各职能部门，可以实现资源的有效管理和利用，提高资源的利用效率 ② 职能部门内部拥有专业知识和经验的专家，可以为多个项目提供支持和服务，提高工作效率 ③ 在同一职能部门内，成员之间的专业知识和经验相似，便于相互交流和支援，促进知识和经验的共享 ④ 在需要更多人力资源时，职能部门可以随时提供额外的成员支持 ⑤ 项目团队成员在完成项目任务的同时，也可以完成自己的职能工作，实现双重目标	① 当项目和部门利益发生冲突时，职能部门更重视本部门的目标，可能会忽视项目目标，由此可能导致项目进度受阻或资源分配不合理 ② 当多个项目同时进行时，可能会导致某一项目资源不足而其他项目资源过剩的情况，这需要项目经理和职能部门进行协调和平衡 ③ 各部门存在权利和职责的分割，可能导致相互之间的沟通协作不顺畅，影响项目的整体推进 ④ 项目经理的权利相对较小，可能受到职能部门领导的制约，从而影响项目的执行效率和灵活性

（2）项目型组织结构

图 5.2 所示是项目型组织结构示意图。

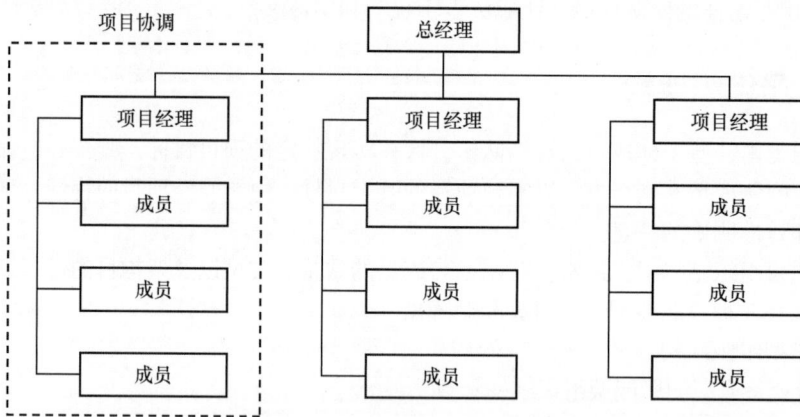

图 5.2　项目型组织结构示意图

项目型组织结构是一种以项目为中心的组织形式，将资源和成员集中在特定的项目上，通常是为了完成特定的项目而设立的。在这种组织架构中，项目经理拥有高度的自主权和决策权，负责项目的整体规划、执行和监控。项目完成后，这个组织可能会解散或转型。项目型组织结构的优点和缺点如表 5.2 所示。

（3）矩阵型组织结构

矩阵型组织结构是一种一位成员同时隶属于多个部门或团队的组织形式，它结合了职能型和项目型组织结构的特点。成员通常有两个汇报对象，一个是部门经理，负责专业技能和职业发展；另一个是项目管理者，负责特定项目的任务和目标。矩阵型组织结构有弱矩阵结构和强矩阵结构两种。

图 5.3 所示是弱矩阵组织结构示意图。

<98>

表 5.2　项目型组织结构的优点和缺点

优点	缺点
① 项目经理具有较高的自主权和决策权，能够全权负责项目的实施和管理，确保项目的顺利推进	① 资源通常只为特定项目服务，不能在公司层面上共享，这可能导致资源的浪费和利用率的降低
② 项目型组织结构的目标非常明确，就是完成项目所规定的目标和任务。这种单一目标性使得项目团队能够专注于项目的核心工作，减少分散注意力的因素，有利于项目的顺利进行	② 由于各个项目团队相对独立，公司层面的政策和方针可能难以在各个项目中得到一致的贯彻和执行
③ 项目型组织结构相对简单，成员配置相对固定，这使得团队成员之间的交流和沟通更加简单、快速，有助于提高团队的协同效率和响应速度	③ 成员通常只为某个特定项目服务，一旦项目结束，团队可能会面临解散或重组的风险，这使得团队成员缺乏长期的事业发展的责任感和安全感
	④ 各个项目团队独立运作，团队之间的信息交流和共享可能较少，这可能导致知识经验的重复和不必要的工作重复

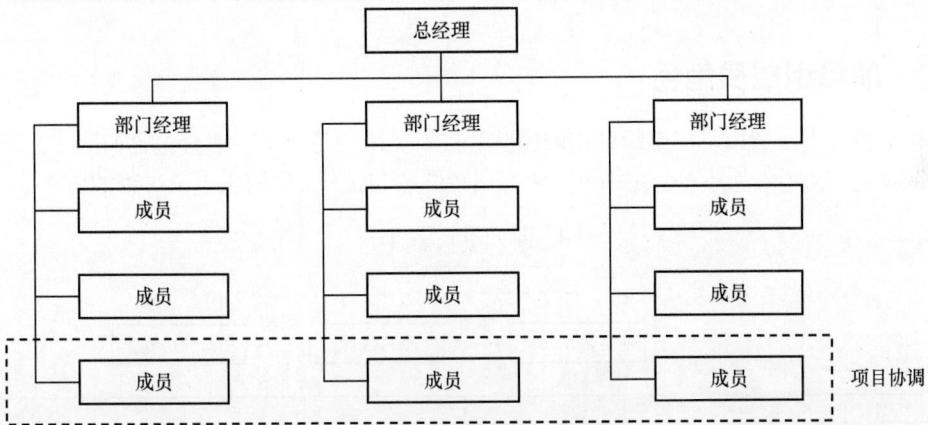

图 5.3　弱矩阵组织结构示意图

弱矩阵组织结构保持部门的构造体系，项目共用各个职能部门，项目管理者如项目经理都由职能部门中的成员担任。

强矩阵组织结构示意图如图 5.4 所示，会有一个专门的项目经理部门，其中的成员会承担项目经理的职能。

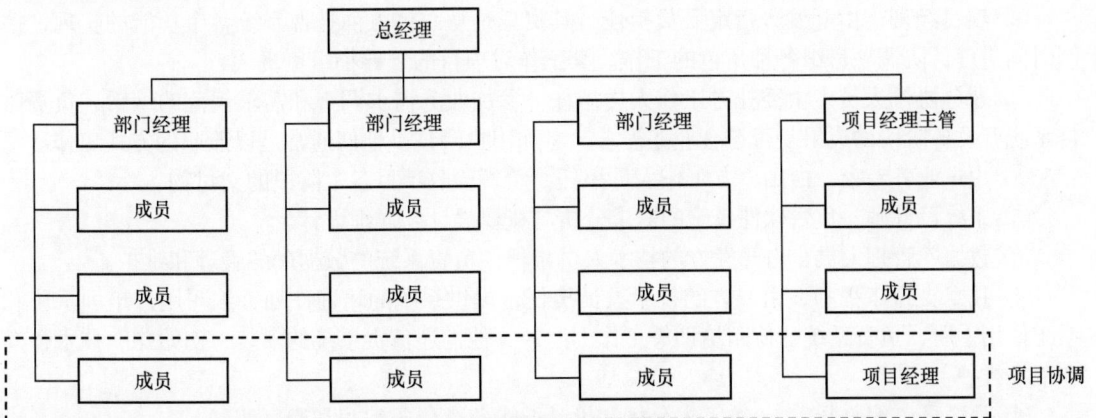

图 5.4　强矩阵组织结构示意图

矩阵型组织结构的优点和缺点如表 5.3 所示。

< 99 >

表5.3　矩阵型组织结构的优点和缺点

优点	缺点
① 项目经理是项目的负责人，对项目的整体实施和管理负有全权责任。这使得项目经理能够更加专注于项目的目标，确保项目的顺利进行 ② 矩阵型组织结构能够实现资源的共享和跨项目利用。各职能部门的成员可以根据项目需求进行调动和分配，提高资源的利用效率 ③ 矩阵型组织结构能够兼顾项目目标和公司目标。一方面，项目团队可以专注于项目目标的实现；另一方面，职能部门可以确保公司政策、方针在项目中的贯彻执行 ④ 矩阵型组织结构能够提供一定的稳定性，减少项目成员的后顾之忧。虽然项目成员可能同时隶属于多个组织，但在项目期间，他们可以专注于项目工作，并且兼顾职业发展前景	① 职能经理和项目经理之间可能存在冲突。这可能导致决策过程复杂化，降低工作效率 ② 由于资源共享，不同项目之间可能存在资源竞争和冲突。这需要项目经理和职能部门进行良好的协调和沟通，以确保资源的合理分配 ③ 项目成员可能同时受到项目经理和职能经理的领导。这可能导致项目成员在决策和行动时面临多重标准，工作难度增加

5.1.2　项目组成员角色

软件项目开发一般由不同组织结构的团队开展，团队中的人员一般会包含如图 5.5 所示的项目的不同角色，这些角色并不会在每个阶段都出现并参与工作，他们属于全过程的协作职能角色。

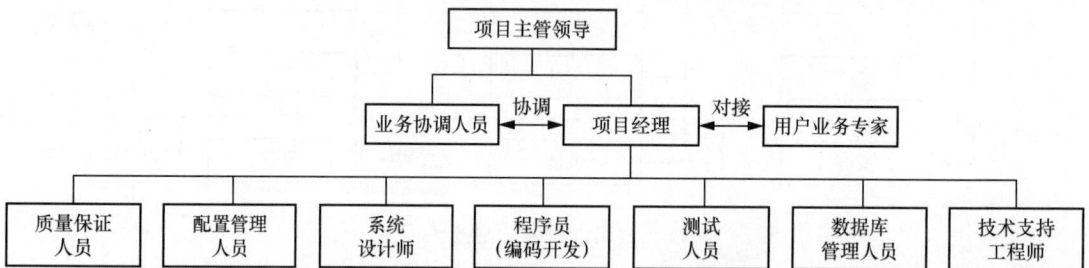

图5.5　典型的软件项目团队职能角色结构图

图 5.5 中软件项目团队职能角色及其职能如下。

① 项目主管领导，由双方领导担任，负责制订项目的目标、监督项目的总体进度和协调双方的关系，决定项目的人事、财务和工作计划。

② 项目经理，由开发方指定人员担任，其责任是从总体方面把握系统各个功能的实现，控制时间进度，协调项目组各种角色的工作。其工作对项目的领导小组负责。

③ 业务协调人员，由委托方工作人员担任，参加业务需求调查和需求规范的编辑，负责监督系统开发各阶段的成果是否符合业务需求，参加用户测试。他们通常是以兼职的方式工作。

④ 用户业务专家，由用户方工作人员担任，负责验收项目各个阶段的交付物。

⑤ 系统设计师，负责软件系统的需求分析与概要设计、详细设计。

⑥ 数据库管理人员，由开发方的技术人员担任，负责系统的数据库的管理和维护。

⑦ 技术支持工程师，由双方的技术人员担任，提供系统的培训计划，编写用户培训手册和系统使用手册，负责系统的使用培训等工作。此外，他们还负责系统的安装、初始化、技术咨询和现场维护工作。

⑧ 程序员（编码开发），按需求分析和设计要求负责代码编写和程序调试。

⑨ 质量保证人员，由开发方的技术人员担任，执行项目的质量管理过程。

⑩ 配置管理人员，创建和管理项目的软件配置，并维护和发布配置计划等。

⑪ 测试人员，由双方提供的工作人员担任，进行单元测试、集成测试、系统测试、用户测

< 100 >

试等，保证系统的质量。

5.1.3 责任分配矩阵

责任分配矩阵（responsibility assignment matrix，RAM），是为了达成项目的目标而对项目相关人员职责进行分配并取得一致意见的一项管理工具。通过线条、符号和简洁文字组成的图表，展示项目参与方的责任与利益关系。责任分配矩阵不仅易于制作和解读，而且能够明确地反映项目各工作部门或个人之间的工作责任和相互关系。

责任分配矩阵的主要作用是对项目团队成员进行分工，明确各自的角色与职责。通过将项目任务与团队成员相对应，清晰地展示了谁负责执行、谁批准、谁咨询和谁知情每项任务。因此，责任分配矩阵也称为 RACI 矩阵，相关的角色和职责描述如下所示。

① 负责执行者（responsible，R），即实际执行任务的人，负责确保任务的完成。

② 最终责任人（accountable，A），即对任务的完成负最终责任的人，通常是项目经理或部门负责人。一个任务只能有一个最终责任人。

③ 咨询者（consulted，C），即在任务执行过程中需要咨询的人，通常是具有相关知识和经验的人。

④ 知情者（informed，I），即需要了解任务进展情况的人，不需要直接参与任务的执行。

责任分配矩阵主要与 WBS 结合使用，可以覆盖 WBS 的每个层次。常见的责任矩阵有里程碑责任矩阵、项目分级的程序责任矩阵，以及日常活动责任矩阵。

作为矩阵图的一种形式，责任分配矩阵通常以组织单元为行、工作单元为列。矩阵中的符号表示项目工作人员在每个工作单元中的参与角色或责任。这种图表工具有助于确保每个团队成员都明确自己的职责以及了解自己在项目中的角色。编制责任分配矩阵的典型步骤如下。

① 确定工作分解结构中所有层次最低的工作包，将这些工作包填在责任分配矩阵的列中。这是构建责任矩阵的基础，确保每个工作包都在矩阵中得到明确反映。

② 确定所有项目参与者，将这些参与者填在责任矩阵的标题行中。这包括团队成员、各个部门或组织单位，确保所有相关方都被涵盖在内。

③ 为每个工作包指定一个主要负责人或团队，确保每个工作包都有明确的责任归属。

④ 为每个工作包指派其余的职责承担者。除了主要负责人外，其他参与该工作包的团队成员或部门也应在矩阵中明确标注，确保每个角色和责任都得到清晰界定。

⑤ 检查责任矩阵。在完成初步的分派后，需要进行检查，确保所有参与者都有明确的责任分派，同时所有工作包都已确定合适的责任承担人。这有助于发现潜在的遗漏或重叠，并进行必要的调整。

此处使用一个软件项目团队中部分角色作为例子展示 RACI 矩阵示例，其中使用 R、A、C、I 字母表示不同的责任。表 5.4 所示为本例中部分角色的 RACI 责任矩阵。

表 5.4 RACI 矩阵示例

任务	项目经理	需求分析师	设计师	开发工程师	测试工程师	技术支持工程师
需求	A	R	C	I	I	I
设计	A	C	R	C	I	I
编码	A	I	C	R	C	I
测试	A	I	I	C	R	I
部署	A	I	I	I	I	R

< 101 >

在上述示例中，项目经理对所有任务都负有最终责任（A）；需求分析师负责需求分析（R），并在设计阶段提供咨询（C）；设计师负责设计（R），并在需求和编码阶段提供咨询（C）；开发工程师负责编码（R），并在设计和测试阶段提供咨询（C）；测试工程师负责测试（R），并在编码阶段提供咨询（C）；技术支持工程师负责部署（R）。

在实际工作中，存在因员工特性导致责任分配矩阵难以落地的情况，以及责任部门间的互相推诿导致难以简单保障结果的问题。因此需要深入思考并确保责任矩阵真正结合了 WBS。在复杂的大型项目中，由于项目组人数众多、利益关系复杂，需要结合项目组织和 WBS，编制不同层级的责任矩阵，以满足不同层级管理利益相关的责任分配需求，准确地识别各个工作包的责任部门和角色，避免责任模糊和推诿。同时，不同层级的责任矩阵可以更好地满足各级管理层的需求，确保项目的顺利实施和成功完成。

为了确保责任矩阵的有效性，项目组还需要在制订过程中充分考虑员工的特性和利益关系。通过与员工进行沟通、了解其需求和能力，可以更好地分配工作任务和职责，激发员工的积极性和创造力。

5.1.4　项目沟通计划

项目沟通管理是对信息传递的关键要素进行系统整合的过程，它覆盖了信息内容、传递手段以及流程等多个维度，核心目标在于确保信息流畅、准确，以便团队成员能够全面理解项目政策，并彼此了解对方的观点和考量。在规划阶段，制订沟通计划至关重要。这一计划不仅明确了信息的需求者和他们的具体需求，如所需信息的类型和详细程度，还明确了信息的需求时机和频率。此外，沟通计划还详细描述了如何将信息分发和传达给目标受众，包括使用的媒介和渠道。

在制订沟通计划时，首要任务是确定合适的沟通方式。这些方式多种多样，包括书面沟通和口头沟通、语言沟通和非语言沟通、正式沟通和非正式沟通、单向沟通和双向沟通，以及网络沟通等，由于信息化技术的发展，当下最常用的是网络沟通的方式。选择何种沟通方式会受到多种因素的影响，如信息的重要性、紧急程度、外部环境、信息接收者的特点、已收到的反馈，以及项目所处阶段等。

在沟通过程中，站在他人的角度思考问题有助于建立更好的沟通关系。当沟通发生冲突时，解决的关键是正面应对问题，秉持共同解决和互相妥协的态度进行调和。这样的方法有助于建立更加和谐、有效的沟通机制。

编制项目沟通计划，主要包括沟通需求分类、联系方式的收集、工作汇报的方式（详细说明信息的收集渠道、分发渠道、沟通渠道）、项目文件的标准、计划表的维护。表 5.5 所示是一个项目沟通计划表示例。

表 5.5 中角色/人员名称可以为具体人名，也可以是角色。沟通级别需要根据项目设定的组织架构设置。沟通方式可以参考本小节后续的沟通方式的内容。归档文件需要写出文件名。归档人可为一人或多人。

项目沟通分为外部协调和内部沟通两部分。对于外部协调，应注意以下两点。

① 原则上由合同管理者负责与用户进行协调。为减少交流成本，项目人员也可直接与用户联系，但必须将联系内容通报合同管理者和项目助理，并由项目助理记录沟通记录。

② 为确保与用户的有效沟通，每周进行定期汇报，由项目管理者向用户详细说明项目的进展情况、后续工作计划以及任何涉及项目管理的问题。报告将通过电子邮件发送，但在紧急情况下，双方也可以通过电话进行沟通。

内部沟通主要是项目团队内部成员之间的信息交换和交流。有效的内部沟通是项目成功的重

< 102 >

要因素之一，它确保团队成员了解项目目标、进展、问题以及他们各自的职责和任务。如果项目采用了敏捷开发，那么内部沟通将会是非常频繁的沟通方式，如主要的 3 种沟通会议：每日站立会议（一般 15 分钟）、周期规划会议、周期复审会议。

表 5.5　项目沟通计划表示例

基本情况									
项目名称		计划制订日期		沟通计划审核人			审批日期		
沟通管理计划									
角色/人员名称	沟通级别	沟通需求			信息归档		信息发布			特殊事件
		所需信息	频度	方式	归档文件	归档人	发布方式	时间	发布人	发布人类型	
首席技术负责人	指导委员会级别	项目任务进展	每月	项目月汇报会议	项目月汇报	王某	电子邮件	会议后 2 个工作日	周某	……	无
张某	项目组级	周例会情况	每周	电子邮件	项目周例会会议纪要	李某	电子邮件	周例会后的 2 个工作日	李某	……	无

……

项目沟通通常通过建立沟通事件通报制度来确保项目管理的有效进行。事件包括与用户的电话记录、各方建议等。事件记录由项目助理负责，并于每周三和每周五提交项目管理者，用于向合同管理者汇报。现在除了传统的邮件、电话、文件、口头等沟通方式外，还有一些新型的沟通手段。

（1）传统沟通方式：邮件、电话及文件沟通

邮件沟通在项目实施过程中是使用最频繁的沟通方式，邮件沟通约定如下：邮件收件人为对邮件内容必须知晓或邮件必须反馈的人员。邮件抄送人为对邮件内容了解或对邮件可以反馈但不强制反馈的人员。邮件收件人和抄送人的顺序依据组织架构内容，同组的人员放在一起，组内职级高的人员决定小组位置，并列关系的组按先业务后信息的原则排列。

电话沟通要清晰无歧义。电话沟通的结果（如需要）可以以邮件方式记录后发给相关人员。

文件沟通特指通过纸质文件进行沟通的方式，在满足公司纸质文件流转规定的同时尽快推进。

口头沟通时，遇到争议暂无法解决的问题，先记录下来之后再讨论。口头沟通的结果（如需要）可以以邮件方式记录后发给相关人员。

（2）新型沟通方式：即时沟通工具、企业内部沟通工具、视频会议工具及项目管理软件沟通

现在项目沟通也常用 QQ 等即时通信工具进行消息传递和团队协作。还有腾讯会议等视频会议工具支持远程视频会议和网络研讨会。另外，有一些大型企业会使用自己的企业应用和流程管理软件作为专用的内部沟通工具。同时，也可能应用一些项目管理软件，此类软件集成了任务分配、进度跟踪和团队沟通功能。

5.2 配置管理

在软件开发过程中，随着项目的推进，各种内容经常发生变化。无论是需求方的想法、项目计划、

< 103 >

文档、代码还是数据，都可能发生变动，甚至可能出现文件被覆盖或合并的情况。为了确保这些变化得到妥善的管理，以最小化错误并提高生产效率，因此需要引入软件配置管理这一技术。

软件配置管理是一种标识、组织和控制修改的过程，旨在使错误降至最低，并最大限度地提高生产效率。软件领域的人员流动较大，如果没有配置管理，可能会导致软件关键部分的遗失，已修复的缺陷（bug）在新版本中再次出现；或者协同开发或异地开发可能会导致版本变更混乱，最终导致整个项目失败。

为了解决这些问题，加强管理是关键，而配置管理正是有效管理变更的重要手段。它是软件开发管理的核心，能够确保软件开发过程中的所有变更得到妥善的管理和控制。通过实施软件配置管理，可以更好地协调软件开发过程，减少错误和混乱，提高生产效率，确保软件项目的顺利完成。

软件配置管理是软件项目运作的一个支撑平台，如图 5.6 所示，软件配置的支撑贯穿着几乎软件的整个生命周期，人们也越来越重视软件配置的管理工作。

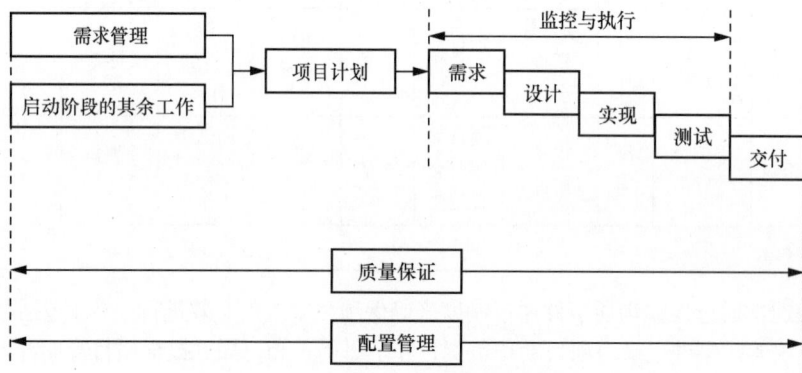

图 5.6 软件配置管理在项目全过程的作用

典型的项目配置管理的内容包括配置项的标识、配置管理环境建立、进行版本控制、变更控制、对配置进行审核、编写配置状态报告。

软件配置管理是软件开发过程管理的基础，也是整个软件生命周期的重要支撑和基础。为了有效实施软件配置管理，除了培养开发者的管理意识外，选择合适的软件配置管理工具也至关重要。软件配置管理可以分为 3 个层次的管理。

① 版本控制：主要应用于个人或小组的开发环境。它能控制任何文件的版本，实现分支和归并功能，进行文本比较，标记注释和报告版本信息。

② 以开发者为中心的变更需求管理：主要应用于部门级的开发环境。它适用于软件维护、不断增加的开发任务、并行开发、质量管理及测试等场景。这种管理方式主要面向大型团队，利于交流，能最大限度地利用人力资源。

③ 过程驱动：主要应用于企业级的开发环境。它着重解决新的工具引入、审核、管理报告、复杂的生命周期、应用工具包、集成解决方案、资料库等问题。这种方式旨在实现规范的团队开发。

5.2.1 软件项目配置项

配置项（configuration item，CI）的定义是纳入配置管理范畴的工作成果，软件的配置项简称为 SCI。配置项主要有两大类：一类是属于软件相关的内容，如系统规格说明书、软件需求规格说明书、设计规格说明书、源代码、测试规格说明书等；另一类是管理过程中所产生的各类文档，如各种计划、状态报告等。

< 104 >

每个配置项的主要属性有名称、标识符、文件状态、版本、作者、日期等。在软件能力成熟度模型中，配置项通常指的是与软件开发过程相关的文档，如计划、标准或规程。此外，软件需求、软件设计、软件代码单元、软件测试规程、建立的软件系统、交付给用户或最终用户的软件系统、编译程序以及其他支持工具也都属于配置项的范畴。

为了确保这些配置项的安全性和完整性，所有配置项都被保存在配置库中。这样可以有效避免混淆和丢失，同时记录每个配置项的历史记录，反映软件的演化过程。

5.2.2　软件项目基线

软件项目基线是软件生存期中各开发阶段尾期特定的点，它由一个或多个配置项组成。在软件项目基线中，配置项被"冻结"，不能随意修改。软件项目基线通常与开发过程中的里程碑相对应，一个产品可以有多个软件项目基线，也可以只有一个。软件项目基线的主要属性包括名称、标识符、版本、日期等。通常，交付给用户的软件项目基线被称为 Release，而用于内部开发的软件项目基线则被称为 Build。

随着软件开发活动的逐步深入，基线的种类和数量都将随之增加。对基线的修改要严格按变更控制要求进行，在一个软件开发阶段结束时，上一个基线加上增加和修改的基线内容形成下一个基线。

软件项目基线可能会因为各种原因发生变化，如用户需求变化、进度变更、成本变更或产品环境变化等。为了确保软件项目基线的稳定性和一致性，软件项目基线的修改（变更）应受到控制，即变更管理的控制。

变更管理也称为配置控制，是一种管理软件项目基线变更的机制。它确保了所有变更都经过适当的评估、批准和实施，以保持软件项目基线的完整性和准确性。通过有效的变更管理，可以降低因随意修改软件项目基线而导致的风险，并确保软件开发的顺利进行。软件项目基线的变更要经配置管理委员会授权，按正式的程序进行控制并记录修改的过程。具体见后续变更管理章节的内容。

5.2.3　配置管理人员

在配置管理中，可能会涉及不同职能角色人员的参与，其中软件配置控制委员会（software configuration control board，SCCB）是实现有序、及时和正确处理软件配置项的基本机制。SCCB 主要负责评估变更、批准变更申请、在生存期内规范变更申请流程、对变更进行反馈、与项目管理层沟通。对于一个新的变更申请，应该依据配置项和软件项目基线，将相关的配置项分配给适当的 SCCB，SCCB 从技术的、逻辑的、策略的、经济的和组织的角度，并结合基线的层次，评估基线的变更对项目的影响，并决定是否变更。另外，配置管理中还会涉及软件配置管理小组（software configuration management team，SCMT）这一职能角色，负责在软件开发过程中实施和维护软件配置管理（software configuration management，SCM）的各项活动。配置管理中涉及的职能角色或者组织及其职能描述如表 5.6 所示。

表 5.6　配置管理中涉及的职能角色或组织及其职能描述

职能角色	责任	职能
项目经理	负责整个软件项目的研发活动，根据 SCCB 的建议，批准配置管理的各项活动并控制它们的进程	① 制订和修改项目的组织结构和配置管理策略 ② 批准、发布配置管理计划 ③ 决定项目起始基线和开发里程碑 ④ 接收并审阅 SCCB 的报告

< 105 >

职能角色	责任	职能
软件配置控制委员会	管理软件项目基线，承担变更控制的所有责任	① 授权建立软件项目基线和标志配置/配置单元 ② 代表项目经理和受到基线影响的质量保证组、配置管理组、工程组、系统测试组、合同管理组、文档支持组等的利益 ③ 审查和审定对软件项目基线的更改 ④ 审定由软件项目基线数据库中生产的产品和报告
软件配置管理小组	负责协调和实施项目	① 创建和管理软件项目基线库 ② 制订、维护和发布 SCM 计划、标准、规程 ③ 标志置于配置管理下的软件工作产品集合 ④ 管理软件项目基线的库的使用 ⑤ 更新软件项目基线 ⑥ 生成基于软件项目基线的产品 ⑦ 记录 SCM 活动 ⑧ 生成和发布 SCM 报告
开发人员	负责开发任务	根据组织内确定的软件配置管理计划和相关规定，按照软件配置管理工具的使用模型来完成开发任务

在软件配置管理过程中，各个角色和任务的流程如下所述。

① 在配置管理计划设置阶段，项目经理和软件配置控制委员会确定里程碑和开发策略。软件配置小组根据软件配置控制委员会的规划，制订详细的配置管理计划，交软件配置控制委员会审核。最后软件配置控制委员会审核配置管理计划后将项目批准发布实施。

② 在软件项目的开发和维护阶段，软件配置小组完成管理和维护工作，如搭建配置管理环境、配置项的版本控制等；软件配置小组和开发人员具体执行软件配置管理策略，包括代码编写、版本控制、变更请求处理等。

③ 在软件项目中出现变更时，开发人员提出变更请求，软件配置控制委员会评估并决定是否批准变更，软件配置小组执行变更并记录变更信息。

5.2.4 配置管理基本活动

配置管理基本活动包括对软件项目中所有配置项（如源代码、文档、数据等）的识别、控制、状态跟踪和审计。这涉及为配置项分配唯一标识符，制订变更控制流程，记录配置项的状态和属性，以及定期进行审计以确保配置项的一致性和准确性。因此软件项目的配置管理流程基本如下。

① 配置管理计划制订。

② 配置项识别和标识，为每个配置项分配唯一的标志，建立配置项间的对应关系。

③ 配置管理环境搭建，包括配置管理库的建设和配置管理工具的采用。

④ 配置项的版本控制，确保访问控制和并行控制。

⑤ 配置项变更管理，对变更请求进行评估、批准和执行。

⑥ 配置审核，确保配置项与配置管理计划的一致性。

⑦ 配置状态统计，记录配置项的状态和变更历史。

1. 配置管理计划制订

配置管理计划过程的核心任务是明确软件配置管理的解决方案。这一计划由配置管理者负

< 106 >

责制订，它是软件配置管理规划的产物，并在整个软件项目开发过程中作为配置管理活动的指导原则。

配置管理计划的制订通常遵循以下流程。

① 项目经理确定配置管理者的人选。配置管理者参与项目的规划过程，为配置管理策略的制订提供专业意见。

② 配置管理者在规划过程中，制订详细的配置管理计划。该计划明确了配置管理的目标、范围、方法、资源和时间表等关键要素。

③ 完成后的配置管理计划提交给软件配置控制委员会进行审核。委员会对计划进行评估，确保其符合项目的需求和标准。

④ 如果配置管理计划得到委员会的批准，那么项目经理将其正式发布并实施。

在制订配置管理计划时，一个关键任务是确定需要控制的文档范围，这些文档可能包括需求文档、设计文档、代码文档和测试文档等，以确保在整个开发过程中对它们进行适当的控制和管理。

通过制订和维护有效的配置管理计划，项目团队可以确保软件开发的顺利进行，减少因文档不一致或版本冲突导致的问题，从而提高开发效率和质量。

2．配置项识别和标识

对配置项进行识别与标识是查询、识别和确定配置管理对象的过程。在识别配置项之后，对其进行标识是进行配置管理的关键步骤。以下是标识配置项的具体步骤。

① 将软件项目中需要控制的部分拆分成独立的软件配置项。这有助于明确各个配置项的职责和范围。

② 对所有配置项建立唯一的标识，以确保在管理过程中能够准确识别每个配置项。标识应遵循相关规定，以避免混淆和错误。

③ 建立配置项之间的对应关系，并进行系统的跟踪和版本控制。这有助于确保项目过程中的产品与需求和规格的要求相一致，并能够跟踪配置项的变更历史和版本状态。

④ 引入软件配置管理工具进行管理，将配置项按照一定的目录结构保存在配置库中。这有助于确保配置项的存储和访问符合规范，并能够实现有效的版本控制和变更管理。

⑤ 根据实际需求，将配置项组合生成适用于不同应用环境的软件产品评估版本。这有助于确保软件产品的完整性和正确性，以满足不同应用场景的需求。

通过持续的配置项监督和管理，项目团队可以确保软件开发的顺利进行，并及时发现和处理潜在的问题。有效的配置管理不仅有助于提高软件开发的效率和质量，还能降低错误和风险，确保软件产品最终能够满足用户的需求和规格要求。

3．配置管理环境搭建

在介绍配置项识别与标识的时候，提到了一个管理工具叫作配置库。配置库是管理配置项过程中为各类配置项建立的配置管理环境。软件配置管理库是用来存储所有基线配置项及相关文件等内容的系统，是在软件产品的整个生存期中建立和维护软件产品完整性的主要手段。通常有如下所述的 3 种库。

① 开发库：用于在开发周期的某个阶段，存放与该阶段工作有关系的信息。开发库也称为工作空间。

② 受控库：用于在开发周期的某个阶段结束时，存放该阶段产品及其相关的信息；配置管理对其中的信息进行管理。受控库也称为配置库。

③ 产品库：存放最终产品的软件库。

< 107 >

4．配置项的版本控制

版本控制的目的是按照一定的规则保存所有配置项的版本，避免版本丢失或混淆的情况发生。通过这种方式可以快速准确地查找任何配置项的版本。

通过版本的表示，可以指示出构成稳定的系统和可选择的应用领域或平台等信息，如mysql-3.23.52.win.zip，依次代表的含义为软件的名称、版本编号和运行平台。

配置项的状态有 3 种："草稿"状态、"正式发布"状态和"正在修改"状态。表 5.7 描述了这 3 种状态下通常的版本号规定方式。

表 5.7　配置项状态与版本号规定方式

配置项状态	配置项版本号规定方式
"草稿"状态	① 版本号格式为：0.Y.Z ② Y、Z 的数字范围是 01～99 ③ 随着草稿的完善，Y、Z 的值应递增，初始值和递增值由用户自行决定
"正式发布"状态	① 版本号格式为：X.Y ② X 为主版本号，取值范围是 1～9 ③ Y 为次版本号，取值范围是 1～9 ④ 配置项首次"正式发布"时，版本号为 1.0 ⑤ 如果配置项的版本升级幅度较小，通常只增大 Y 值，而 X 值保持不变 ⑥ 只有当配置项版本升级幅度较大时，才允许增大 X 值
"正在修改"状态	① 版本号格式为：X.Y.Z ② 当配置项正在修改时，通常只增大 Z 值，X.Y 值保持不变 ③ 当配置项修改完毕，状态重新成为"正式发布"时，将 Z 值设置为 0，并增加 X.Y 值

明确配置项在不同状态下的版本号规定，可以支撑软件开发的顺利进行，并提高开发效率。同时，这也是软件质量保证和版本控制的重要手段。图 5.7 所示为一个版本号变化序列的可能性。

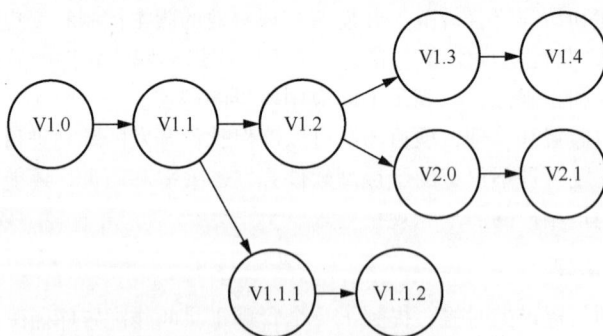

图 5.7　版本号变化序列的可能性

软件版本号为 V1.0 说明进入"正式发布"状态。当软件版本号从 V1.1 进入 V1.1.1 时，说明软件进入"正在修改"状态。这些变动可能包括局部函数的功能改进、bug 的修正或功能的扩充。由于这些变动通常不会对软件的整体架构或主要功能产生重大影响，因此只需要增加修订版本号即可，所以此时改动的序列号从 V1.1.1 到 V1.1.2。当版本号从 V1.2 进入 V2.0 时，软件的主版本号进行了更改，说明软件在架构或功能等方面有重大的变化。

因为配置项都由配置库进行统一管理，所以对配置项的版本控制体现为基于配置库的一系列"受控操作"。这是因为配置库是一个集中管理配置项及其相关文件的系统库，其中存储了所有相

< 108 >

关的配置管理信息和内容，它提供了对所存储文件（如文档、代码、设计文件等）的版本控制功能。这意味着可以追踪文件的变更历史，以及不同版本之间的差异。

因此"受控"体现为配置库中文件操作的锁定机制，这种锁定机制确保了文件的完整性和一致性。从配置库导出的文件会被自动锁定，以防止在文件重新导入之前对其进行更改。每当有新版本的文件被创建时，都会自动为其分配一个唯一的版本号。这有助于跟踪和管理不同版本的文件。在文件被锁定期间，任何对配置库中文件的更改都会被视为创建了一个新版本的文件。这意味着在文件重新导入并解锁之前，配置库中的文件内容是不能被修改的。

通过受控操作和这些严格的管理机制，可以确保软件开发的规范性和一致性，降低因随意修改而导致的问题和风险，从而提高软件开发的效率和品质。

配置管理基本活动的后面 3 项（配置项变更管理、配置审核、配置状态统计）与配置变更相关，属于项目执行和监控阶段的内容，将在后面相关章节进行讲解。

5.3 风险管理

做项目的过程是一个不断决策与做选择的过程，伴随着许多风险。软件行业人员流动性高就是一种风险，设想如果项目经理或者技术骨干辞职，那么导致的很可能就是项目失败。

表 5.8 所示是以一个软件项目团队开发过程案例来展示项目过程中的可能会出现的 4 种风险示例，该案例背景是：F 是某公司软件项目负责人，W 是某公司软件项目开发技术总监，开发小组有 A、B、C、D 四位员工，开发一个为期 6 个月的中小型项目。通过表 5.8 中的分析可以初步认识一些风险的应对和处理的思路。

表 5.8　软件项目团队开发过程风险示例

情景描述	分析
项目成功实施 1 个月后，D 临时告诉项目负责人 F，3 周后他会辞职去国外留学。D 的突然离职造成项目进度、人事交接等各方面受影响	负责人 F 需要考虑如何尽可能地避免由此给项目组带来的进度损失和工作交接问题等，以及一旦发生损失该通过哪些措施应对，以使损失最少
按照软件开发计划，3 月 31 日之前完成需求分析，由于对工作量估算过于乐观，F 发现需求分析无法在节点前完成	分析发现项目延误的主要原因在于制订的计划存在不科学和不准确的地方，导致在实施过程中难以有效控制进度。如果强行按照原计划执行，可能会遇到不可预见的问题和障碍。因此，必须对原计划进行重新分析和调整
在软件设计阶段，软件设计负责人 W 发现，用户需求中的某项需求（如将本地文件的内容显示在 Web 页面上）至今尚未找到解决的技术途径	需求的技术方案在设计阶段不明确，将直接影响软件项目的后续开发工作，影响到软件项目能否成功完成
在需求分析过程中，需求分析小组和用户在进行交流的过程中产生矛盾和争吵，用户表示不再配合该小组工作	人际关系的处理也将会对软件项目的实施产生影响，从而影响软件项目的进度，甚至会导致项目失败

可见，在对软件项目的管理过程中，各种临时发生的事件都可能是影响项目成败的风险事件。如果缺乏对风险的良好管理，项目团队很难保证按照计划在成本和进度范围内开发出高质量的软件产品，甚至会导致项目失败。因此，用合适的方法进行风险管理是至关重要的。

首先了解风险的定义。风险是一类事件的统称，一般将使软件项目的实施受到影响和损失，甚至导致失败的、可能会发生的事件称为软件风险，例如，人员的临时流失、计划过于乐观、设计过于低劣。风险事件最典型的特点为，事先难以确定是否发生和发生的类型，并且后期会造成损失甚至导致项目失败。图 5.8 所示为本书风险管理的主要内容。

< 109 >

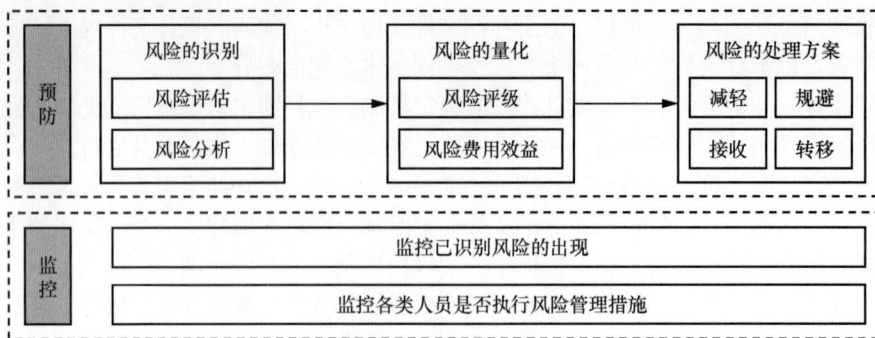

图 5.8　风险管理的内容

为了避免和减少风险带来的损失，对风险的管理应该贯穿项目开发过程。如图 5.8 所示，要尽量提前发现风险（称为风险识别），并对识别出来的风险进行评估和分析，评估风险发生的概率和可能会造成的损失；然后以评估和分析结果为基础对风险进行评级，计算处理风险的费用效益，判断是否有成本超过收益的问题等（称为风险量化）；量化后，针对风险要选择适当的处理方式，一般有 4 种方法，分别是减轻、接收、规避和转移（称为风险处理）。另外，在项目管理过程中，还应对识别出的风险进行监控，同时监控团队成员对风险管理措施的执行程度，这两者并行，需要管理者不断发掘可能出现的意外，并尝试实施相应的策略对其进行处理（称为风险监控），以上相应的风险的分析和应对风险的办法称为风险管理。如图 5.8 所示，风险的识别和风险的量化分析属于风险评估的范畴，对风险进行处理和监控属于风险控制的范畴。

5.3.1　风险识别

风险可能是项目风险、商业风险或者技术风险，这是说明风险涉及项目的每个范畴。在对风险进行识别前，需要了解软件项目开发过程中有哪些可能导致风险的原因。表 5.9 所示为软件项目不同范畴中可能导致风险出现的原因。

表 5.9　软件项目不同范畴中可能导致风险出现的原因

项目范畴	可能导致风险出现的原因
计划编制	① 计划的制订、资源的分配和产品的定义完全由用户或上层领导决定，忽略了项目组的意见，导致决策不一致 ② 计划中可能遗漏了一些必要的任务和活动，导致项目无法按计划顺利进行 ③ 计划的制订可能没有充分考虑实际情况，导致计划过于理想化或无法实现 ④ 计划可能基于特定的小组成员，但这些小组成员可能无法得到或不适合该计划 ⑤ 对产品规模的估算过于乐观，可能导致实际开发过程中出现超出预期的问题 ⑥ 对工作量的估算过于乐观，可能导致实际开发过程中进度延误和质量问题 ⑦ 由于进度的压力，生产率可能会下降，影响项目的整体进展 ⑧ 目标日期提前，但没有相应地调整产品范围和可用资源，可能导致项目无法按时完成 ⑨ 一个关键任务的延迟可能导致其他相关任务的连锁反应，进而影响整个项目的进度和质量
组织和管理	① 项目或企业缺乏强大且具有凝聚力的领导，导致方向不明确和团队动力不足 ② 项目团队因解雇员工而能力下降，影响项目进度和效果 ③ 预算的削减打乱了原定的计划，增加了实现目标的难度 ④ 仅由管理层和市场人员进行技术决策，导致项目进度延长，技术实施受阻 ⑤ 项目组组织结构不合理，降低了生产效率，影响项目推进

< 110 >

续表

项目范畴	可能导致风险出现的原因
组织和管理	⑥ 管理层审查和决策的时间比预期长，增加了项目延期的风险 ⑦ 管理层的某些决定打击积极性，影响了团队士气和工作效率 ⑧ 非技术性第三方的工作比预期时间长，如采购硬件设备等，导致整体进度受阻 ⑨ 项目计划性差，无法适应预期的开发速度，导致资源时间浪费 ⑩ 项目计划因压力而放弃，导致开发过程混乱无序 ⑪ 管理层过于依赖个人英雄主义，忽视客观确切的状态报告，降低发现问题和修正错误的能力
开发环境	① 所需的设施无法及时到位，导致项目进度受阻 ② 即使设施到位，也可能存在不配套的情况，影响设施的使用效果 ③ 开发工具未能及时提供，可能影响开发进度 ④ 实际使用的开发工具不如预期那样高效，可能需要开发人员花费更多时间，或者更换其他工具 ⑤ 开发工具的学习曲线比预期长，可能导致项目进度延迟 ⑥ 开发工具的选择并非基于技术需求，导致其无法提供计划要求的功能，需要进行调整或更换
最终用户	① 最终用户坚持提出新的需求，需要调整项目计划和资源分配 ② 最终用户对交付的产品不满意，可能要求重新设计和重做，增加了额外的工作量和时间 ③ 最终用户不购买项目产品，导致无法提供后续支持和服务，影响项目的长期效益 ④ 在产品开发过程中，最终用户的意见未被充分采纳，导致产品最终无法满足用户要求，影响用户体验和项目的成功
分包商	① 分包商未能按照承诺的日期交付产品，导致项目进度受阻 ② 分包商提供的产品质量低下，性能未达到预期要求，需要额外的时间和资源进行质量改进，增加了项目成本和风险，且影响了项目的整体效果和进度
用户	① 用户坚持新的需求 ② 用户对规划、原型和规格的审核/决策超出预期 ③ 用户没有参与规划、原型和规格的审核，导致需求不稳定，以及长时间的变更 ④ 用户答复的时间比预期的要长 ⑤ 用户坚持技术决策而导致计划延长 ⑥ 用户对开发进度管理过细，导致实际进度变慢 ⑦ 用户提供的组件无法与开发的产品匹配，导致需要额外的设计和集成工作 ⑧ 用户提供的组件质量欠佳，导致额外的测试、设计或者功能不完善 ⑨ 用户要求的支持工具与环境不兼容，性能差或者不完善，导致生产率降低 ⑩ 用户不接受交付的软件（当前软件满足所有的规格） ⑪ 用户期望的开发速度是开发人员所无法达到的
需求	① 需求已经成为项目基准，但仍在变化 ② 需求定义欠佳：不清晰、不准确、不一致 ③ 增加额外的需求
产品外部	① 错误发生率高的模块，需要更多的时间进行测试、设计和实现 ② 矫正质量低下的不可接受的产品需要更多的时间进行测试、设计和实现 ③ 由于功能错误，需要重新进行设计和实现 ④ 开发额外不需要的功能延长了进度 ⑤ 要满足产品规模和速度要求，需要更多的时间 ⑥ 严格要求与现有系统兼容，需要更多的时间 ⑦ 要求软件重用，需要更多的时间
环境	① 产品依赖政府规章，而规章的改变不可预期 ② 产品依赖草拟中的技术标准，而最后的标准不可预期

< 111 >

项目范畴	可能导致风险出现的原因
人员	① 招聘所需人员的时间比预期要长，导致项目进度受阻 ② 作为人员参与工作的先决条件（如培训、其他项目的完成等）未能按时完成，影响人员的及时就位 ③ 开发人员与管理层关系不佳，导致决策迟缓，影响全局 ④ 项目组成员没有全身心地投入项目中，无法达到所需的产品功能和性能需求 ⑤ 缺乏激励措施，导致团队士气低下，降低生产能力 ⑥ 缺乏必要的规范，导致工作失误、重复工作，降低工作质量 ⑦ 缺乏工作基础（如语言、经验、工具等），增加了项目难度 ⑧ 项目结束前，项目组成员离开项目组，影响项目的连续性 ⑨ 项目后期加入新的开发人员，要额外培训和沟通，降低了开发效率 ⑩ 项目组成员不能有效地在一起工作，影响团队协同作战能力 ⑪ 项目组成员之间的冲突，导致沟通不畅、设计欠佳、接口错误和额外重复的工作 ⑫ 有问题的项目组成员没有调离项目组，影响其他成员的积极性 ⑬ 项目组的最佳人选没有加入项目组，或者加入项目组但没有合理使用 ⑭ 关键任务只能由兼职人员参与，对项目的专注度和效率造成影响 ⑮ 项目人员不足，无法满足项目需求 ⑯ 任务的分配和人员的技能不匹配，影响工作效率和质量 ⑰ 人员工作的进展比预期的要慢，影响整体进度 ⑱ 项目管理人员怠工导致计划和进度失效 ⑲ 技术人员怠工导致工作遗漏、质量低下，工作需要重做
设计和实现	① 设计考虑不够全面仔细，导致重新设计和实现 ② 设计过于复杂，影响效率 ③ 设计质量低下引发的返工 ④ 新技术方法使用，导致额外学习培训成本 ⑤ 低级语言编写产品，导致效率低下 ⑥ 分工作业在集成阶段出现问题，要重新设计和实现
过程	① 项目跟踪管理的不精确性可能导致无法准确评估项目的进度偏差 ② 初期的质量保证措施不符合实际工作，导致后续阶段返工与修正 ③ 质量监控不准确，不能及时发现和应对影响项目进度的质量问题 ④ 缺乏对标准操作程序的严格遵循，引发沟通障碍、质量缺陷及重复性工作 ⑤ 风险管理的疏忽，漏掉对关键项目风险的识别

　　了解项目阶段常见的风险之后，进行风险识别的操作则需要针对项目的特征，考虑哪些风险需要纳入项目的风险管理，这些风险是怎样引起的，以及风险的严重程度如何。

软件项目风险识别

　　常见的风险识别方法如下。

　　（1）风险条目检查表

　　风险条目检查表是一种基于累积经验和历史数据构建的风险识别工具，旨在通过系统性检查识别项目可能出现的多种潜在风险。该方法通过创建一个详尽的风险列表来对照识别风险条目，包括历史上类似项目中出现过的风险事件，这些事件体现出了项目风险管理的深厚经验。将该列表作为风险识别的基础，不仅有助于项目管理人员扩展思维和启发灵感，而且能够通过列出与风险因素相关的具体问题，促使管理者集中注意力识别在常见类型中的已知及可预测风险。

　　在研究中发现软件项目中存在一些常见的风险点，如人力资源不足、不切实际的人员与成本估算、需求晚期变更、外部组件的缺陷等。采用检查表法识别风险的主要优势在于其操作的迅速

性和简便性，该方法允许项目团队进行逐项对照和排查，从而辅助风险的识别过程。

风险条目检查表法最大的问题在于其标准化的特点，这可能导致难以覆盖到每个项目的独特性和特定需求。因此，虽然检查表法对于识别通用和预测性风险非常有效，但对于那些独特的或未曾记录的风险则缺乏必要的敏感性。

（2）情景分析法

这是一种基于系统内外部因素的全面分析，进而构建潜在未来情境的风险预测工具。这种方法通过识别影响项目发展的关键趋势和变数，设计出不同的预测情境，并编写脚本，详细描绘从项目开始到结束可能出现的各种情形和发展过程。情景分析法特别适合受多变因素影响显著的项目，以假设关键影响因素可能出现的变化为基础，创建了多种可能的未来情境和结果。

这种方法的核心在于明确哪些关键因素将影响项目，并对其展开深入分析。通过这样的分析，项目团队能够预见到不同情境下可能出现的结果，并据此制订预防措施，从而有效规避或降低潜在风险。情景分析法不仅帮助项目管理者认清最坏的情况，也有助于探讨最佳情景下项目的潜在机遇，因此是一种前瞻性和战略性的风险管理工具。

（3）头脑风暴法

头脑风暴法通常由项目团队主导，也可以邀请跨学科专家参与，最终通过讨论获得一份全面的风险清单。参与者集思广益，共同探讨项目的潜在风险。首先，以风险类别作为基本框架，对各种风险进行分类和整理。然后，进一步明确和定义这些风险，确保每个风险都被清晰地界定和描述。在头脑风暴过程中，采用会议形式，团队成员依次提出自己的观点和建议。需要注意的是，不应对他人的发言进行评价或回应，以保持讨论的自由和开放性。

（4）德尔菲法

德尔菲方法，也被称为专家调查法，本质上是一种采用匿名反馈的函询方式进行风险识别的方法。在进行软件项目的风险识别时，该方法首先将项目的相关情况匿名地提供给若干专家，收集他们的意见和建议。然后，对这些意见进行汇总、整理和统计，并反馈给各专家。通过这样的反复 4～5 轮的反馈和征求意见的过程，专家的意见逐渐趋向一致，并可作为最终预测和识别风险的依据。这种方法的好处在于可以避免直接面对面的交流带来的主观影响，使专家的意见能够更加客观和准确地反映实际情况。

（5）SWOT 分析法

SWOT 分析（strengths，weaknesses，opportunities，threats analysis）是一种全面系统的分析工具，通过评估项目的优势、劣势、机会和挑战，从多个角度识别项目风险。这种分析方法将外部环境和项目本身的优缺点相结合，形成一种动态的矩阵，即 SWOT 表矩阵，如表 5.10 所示。

表 5.10　SWOT 表矩阵

	优势 S 列出优势	劣势 W 列出劣势
机会 O 列出机会	SO 战略 利用机会展现优势	WO 战略 利用机会克服劣势
威胁 T 列出威胁	ST 战略 利用优势回避威胁	WT 战略 减少劣势回避威胁

SWOT 分析的优点在于能快速地识别出对自己有利的和需要避免的风险因素。通过有条理的层次分析可以得出相应的结论，从而帮助管理者做出更明智的选择。然而，这种分析方法也存在一些缺点，例如，各指标的界定难度，以及管理者的知识结构、态度和信念的不同等，可能会对分析结果产生影响。因此可以考虑结合德尔菲法来为各项指标赋值，有效地消除个人偏见对分析结果的影响。

例如，按照 SWOT 分析的结果（计算 SO、WO、ST、WT 策略的分值），当 SO 大于 WT 时，可以认为此时的机会大于威胁，该项目成功的概率大于失败的概率。这同样也意味着，在把握机会的同时，解决项目面临的风险挑战和问题，才能更好地推动项目的成功。

（6）故障树分析法

故障树分析（fault tree analysis，FTA）法是一种图解方法，用于将大型风险分解为各种较小风险，或者对各种引起风险的原因进行详细分析。这种工具在风险识别中非常有效，能够帮助人们更全面地了解潜在的风险因素。故障树利用树状图的方式，将项目风险从宏观到微观、从大到小进行分层展示，使得所有可能的风险因素清晰可见，关系明确。与故障树相似的还有概率树和决策树等方法，它们都遵循类似的逻辑，帮助人们更好地理解和评估风险。

5.3.2 风险分析

识别风险后，要对风险进行风险分析。风险分析的目的是确定风险先后顺序、确定风险因果关系以及考虑风险之间的转化条件。风险分析的结果是通过分析风险发生概率、造成的损失大小以及风险的危险度，能够给出过程中某个危险发生的概率和后果的性质及概率，这个概率具有主观性。现在通常也有人工智能系统辅助决策来提高判断的准确性。

（1）风险发生的概率

概率的判断主观性较强，对每种风险的表现、范围、时间和造成损失要进行评估，估计风险发生的可能性或概率，用 0～1 的一个具体值来表示。概率的判断通常需要选择熟悉系统、有经验的多人参与，独立评估，综合个人的分数进行折中。

风险概率的分类一般为 5 类：非常可能（0.8～1.0）、很可能（0.6～0.8）、或许（0.4～0.6）、不太可能（0.2～0.4）、不可能（0～0.2）。表 5.11 所示为风险（此处选择 5 种软件项目的常见风险）概率识别结果。

表 5.11　风险概率识别结果

编号	风险名称	发生概率
1	需求分析过于主观	50%
2	网络数据获取量达不到要求	5%
3	由于用户决策人变更而增加额外的需求	35%
4	××子系统接口不稳定	25%
5	人员连续性低于平均水平	55%

（2）风险损失的判定

可以基于"进度"、"成本"或者"工作量"，对每种风险的表现、范围、时间和造成损失进行评估，估计风险发生后引起的后果，也采用 0～1 的一个具体的值来表示概率，损失的工作量以人周来表示。表 5.12 所示展示了风险损失的识别结果，在表 5.11 的基础上增加了损失的计算结果。

表 5.12　风险损失的识别结果

编号	风险名称	发生概率	损失（人周）
1	需求分析过于主观	50%	5
2	网络数据获取量达不到要求	5%	20
3	由于用户决策人变更而增加额外的需求	35%	8
4	××子系统接口不稳定	25%	4
5	人员连续性低于平均水平	55%	15

<114>

（3）风险危险度的确定

风险危险度 = 风险概率 × 风险损失。由此可以计算得到风险危险度的值。表 5.13 所示是在表 5.12 的基础上增加了危险度确定的结果。

表 5.13 风险增加了危险度确定的结果

编号	风险名称	发生概率	损失（人周）	危险度（周）
1	需求分析过于主观	50%	5	2.5
2	网络数据获取量达不到要求	5%	20	1.0
3	由于用户决策人变更而增加额外的需求	35%	8	2.8
4	××子系统接口不稳定	25%	4	1.0
5	人员连续性低于平均水平	55%	15	2.25

得到风险的评估表后，可以对风险进行定量风险评估，量化分析每一个风险的概率及其对项目造成的后果，以及项目总体风险的程度。这个方法可以帮助分析项目不同路径下不同风险的影响，对项目采用的方法进行辅助决策。

在量化分析中，一个重要的方法是预期损益值（expected monetary value，EMV）。这种方法通过计算每个分支的 EMV 作为度量指标，帮助决策者评估项目的不同分支。

EMV 的分析可以利用决策树方法来展示分析的过程。决策者可以根据各分支的预期损益值中的最大者（或最小者，取决于决策目标）作为选择的依据。预期损益值是通过将损益值与事件发生的概率相乘来计算的，这种方法有助于项目团队综合考虑风险和收益，从而做出更明智的决策。

计算公式为：

$$EMV = 损益值 \times 发生概率$$

例如，某行动方案成功的概率是 70%，收益是 20 万，则 EMV=20×75%=15 万。

在上述风险指标确定后，可以列出风险最终的评估表，如表 5.14 所示。该表还需要确定风险的优先级（排序属性），为后续制订风险计划提供优先处理的风险数据。

表 5.14 风险评估表

序号	风险	概率	损失	危险度	排序
……	……	……	……	……	……

5.3.3 风险处理

风险处理应对是根据风险评估的结果，制订相应的应对措施，以消除或减少风险造成的不良影响。在制订风险处理方案时，必须充分考虑风险的严重程度、项目的目标以及应对措施所需的花费。为了做出综合决策，需要选择适当的应对措施。风险处理策略和措施的制订，旨在应对、减少乃至消除风险事件的发生，从而确保项目的顺利进行。风险应对的主要策略有 4 种。

（1）回避风险

回避风险是对可能发生的风险尽可能地规避，采取主动放弃或者拒绝使用导致风险的方案。例如，完全放弃采用新技术，就将该风险发生概率降为零。这种方式比较简单直接。

回避风险的注意事项如下。

① 对风险要有足够的认识。

② 当其他风险策略不理想的时候，可以考虑使用该策略。

③ 可能产生另外的风险。

④ 存在无法回避的风险，对于用户需求变更这类风险就不适用。

< 115 >

（2）转移风险

转移风险旨在避免承担风险损失。通过有意识地转嫁损失或与损失相关的财务后果，可以降低潜在风险的影响。对于那些评估为高风险且团队难以控制的因素，可以选择转移风险作为处理策略。通过合同条款，将风险转移给第三方，如供应商、承包商或其他合作伙伴。购买保险也是一种常见的风险转移手段，通过支付保险费用，将潜在的财务损失转移给保险公司。这些措施旨在缓解风险，降低潜在损失，确保项目的顺利进行。

（3）缓解风险

在风险发生之前，缓解风险的措施旨在降低风险发生的可能性或减少风险可能造成的损失，减轻潜在风险的影响。例如，为了防止人员流失，组织可以提高员工待遇、改善工作环境，以降低人员流失的风险；为了防止程序或数据丢失，组织可以采取定期备份等措施，以降低数据丢失的风险。

（4）接受风险

接受风险是项目团队在对风险本身及其所产生的影响做出承担，当风险不可避免，或者采取其他策略的成本超过风险发生后的损失时，项目团队会选择接受风险。这种策略包括主动接受和被动接受两种方式，下述是这两种方式的描述。

① 在风险识别、分析阶段已对风险有了充分准备，当风险发生时马上执行应急计划，这是主动接受风险。

② 风险发生时再去应对是被动接受风险的一种方式，在风险事件对软件项目的整体目标造成影响较小以及风险事件造成的损失数额较小时，风险的损失可以成为软件项目的一种成本。

此处给出处理"人员频繁流动"这个潜在风险的示例。基于过去的数据和经验，项目经理估计人员流动的可能性为70%，这可能导致开发时间和成本分别增加12%和15%，为了缓解这一风险，项目经理可以与现有团队成员进行深入交流，尽量提前把控人员流动的主要原因。同时在项目启动阶段，提前制订应对人员流动的策略，建立高效的项目组织和通信渠道，保持信息同步。例如，可以通过制订文档标准和相应的文档管理机制保证项目文档的及时更新，同时及时地对所有工作任务进行细致的评审和规划，确保大多数团队成员能够按照计划进度完成各自的任务，降低人员流动对项目进度的影响。

5.3.4 风险监控

风险监控是对已识别风险源的监视与控制，以及在项目实施过程中对员工执行风险管理措施的监督控制。建立项目风险监控体系，需要制订风险管理的方针、程序、责任制度、报告制度、预警制度和沟通程序等，以确保对项目风险的全面控制。通过持续的监视和控制，项目团队可以及时发现潜在的风险，并采取适当的应对措施，从而确保项目的顺利进行。

1．风险监控方案

风险监控方案实施的前提是需要建立有效的风险监控组织机构。

首先需要设置风险管理岗位。在软件开发项目管理过程中，应专门设立风险管理岗位，其主要职责是在项目规划和评估阶段，从风险管理的角度对项目规划或计划进行审核并发表意见。这一岗位的核心任务是不断寻找潜在的意外情况，指出各种风险的管理策略及常用的管理方法，以便在风险出现时能够及时处理。理想情况下，风险管理岗位的人员应由项目团队以外的专业人士担任，2~3人即可。

此外，为提高项目的管理水平，可以考虑设置双项目经理制度。这种制度下，项目将配备两名项目经理，一名专注于技术方面，另一名则专注于管理方面。目前，国内软件开发企业的项目经理通常是一名技术出身的人员，他们擅长技术研发，但在管理方面可能存在不足。通过引入专

< 116 >

门负责管理的项目经理，可以弥补技术出身的项目经理在管理方面的不足，从而提升整个项目的管理水平。此类经验已经得到了业界的广泛认可。

风险管理过程是一个持续的学习和改进的过程，包括培训、风险识别、风险分析、风险计划、执行计划和跟踪计划等活动。为了实现有效的风险管理，企业应建立自己的风险管理数据库作为风险管理的基础，并在实施中不断地更新和完善。

根据企业和项目的实际情况，建立行之有效的风险管理的规程，进行科学的项目风险控制，对项目的成功研发有着举足轻重的意义。在项目开发的过程中，项目团队应进行必要的项目风险分析，制订符合项目特点的风险评估和监控机制，特别是要定期对项目的风险状况进行评估和监管，发现意外风险或者是风险超出预期的一定要重点关注。发现问题立即上报，尽快解决。项目团队还应建立风险监管日志，实行"岗位负责制"，将软件开发项目的风险降到最低。下述的风险管理措施可以作为参考。

① 在制订项目计划时，应将风险管理作为一个重要组成部分，制订详细的风险管理计划，包括风险识别、分析、应对和监控的策略及措施。

② 为了确保风险管理的有效实施，可以任命一名专门的风险管理负责人，负责监督整个风险管理过程，并与项目团队密切合作，共同应对和监控项目中的风险。

③ 为了方便管理和监控，可以创建一个 Top 10 风险清单，列出项目前十大风险，并随时关注这些风险的状况和应对措施。

④ 为了鼓励员工积极参与风险管理，可以建立匿名风险汇报渠道，让员工能够安全地报告潜在的风险和问题，从而及时发现和处理风险。

2．风险监控计划

风险监控计划的作用在于为风险管理人员提供监控风险的依据，以及发生风险后的应对措施。风险监控计划里面应该包括前期识别出来的风险，对风险的评估，以及各种风险处理的方式。总之，风险监控计划主要应该包括下述内容。

① 风险应对计划（Top 10 清单），示例如表 5.15 所示。

② 进行风险管理的相应组织或者人员的岗位职责。

③ 风险管理的时间。

④ 应对风险的预算。

⑤ 风险追踪的方案和记录方式。

表 5.15　风险应对计划示例

任务	危险级别	可能的风险	产生阶段	产生的原因	避免的措施	处理方式
管理系统设计	较高	技术风险	系统设计	对××平台技术的掌握程度和经验的欠缺	在系统设计前请 TeMIP 专家进行相关培训	应更换实现技术
……	……	……	……	……	……	……

5.4 质量保证管理

软件质量管理在软件项目管理中占据着至关重要的地位。这一过程作为一项独立的审查活动，贯穿于整个软件开发流程。软件质量是项目管理的三个核心目标之一，而成本和时间这两个目标都以质量为基础。因此，软件项目管理的优劣直接关系到最终产品能否通过验收、项目能否顺利结束。质量是软件产品和软件组织的生命线，而软件质量管理是维护这一生命线的关键。但是关于质量保证要建立一个概念，那就是质量是有成本的，质量成本包括预防成本、评估成本和失效成本，因此质量的成本可能在整个项目的成本中的比重并不低，但是削减质量成本是最不明智的做法，因为低质量软件会增加安全风险，导致其他方面的成本增加。另外一个概念是软件质量常受到管理决策的影响，包括估算决策、进度安排决策、面向风险的决策。即使再合适的软件工程项目也能被糟糕的商业决策和有问题的管理活动破坏。

软件质量管理是软件开发过程中的核心环节，主要涵盖了以下内容。

首先，需要制订项目的质量方针和质量保证的管理标准。基于这些标准，可以进一步制订相应的保证计划和方案，确保软件开发过程中的各个环节都能满足质量要求。其次，建立一套完善的评审制度也是至关重要的。这一制度能够确保质量检测得到严格执行，从而及时发现并纠正潜在的问题。

在质量管理过程中，质量控制人员起到了至关重要的作用，他们不仅负责检查开发和管理活动是否符合既定的过程策略、标准和流程，同时还需要检查工作产品是否遵循了模板规定的内容和格式等要求。

具体到软件质量管理的各过程，可以将其细分为以下 3 个主要方面。

① 规划质量：这一过程旨在识别项目及其产品的质量要求和标准，并形成书面描述，以确保项目能够达到这些要求和标准。

② 实施质量保证：通过审计质量要求和质量控制测量的结果，确保所采用的质量标准和操作性定义是合理的。

③ 实施质量控制：控制过程主要是监测并记录执行质量活动的结果。通过对结果的评估，可以判断绩效是否符合预期，并据此提出必要的改进建议。

另外，结合软件开发项目的特殊性，软件项目质量管理的主要内容包括编制软件项目质量计划、软件质量保证和软件质量控制 3 个方面。

软件项目质量计划的主要任务是结合公司的质量方针、产品描述以及质量标准和规则，通过效益分析、成本分析和流程设计等手段，制订出具体的实施方案。这一计划全面反映了用户的需求，为质量小组成员提供了有效的工作指南，同时也为项目小组成员以及项目相关人员提供了在项目中实施质量保证和控制的依据。软件项目质量计划为项目质量打下坚实的基础保障。

软件质量保证是贯穿整个项目全生命周期的有计划和系统的活动。它通过定期对软件项目质量计划的执行情况进行评估、检查和改进等工作，确保软件项目质量与计划保持一致。软件质量保证的目标是向管理者、顾客或其他相关方提供信任，确保项目的质量得到有效的保证。

软件质量控制是对阶段性的成果进行检测和验证的过程，其目标是确保软件项目质量达到预期的要求。软件质量控制可以采用计划—执行—检查—纠正（plan-do-check-act，PDCA）循环过程，关注关键过程和阶段成果的质量，采取适当的措施解决存在的问题，并持续改进整个过程，得到的评估结果也为质量保证提供了参考依据。

软件项目的质量管理不仅涉及各个相关方，而且各相关方之间存在既对立又统一的关系。无论是从软件项目质量管理的主体还是客体角度来看，这项管理过程都是一个完整的体系。因此，在软件质量管理过程中，应采用系统分析的方法，以整体性和统筹性思维对软件项目质量进行系统管理，力求达到最优效果。

本节质量管理的内容将围绕启动和规划阶段的软件质量计划展开。

5.4.1 质量要素及标准

编写软件质量计划之前，本小节先通过 ISO 9126 中的软件关键质量属性，来定义软件项目质量是什么。ISO 9126(Information Technology-Software Product Evaluation-Quality Characteristics and

< 118 >

Guidelines for Their Use 9126）标准标识出了软件的 6 个关键质量属性。这 6 个质量属性如下所述。

① 功能性：软件满足已确定要求的程度。

② 可靠性：软件可用的时间长度。

③ 易用性：软件容易使用的程度。

④ 效率：软件优化使用系统资源的程度。

⑤ 维护性：软件易于修复的程度。

⑥ 可移植性：软件可以从一个环境移植到另一个环境的容易程度。

其中软件的可靠性可以解释为在特定环境和特定时间内，计算机程序不失败地运行的概率。例如，程序在 8 小时处理时间内的可靠性估计为 0.96，这意味着，若程序执行 100 次，每次运行 8 小时处理时间，则 100 次中正确运行（无失效）的次数可能是 96 次。

这 6 条质量要素，还对应着 21 条评价准则，图 5.9 所示展示了评价准则的概要描述及其与质量要素的对应关系。

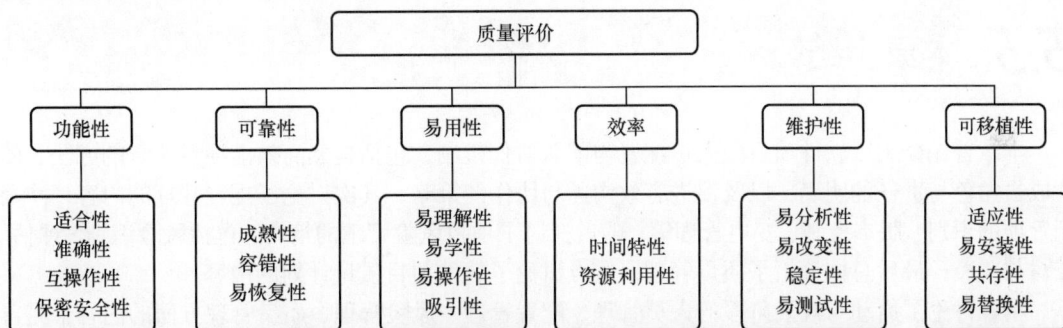

图 5.9　评价准则的概要描述及其与质量要素的对应关系

评价准则和质量要素看起来很形似，都是对特性的描述，但是评价准则实际上是围绕各个质量要素开展的。

5.4.2　软件项目质量计划

好的质量规划是软件项目成功的关键，所以需要制订一个完善的软件项目质量计划。

在 5.4.1 小节已经给出了软件的质量要素和评价准则，软件项目可以根据需求，首先在计划中明确衡量软件项目质量的标准。一般会将软件项目的质量与其质量基准进行比较，从而衡量质量的高低，为基准对照提供改进的思路，或者提供量度的标准。

在制订质量规划时，需要考虑与质量相关的需求，这些需求需要在产品中实现，并保证用于构筑产品的项目过程。因此需要判断哪些质量标准与本项目相关，并决定应如何达到这些质量标准。这需要与项目团队、用户和其他利益相关者进行沟通，以确保每个人都对质量标准达成共识。

同时，这份计划也是软件的项目管理计划的一部分，一般在项目的规划时处理。此外，质量规划还需要考虑如何管理和控制质量，包括制订质量控制计划、质量保证计划和更改控制程序等。

制订软件项目质量管理计划包含如下主要内容。

① 项目质量标准。明确项目的质量标准，包括与项目相关的各个质量要素的详细分析以及期望达到的质量目标。这有助于确保项目团队对"高质量"的定义有一个清晰的认识。

② 人员与职责分配。建立与质量管理相关的组织架构，并明确每个成员的职责。这有助于确保所有相关人员都清楚自己的任务和责任，从而在质量管理过程中更好地协作。

③ 同级评审计划。制订同级评审计划，描述在不同软件生命周期开发阶段，针对不同工作产品所采用的同级评审类型。通过同级评审，可以及早发现和纠正潜在问题，提高软件质量。

< 119 >

④ 软件测试计划。根据项目测试过程，制订详细的测试计划，包括对可执行文件/模块或整个系统将要进行的各种测试。测试计划有助于确保软件的功能和性能符合预期要求。

⑤ 度量管理计划。根据组织级的度量过程，制订项目度量管理计划。通过度量数据的收集和分析，可以评估项目的进度、工作产品和过程的有效性，为持续改进提供依据。

⑥ 缺陷预防计划。项目团队应与管理、开发和测试人员合作，共同制订缺陷预防计划。该计划应包括预防已识别缺陷再次发生的措施、工具和技术，确保软件的稳定性和可靠性。

⑦ 过程检查改进计划。项目团队应将项目及过程检查改进的机会记录到过程改进计划中。这些机会主要来源于度量分析、缺陷预防分析和标识出的好的或可避免的实践。

总之，好的软件项目质量规划需要与团队、用户和其他利益相关者密切合作，明确质量标准，并制订相应的计划和管理程序来确保项目的质量，才能制造高质量的产品，实现软件项目的成功。软件质量控制和保证的内容将在执行和监控阶段展开阐述。

5.5 本章小结

本章首先介绍了软件项目中人员配置与团队协作机制，包括构建高效能项目团队的方法，团队成员角色与责任的明确，以及促进有效沟通与协作的策略；其次讨论了配置管理的内容，涉及配置项的识别、版本控制、变更管理等；随后探讨了项目风险管理的策略，包括风险识别、评估、应对与监控；最后总体分析了质量管理，重点讨论了软件项目质量计划的内容。

本章讨论了启动与规划阶段的人员管理、配置管理、风险管理、质量管理方面的内容，完善了本阶段的项目管理框架搭建，同时也为读者学习后续章节奠定了坚实的基础，特别是在人员绩效管理、变更控制、质量保证与控制等方面提供了必要的理论支撑。

5.6 习题

一、简答题

1. 团队人员组织架构有哪几种类型？特点分别是什么？

2. 什么是软件配置项？软件配置项主要有几类？分别包含哪些内容？

3. 基线的概念是什么？

4. 在实施阶段配置管理主要包括哪些活动和过程？

5. 目前配置管理工具分为哪几个级别？

二、实践题

1. 假设你是一家软件开发公司的项目经理，你领导一个 8 个人的开发团队，软件开发项目是为一家零售连锁店开发一个库存管理系统。请完成下面的内容设计。

① 项目人员计划，包括团队的组织结构、人员的角色分工、人员任务。

② 沟通计划，包括沟通需求、沟通形式、沟通渠道、沟通负责人。

③ 目前项目还处于前期市场调研阶段，请根据自己的理解对项目进行风险识别。

2. 某公司考虑引进一款新型电子产品。市场调研显示，如果该产品受到市场欢迎，销售成功的概率为 70%，届时将为公司带来 80000 元的利润；但如果市场需求不足，亏损会达到 30000 元，计算引进该产品的预期损益值（EMV）。

< 120 >

第 **6** 章 执行和监控阶段的项目管理（一）

——项目总控视角

在前期启动和规划阶段的各项计划制订完成之后，项目管理就会随之进入执行和监控阶段相应的管理，同时，对于项目本身，也会从立项的阶段进入软件的需求分析阶段。本章从项目总控的宏观视角描述在执行和监控阶段涉及的软件项目管理的相关工作。

本书便于理解和章节结构搭建，把需求分析开始的软件项目管理典型过程完全放在了执行和监控阶段进行项目管理知识点的阐述，但是事实上软件项目需求分析开始得可能更早，甚至于测试活动也有可能更早地出现。

本章学习目标

① 理解项目监控的内涵与重要性，包括对进度、成本、质量、范围、风险等多个维度的全面监控，认识到有效监控对及时发现问题和调整计划的必要性。

② 通过介绍过程检查改进计划和配置审核，使读者了解变更管理的规范程序。

③ 掌握项目监控的方法，包括实施整体变更控制、核实和控制范围、控制进度、控制成本、实施质量控制、报告绩效和监控风险等。

6.1 项目执行与监控概述

项目执行与监控
概述

在项目的启动和规划阶段，既然已经为项目制订了详尽的项目管理计划，那么在执行期间的工作应该是怎样进行的？

好的计划是成功的一半，但仅有计划并不足以确保成功。成功的关键在于一个团队能否一丝不苟地执行计划。然而，项目实施的客观环境始终处于变化之中。为了确保项目计划对实施过程具有切实的指导作用，必须及时识别这些变化，并迅速采取必要的应对和调整措施。所以需要更加明确软件项目的执行和监控的内涵。

软件项目的执行，是指在项目进行期间，为实现目标而执行项目计划中确定的各项工作的过程。简而言之，这是根据前期计划内容实际开展的工作。软件项目管理的执行涵盖了整体指导和管理工作，在执行过程中，团队需关注各领域的执行标准和方法。

而软件项目的监督控制（合称为监控）的内涵是：以项目预期的绩效目标为标准，跟踪、审查和调整项目的进展情况，以确保达到前期计划中的绩效目标。

本阶段的重点在于软件项目的监控工作。而监控工作的重点在于确保计划的执行与预期目标保持一致。为了实现这一目标，监控过程可能需要跟踪实际进展情况，并与计划进行比较。如果发现偏差，则需要进行调整，这可能涉及对原有计划的修改或对执行工作的调整。

6.1.1 项目过程监控

监控项目工作是软件项目管理的一个关键环节，涉及跟踪、审查和调整项目进展，以确保实现项目管理计划中确定的绩效目标。这一过程包括报告项目状态、测量项目进展以及预测项目情况等。为了实现有效的监控，需要编制绩效报告，提供关于项目各方面的绩效信息，如范围、进度、成本、资源、质量和风险等。这些信息可作为其他过程的输入，为决策提供依据。

通常监控工作包括以下内容。

① 实施整体变更控制。整体变更控制是对所有变更请求进行审查、批准变更，并对可交付成果、组织过程资产、项目文件和项目管理计划的变更的过程。通过实施整体变更控制，确保项目变更得到规范管理，实现项目的稳定性和一致性。

② 核实和控制范围。监控工作需要核实已完成的可交付成果，并监督项目和产品的范围状态。同时，还需要管理范围基准的变更，确保项目范围与预期目标保持一致。

③ 控制进度。管理者通过监督项目状态来更新项目进展，并管理进度基准的变更。这有助于确保项目按时完成，满足进度要求。

④ 控制成本。监督项目状态以更新项目预算，并管理成本基准的变更。这有助于确保项目成本控制在预算范围内，避免不必要的费用超支。

⑤ 实施质量控制。通过监督并记录执行质量活动的结果，评估绩效并提出必要的变更建议。这有助于确保项目交付成果的质量符合预期标准。

⑥ 报告绩效。收集并发布绩效信息，包括状态报告、进展测量结果和预测情况。这些信息为决策提供依据，帮助团队了解项目的实际进展情况。

⑦ 监控风险。在整个项目中实施风险应对计划，跟踪已识别风险，监测残余风险，识别新风险，并评估风险过程的有效性。这有助于及时应对风险，降低其对项目的影响。

⑧ 管理采购。管理采购关系，监督合同绩效，以及采取必要的变更和纠正措施。这有助于确保采购过程规范、透明，并与供应商保持良好的合作关系。

如图 6.1 所示，展示了在一个报告周期内，项目过程监控的一些主要工作内容。一个报告周期是指项目在执行监控阶段设置的一个监控反馈时间长度。

如图 6.1 所示，监控工作以报告周期为单位进行。每个监控周期的关注点在于，对于每项执行计划，都要对照项目管理计划来比较实际项目绩效，并评估项目绩效。在此基础上，判断是否需要采取预防或纠正措施，必要时提出行动方案。并需要根据实际情况，对项目计划进行可控范围内的修订。

监控工作还需要检查阻碍计划实施的原因，如计划是否足够细分、个人与计划之间是否建立了有效的联系、执行项目的人员水平是否存在差异等。这些因素都可能影响计划的顺利实施。

在监控过程中，还需要关注项目风险的分析、跟踪和监视，确保及时识别风险、报告其状态，并执行相应的风险应对计划。这样可以降低风险对项目的影响，提高项目的成功率。

此外，每项活动对应的文档管理也至关重要。要建立准确、及时的关于项目产品及相关文件的数据库，确保信息的完整性和准确性。信息库应持续更新直至项目完成，它不仅能为状态报告、绩效测量和预测提供信息支持，还能用于更新当前的成本和进度信息，为决策提供依据。

< 122 >

```
                    ┌──────────────────┐
                    │   制订基准计划     │
                    │ （进度计划、预算） │
                    └────────┬─────────┘
                             ↓
                    ┌──────────────────┐
                    │     项目执行       │
                    └────────┬─────────┘
                             ↓
  ┌──────────────┐   ┌──────────────────┐
  │ 下一个报告周期 │──→│   每一个报告周期   │
  └──────┬───────┘   └────────┬─────────┘
         ↑                    ↓
         │         ┌──────────┴──────────────┐
         │         ↓                         ↓
         │  ┌──────────────────┐   ┌──────────────────────┐
         │  │ 搜集实际绩效相关资料 │   │ 基于变更内容修订项目计划 │
         │  │ （进度计划、成本） │   │（工作范围、进度计划、预算）│
         │  └──────────┬───────┘   └──────────┬───────────┘
         │             └───────────┬──────────┘
         │                         ↓
         │              ┌──────────────────┐
         │              │ 测估近期的项目进度计 │←─┐
         │              │   划、预算和预测   │  │
         │              └────────┬─────────┘  │
         │                       ↓            │
         │              ┌──────────────────┐  │
         │              │ 分析目前状况，并与基准│  │
         │              │   计划作比较       │  │
         │              │ （进度计划、预算） │  │
         │              └────────┬─────────┘  │
         │                       ↓            │
         │                  ◇──────────◇      │
         │         否       │需要采取修正措施│     │
         └──────────────────│            │     │
                            ◇─────┬────◇      │
                               是 ↓            │
                       ┌──────────────────┐   │
                       │   确定纠正措施     │   │
                       └────────┬─────────┘   │
                                ↓             │
                       ┌──────────────────┐   │
                       │   制定纠正内容     │───┘
                       └──────────────────┘
```

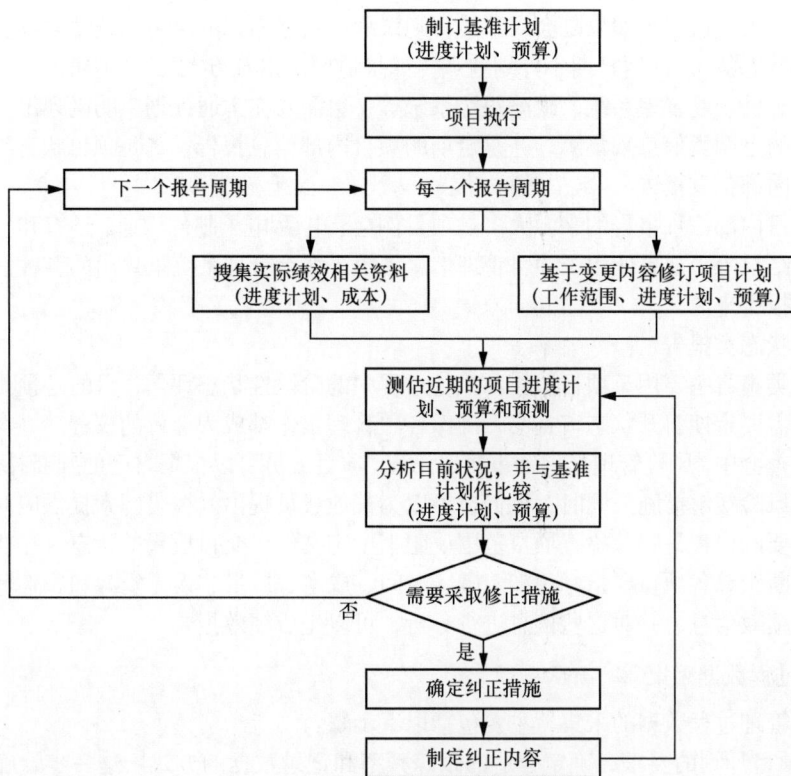

图 6.1　项目监控的一个报告周期的工作内容

6.1.2　项目信息采集

软件项目的执行和监控状态是基于对项目情况的数据和内容的采集而得出的。这些数据和内容是在项目生存期内按照规定的跟踪频率和步骤，对项目管理、技术开发和质量保证活动进行跟踪获得的。项目团队通过采集这些信息，监控项目实际情况，记录并反映当前项目的状态数据。

软件项目信息采集的形式多样，既可以通过项目会议沟通的成果来获得，也可以通过平时对项目进度的记录报告文档等记录形式来获取。为了达到有效监控项目的目的，可以采用多种监控措施与沟通渠道。其中，正式的监控与沟通渠道包括项目进度报告、项目例会、里程碑会议、各种会议纪要等。这些正式的沟通渠道有助于确保项目信息的准确性和可靠性。而非正式的监控与沟通渠道则包括与项目小组成员或最终用户进行交谈与讨论、与企业管理层进行非正式的交流等。这些非正式的沟通渠道有助于项目人员及时获取项目中的问题和反馈，提高监控的时效性和针对性。

项目管理者在采集完项目情况后，必须进行相应的执行和监控工作项的分析。通过对采集的数据和内容进行深入分析，可以得出项目不同维度的阶段性报告。这些报告可用于对项目情况进行评审和及时修正，确保项目按计划执行。

1．沟通管理计划执行

在项目的整个生命周期和各项管理过程中，项目信息采集的一个关键是沟通管理计划。该计划涉及多种沟通方式，旨在向项目干系人提供相关信息。这些沟通方式包括向发起人汇报项目的进度和成本情况，向用户展示已完成的成果，以及为团队成员提供各种模板。此外，项目组内成员和用户方之间的沟通计划内容也是重要的信息来源。

沟通计划的内容通常包括整个项目生命周期内的不同阶段、不同组之间需要沟通和协调的事项。这些事项可能包括预期的产品交付、组间产品交换、需要通知其他受影响组的决定等。负责

< 123 >

人、参加组或个人、议程（如果是会议形式，则议程应包括用户的需求、技术问题、关键依赖关系、项目整体状态等）、计划日期、计划地点（如果适用）以及方式/工具（如正式会议、电子交流会议、电子邮件、配置库系统、缺陷跟踪系统等）也需要在沟通计划中明确列出。所以，沟通计划最终形成的是两类信息采集源，一是定期的项目内部信息报告，二是项目状态类报告。

（1）项目内部信息报告

定期的项目内部信息报告的来源大多是项目例会、电话/电子邮件沟通，还有和各种角色的面谈、现场检查结果等。如果使用了项目管理信息系统，那么管理系统里导出的各种信息也会是有力的内部信息报告来源。

（2）项目状态类报告

项目状态类报告主要用于项目监控和执行过程中的阶段性状态评估，目的是预测后续过程的内容。项目组需要定期召开状态审查会，确保各项管理工作都成为会议的议程。

在状态审查会中，风险管理是一个重要的议程。项目成员可以根据自己的判断补充风险因素，并提出相应的风险缓解措施。同时，他们也可以为其他成员提出的风险因素提供应对措施。

另一个重要的议程是跟踪检查项目范围说明书中定义的可交付成果的状态。在执行过程中，项目组需要不断跟踪各项重要指标（如范围、时间、成本、质量、人力资源和风险等）的绩效情况。通过收集绩效信息，并对这些信息进行分析，可以生成绩效报告。

2．项目过程数据采集

通常项目管理过程数据的采集，主要包括以下步骤。

① 根据项目计划的要求，确定合适的跟踪频率和记录数据的方式。这一步骤确保了采集工作的系统性和规范性，为后续分析提供了基础。

② 按照确定的跟踪频率，记录实际任务完成的情况。这包括任务的进度、完成时间以及质量等关键指标。通过这些数据，可以实时了解项目的实际执行情况。

③ 记录完成任务所花费的人力和工时。这有助于分析项目的人力资源使用情况，为优化人力资源配置提供依据。

④ 根据实际任务进度和人力投入，计算实际的人力成本和任务规模。这有助于准确评估项目的实际成本和规模，与计划进行比较，为决策提供支持。

⑤ 记录除人力成本外的其他成本消耗。这包括与项目相关的其他直接或间接成本，有助于全面了解项目的总成本。

⑥ 记录关键资源的使用情况。关键资源如设备、物资等的使用情况，对于确保项目顺利进行至关重要。

⑦ 记录项目进行过程中风险发生的情况及处理对策。风险信息的记录和分析有助于及时识别和处理项目中的潜在风险，确保项目的稳定推进。

⑧ 按期、按任务性质统计项目任务的时间分配情况。这有助于分析项目的时间管理情况，优化任务分配和时间安排。

⑨ 根据需要，收集其他要求的采集信息以及必要的度量信息等。这确保了采集工作的全面性和灵活性，满足项目管理的不同需求。

6.2 团队的组建与管理

本书在启动和规划阶段的人员管理章节中讨论过，团队人员的管理需要先设立合适的组织架

< 124 >

构，然后分配团队人员相应的管理职责，并根据人员的沟通计划定期进行沟通交流，汇总意见。在执行和监控阶段将会涉及需求分析、系统设计、编码、测试 4 个阶段的内容，每个阶段涉及的人员组成和职能重心都有所偏重。

总的来讲，在监控和执行阶段，团队管理的任务集中在团队的建设和管理：团队建设的主要目标是通过团队建设提高工作能力、促进团队互助和改善团队氛围，以提高项目绩效；团队管理的目标是跟踪团队成员的工作优劣情况、提供反馈、解决问题并管理变更，以优化项目绩效。

6.2.1　团队组建

监控和执行阶段，可能涉及的团队人员角色包括项目经理、需求分析人员、产品的管理人员、系统开发人员等。这个阶段团队的组建应该从任务目标、架构等团队要素入手，组建适合进行项目开发的团队。

（1）明确任务目标

首先，团队需要对项目的目标有共同且清晰的认识。这包括项目的最终成果、关键里程碑、短期与长期目标等。明确目标有助于团队成员对齐工作方向，集中精力于达成共识的目标。后续基于项目目标，将大任务分解为可执行的小任务，并明确每个任务的责任人和完成标准。这有助于团队成员理解自己的角色和期望成果，便于监控和管理。

另外，任务目标的设置也可以帮助团队负责人组建选择合适的成员。例如，当前任务目标为两个月内完成可以抵御常规外部攻击的一套安全系统，那么就需要以此为基础再有倾向性地选择相应的成员，包括具有软件安全相关资质的开发人员。

（2）选择合适团队架构

根据项目复杂度和工作量，确定团队的最佳人数。小团队便于管理且沟通效率高，但可能资源有限；大团队资源丰富，但管理复杂度和沟通成本增加。这就需要找到一个既能保证效率又能满足项目需求的平衡点，并根据项目需求和团队成员的能力特长，合理配置项目经理、技术专家、质量保证人员、测试工程师等角色，确保每个人都在最能发挥其优势的位置上。同时，根据选择的架构方式，确立团队清晰的汇报关系和决策权限，有利于避免责任模糊或重叠，确保团队运作流畅。

在项目执行过程中，还应根据项目进度和实际需求，适时调整团队规模，增减人员，确保团队的资源配置与项目阶段需求相匹配。

一般组建团队的实践经验准则如下。

① 组建小型与专业化团队，一般不超过 10 人。

② 在同一地点共同工作，团队内部沟通、用户沟通都很方便。

③ 尽量要求用户加入项目团队，可以指定特定沟通负责人。

④ 全体参加项目重要活动。

⑤ 在复杂的项目中，将管理的角色拆分成"项目经理"和"架构师"两种职责。

6.2.2　团队管理

项目启动之初，团队成员虽然充满热忱，但对于自己的任务和队友的角色尚未完全适应，常常伴随着许多疑惑和探寻。在这个阶段，项目经理的角色变得至关重要。他们必须积极引导，确保每个人都明确自己的责任，并理解如何与其他成员协作。通过这种方式，项目经理帮助团队快速成形，为顺利推进项目打下坚实的基础。如图 6.2 所示，项目经理可以建立以调动积极性为核心思想的团队管理方案。

< 125 >

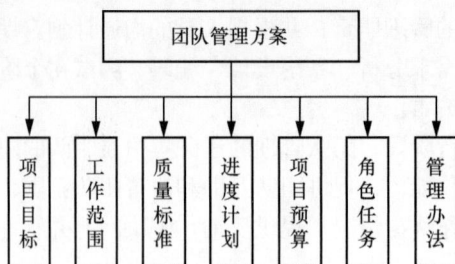

图6.2 团队管理方案

为了使项目组成员明确项目目标和项目成功所带来的效益，项目经理应当向他们宣传并描绘项目前景；同时，需要公布项目的工作范围、质量标准、预算和进度计划的标准和限制，以便每个成员全面深入地了解项目目标，并建立共同的愿景；此外，明确每个团队成员的角色、主要任务和要求，可以帮助他们更好地理解所承担的任务；最后应当与项目团队成员共同讨论项目团队的组成、工作方式、管理方式以及一些方针政策，以便取得一致意见，制订管理办法，确保今后工作的顺利开展。

在管理团队的过程中，项目经理作为团队的领导者，需要把控各种管理措施的一个度量效果。因此项目经理要注意下述管理问题。

（1）工作不饱和或过于轻松

工作分配不合理会导致团队成员松懈。项目经理应当确保工作分配的合理性，使团队成员的工作量基本保持饱和。如果出现因临时问题导致的空闲，可灵活调整工作量，支持其他同事处理问题。

（2）团队氛围不佳，工作积极性低，缺乏责任心

随着工作的深入，各种问题逐渐浮现，可能导致冲突和士气下降。成员可能会发现现实与理想有出入、任务繁重、成本和进度限制紧张、与某些成员合作不愉快等。对此，项目经理可以多通过会议与团队成员讨论个人利益、个人发展及团队利益等相关话题，帮助他们拓展更广阔的视野；并鼓励成员表达不满或关注的问题，营造一个理解和支持的环境。遇到问题和矛盾，应选择合适方法并依靠团队共同解决。

（3）团队成员目标意识不强

项目经理应当定期强化目标意识，利用周会、日报、偏差分析、奖惩机制、绩效考核来提醒和督促成员，还应注意在日常工作中观察团队成员的表现，关键时刻强调目标完成，并及时检查和验收阶段成果。当团队成熟后，团队的结构和功能将得到认可。成员将致力于共同完成项目目标，努力工作，并开放、坦诚地沟通，共同解决困难和问题。这样能够提高工作效率和团队满意度。

在团队成熟的阶段，项目经理应逐步下放权力，让团队成员发挥更大的潜力。为了支持成员的职业成长，应注重对成员能力的培训和发展。然而，在这一阶段，项目经理仍必须对项目内容保持控制，协助团队执行项目计划。他们需要集中精力了解和掌握项目的成本、进度和工作范围的完成情况，以确保项目目标的顺利实现。通过适当的授权和培训，项目经理可以帮助团队成员发挥潜力，提高工作效率，同时确保项目的顺利进行。

6.3 范围、进度及成本监控

接下来本节讲述的内容属于监控阶段各项领域的内容，前面谈到的监控工作的内容，实际上就是对各项指标进行监控，包括范围、进度、成本、风险。

< 126 >

6.3.1　范围监控

项目范围监控的主要内容是对已经核验确认的范围进行控制，目的是监控项目和产品的范围状态、管理范围基准变更的过程。根据项目管理计划、工作绩效信息、需求文件和跟踪矩阵等内容进行偏差分析，可以得到指标的工作绩效测量结果，如果结果和计划的内容出现偏差，则可能需要进行变更，并更新项目管理计划以及相应的管理文件。

项目范围监控的主要内容有两个方面。一是确保项目范围的执行和控制，遵循充分必要的原则。这涉及对项目范围的全面理解和实施，以及在项目执行过程中进行有效的监控和管理。二是进行项目范围变更的管理和控制，遵循实现价值最大化的原则。这包括对客观实际发生的范围变动进行控制，以及对主观提出的变更请求进行管理。

对于项目经理来说，在项目范围监控中需要承担一系列的控制工作。首先，项目经理需要分析和确定影响项目范围变动的关键因素和环境条件。这涉及对可能导致范围变动的各种内外部因素进行深入了解，以便更好地预测和管理这些因素。其次，项目经理需要管理和控制那些能够引起项目范围变更的主要因素和条件。这意味着需要密切关注可能影响项目的各种因素，并及时采取措施，确保项目范围保持稳定。此外，项目经理还需要分析和确认项目相关利益方提出的项目变更请求的合理性和可行性。这需要综合考虑变更对项目范围、进度、成本等方面的影响，以评估其可行性和合理性。同时，项目经理需要分析和确认项目范围变动是否已实际发生及其可能带来的风险。当项目范围变更发生时，项目经理需要进行严格的控制，确保变更得到妥善管理和控制，以最大程度地减少其对项目的影响。

对项目范围进行监控的手段主要是建立一套范围变更控制系统。这个系统包含一系列正式的、文档化的程序，它定义了对项目绩效进行监控和评价的过程。这些程序涵盖了项目范围变更控制流程、责任划分和授权、文档化管理、跟踪监督以及变更请求的审批等方面。

这些相关规定和要求应在项目范围管理计划中明确给出，以确保与项目合同条款的规定保持一致。该系统的建设和使用旨在确保项目范围的稳定性，减少不必要的变更，并使变更过程更加规范和可控。

范围变更控制作为变更控制领域的一部分，将采用变更控制的方案进行。

6.3.2　进度监控

首先来看一个关于进度监控的例子：某个软件项目总预算 12 万，为期 120 天，每日成本 0.1 万。第 30 天的时候，项目进度提前了 3 天，也就是完成了 33 天的工作，成本却超支了 1 万，总共花费 4 万，那么从评价上就不能简单地说项目进度良好，因为超支部分（1 万）是可以完成 10 天的任务量的。所以对项目监控指标的评价，一定是要全方位、多个指标同时进行的，不能单一判断。另外，还要考虑建立合适的进度跟踪的方法，科学地记录进度计算指标的状态。

进度监控有助于在项目执行过程中不断检查和调整进度偏差，使项目按照进度计划顺利进行。项目进度跟踪和监控工作的主要内容是首先需要建立进度协调和沟通的机制，如定期召开进度协调例会，这个例会也是项目团队沟通部分的重要组成。通过该例会，项目经理可以定期获得项目的进度数据；定期比较实际进度与计划的偏差，分析偏差产生的原因，并且有针对性排除进度偏差形成的主要干扰因素，调整原有的进度计划，采取必要可行的补救措施。

其次，项目管理者的目标是定义所有项目任务，识别关键任务，然后跟踪关键任务的进展和发现延误进度的情况。随着项目的进展，不断观测每项工作的实际开始时间、完成时间和当前状况，并定期全面系统地对项目进度计划的执行情况进行检查。

前期制订的项目进度监控计划内含的那条关键路径（或者多条关键路径）是进度监控的重要

< 127 >

依据，实现一个大项目之前必须完成数以百计的小任务；这些任务中的部分任务位于关键路径之上，如果这些关键任务未能按期完成，则整个项目的完成日期就会被拖延。

管理者还可以根据关键路径的计划结合检查点的内容，对项目进度进行比较监控。可以基于甘特图来展示项目进度的延期或者工期的缩短，然后再根据甘特图中关键路径的实际执行情况，做后续的偏差分析。图6.3所示展示了某项目进度跟踪甘特图。

日期设置：2023年5月					三	四	五	六	日	一	二	三	四	五	六	日	一	二	三	四	五	六	日	一	二	三	四
任务名称	责任人	开始时间	结束时间	类别	1	2	3	4	5	6	7	8	9	10	11	12	13	14	15	16	17	18	19	20	21	22	23
A任务	张三	2023/5/1	2023/5/7	计划																							
		2023/5/2	2023/5/8	实际																							
B任务	李四	2023/5/8	2023/5/18	计划																							
		2023/5/10	2023/5/22	实际																							

图6.3　进度跟踪甘特图

根据计划在甘特图中设置比较基准，在跟踪甘特图中就可以看到比较基准和项目实际进行信息。条形图会出现平行的两条，上面的一条指代的是计划，也是基准进度，下面的一条指代的是实际执行情况，同时，默认用红色表示关键路径的关键任务。

在检查过程中，需要关注以下方面的内容。

① 关键活动的进度和关键路径的变化情况。通过定期检查这些活动的进度可以及时发现潜在的问题，并采取适当的措施进行调整，以确保计划工期的实现。

② 非关键活动的进度。非关键活动的进度可以帮助项目管理者发掘潜在的资源或能力，调整或优化资源配置，以确保关键活动的顺利进行。

③ 工作之间的逻辑关系变化情况。在项目执行过程中，工作之间的逻辑关系可能会发生变化。因此需要定期检查这些变化情况，并及时进行调整，以确保项目流程的顺畅进行。

6.3.3　成本监控

继续分析6.3.2小节进度监控的例子。如果第30天时，该软件项目成本节约了5000元（计划使用3万元，实际使用2.5万元），但任务只完成了10%（1万元的任务量），也不能简单地说项目成本良好，因为按计划完成这些任务只需要1万元，而不是2.5万元。所以成本监控也要建立工程性的机制，采用科学的方法计算成本的影响。

成本监控的主要任务是监控项目的成本支出情况，发现实际成本与成本预算之间的偏差，并探究偏差产生的原因。其目的是阻止不正确、不合理或未经批准的成本变更。在进行成本监控时，需要依据成本基线、项目进度计划和变更请求等关键信息。

成本监控的目的是通过监控项目状态来更新项目预算，并对成本基准进行管理。在处理成本变更时，需要深入分析导致成本基准变更的因素，确保所有变更请求得到及时响应。当确认变更实际发生时，应妥善管理这些变更。其核心目标是确保成本支出不超过经批准的资金限额，这包括阶段限额和项目总限额。

在监控成本绩效方面，需要找出并分析成本基准之间的偏差，对照资金支出监控工作绩效。此外，要防止在成本或资源使用报告中出现未经批准的变更，并向相关干系人报告所有经批准的变更及其相关成本。最终的目标是将预期的成本超支控制在可接受的范围内。

实现项目成本监控管理目标的方法主要有4种，这些方法需要随着项目实际情况的变化而进行调整，以确保项目成本管理的有效性和准确性。以下是对这4种方法的描述。

① 项目变更控制体系法：通过建立项目变更控制体系，对项目变更进行规范管理和控制，确保变更不会对项目成本产生过大的影响。

< 128 >

②　项目成本绩效度量法：通过度量项目成本绩效，可以评估项目成本的实际执行情况，并与预期成本进行比较，以确定是否需要进行调整。

③　附加计划法：当项目实际情况与预期存在较大偏差时，可以通过制订附加计划来调整成本预算和资源分配，以确保项目成本控制在可接受范围内。

④　软件工具法：利用专门的软件工具进行项目成本管理，可以更高效地处理和分析项目成本数据，提高管理效率和准确性。

在评估项目范围、进度和成本指标时，通常是先进行评估分析，然后找出偏差原因并实施纠正。接下来的小节将会讲述挣值分析（评估）和偏差分析（纠正）两种方法。

6.3.4　挣值分析法

挣值分析法也称为已获取价值分析法或盈余分析法。这种分析法依赖于已获取价值的计算，并运用成本会计的概念进行评估。挣值分析法能够对项目的进度和成本状况进行有效的绩效评估，及时发现和解决潜在问题，确保项目按计划顺利进行。挣值分析法通过比较实际完成工作对应的预算成本和实际成本之差，得到成本差异。这种方法能够平衡由于项目范围差异所带来的成本差异，使得项目绩效评估更加准确和可靠。

挣值分析法的核心在于计算挣值，挣值（earned value，EV）表示已完成作业量的计划价值的变量。挣值可以帮助项目管理者分析项目的成本和工期的变动情况，并给出相应的信息。这样项目管理者能够对项目成本的发展趋势作出科学的预测与判断，并提出相应的对策。这种方法避免了单独衡量时间或成本的弊端，有助于项目管理者及时发现和解决项目进度、成本等方面的相关问题，确保项目按计划顺利进行，并最终实现项目的目标，为项目管理提供更加全面和准确的信息支持。

图 6.4 所示是项目挣值分析的基本过程，需要通过基本的指标点计算结果指标项。

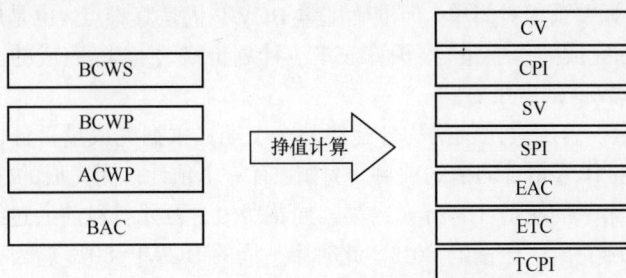

图 6.4　项目挣值分析的基本过程

通过 4 个当前的进度指标进行相应的价值计算可以得到输出的结果指标项，其中输入价值项的含义如表 6.1 所示。

表 6.1　挣值分析中输入价值项的含义

输入项	含义
BCWS	计划工作预算成本（budgeted cost of work scheduled），表示在特定时间点或完成特定工作量时，按照项目计划所分配的预算金额
BCWP	已获价值（budgeted cost for work performed），也就是挣值 EV。EV = 实际完成的作业量 ×预算成本（计划价格）
ACWP	实际完成工作成本（actual cost of work performed），表示在项目管理中，已经完成的工作量所实际消耗的成本总和
BAC	预算总值（budget at completion），表示完成整个项目所需的预算总额，通常在项目开始时就确定，并作为项目成本控制的目标

< 129 >

挣值分析中结果价值项的含义如表 6.2 所示。

表6.2　挣值分析中结果价值项的含义

结果项	含义
CV	成本偏差（cost variance），是指实际成本与计划成本（或预算成本）之间的差异
CPI	成本绩效指数（cost performance index），用来衡量项目成本效率的一个指标
SV	进度偏差（schedule variance），指项目实际进度与计划进度之间的差异
SPI	进度绩效指数（schedule performance index），用来衡量项目进度效率的指标
EAC	完工估算（estimate at completion），指估算全部项目的成本
ETC	完工尚需估算（estimate to complete），指重新估算剩余工作成本
TCPI	完工尚需绩效指数（to complete performance index），指在既定的预算内完工，且为了达到项目完工目标，剩余工作必须实现的成本绩效指数

1．挣值分析的计算过程

在此先建立挣值分析模型中基本的输入输出的概念，即挣值分析大约会涉及的项目以及哪些是计算项，哪些是结果项。

然后通过以下步骤进行挣值分析的计算。

① 基于 WBS 的分析结果，针对每个工作包，某个时间点或分阶段（周或月）的累计值，计算并监测 3 个关键指标，即 BCWS、ACWP、BCWP，其中已获价值分析的重点是计算 BCWP。图 6.5 所示展示了在时间维度上项目的不同成本和完成工作价值的示意。

② 通过以上 3 个指标计算进度和成本绩效的考查指标，即 CV、CPI、SV、SPI。

③ 为了进行更详尽的分析，还必须计算预测指标，即 ETC、EAC、TCPI。

尽管挣值法的计算关系相对简单，但准确度量 BCWP 仍是其难点，也是成功应用挣值法的关键所在。BCWP=实际完成的作业量 × 预算成本（计划价格），实际完成的工作量也就是需要确认的内容。以下为 BCWP 的度量方法。

① 线性增长计量。费用按比例平均分配给整个工期，根据完成量百分比记录挣值。这种方法简单易行，适用于工作量相对均衡的项目。例如，有一个预计一周完成的任务，预算为 2 万元。最后耗时两周完成，第一周花费 1.5 万元，第二周花费 0.5 万元。目前通过线性增长计量的方式计算，认为第一周实际完成工作量的 80%，此时第一周的 BCWP=80%（实际完成工作量）×2 万元（预算成本）=1.6 万元。

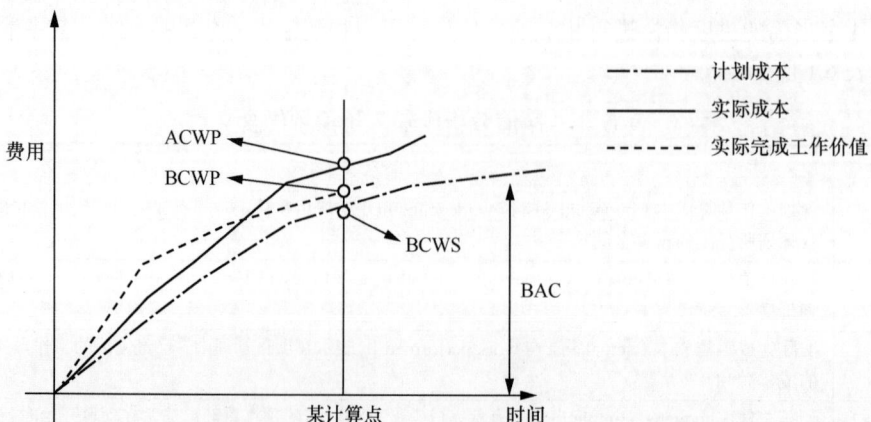

图6.5　3 个监测指标的示意

< 130 >

② 50-50 规则。开始时计入 50% 的费用，结束时计入剩余的 50%。这种方法旨在克服对工作进展情况的主观估计问题，并弥补自下而上详细估算工作量过大的缺陷。前提是任务分解足够详细，如工作包的工作量小于每人每周的工作量。

③ 工程量计量。通过功能点和价值之间的比例进行挣值计算。这种方法适用于可以明确量化工程量的项目。

④ 进度节点计量。将工程分为多个进度节点并赋予挣值，每完成一个节点计入该节点挣值。这种方法适用于具有明确进度节点的项目。

表 6.3 所示为挣值分析的结果指标的含义和计算公式。

表 6.3　挣值分析的结果指标的含义和计算公式

类别	名称	缩写	含义（截至某时点）	计算公式
成本绩效	成本偏差	CV	已经发生多少成本偏差，正值表示节约，负值表示超支	BCWP–ACWP
	成本绩效指数	CPI	实际花费的每元钱做了价值多少元钱的事（按预算价值算） ① CPI>1 表示低于预算 ② CPI<1 表示超出预算 ③ CPI＝1 表示实际费用与预算费用吻合	BCWP / ACWP
进度绩效	进度偏差	SV	已经发生多少进度偏差，正值表示提前，负值表示落后	BCWP–BCWS
	进度绩效指数	SPI	实际进度是计划进度的百分比 ① SPI>1 表示进度提前 ② SPI<1 表示进度延误 ③ SPI＝1 表示实际进度等于计划进度	BCWP/BCWS
预测指标	完工尚需估算	ETC	重新估算完成剩余工作还需要的成本	① BAC–BCWP ② 自上而下
	完工估算	EAC	重新估算完成整个项目所需要的成本	① 假定项目未完工部分按目前实际效率的预测方法 EAC=ACWP +（BAC-BCWP）/CPI ② 假定项目未完工部分按计划效率的预测方法 EAC=ACWP+BAC-BCWP ③ 全面重估剩余工作成本的预测方法 EAC=ACWP+ETC（自上而下重估）
	完工尚需绩效指数	TCPI	为了在既定的预算内完工，而必须达到的重新估算的未来绩效水平	（BAC-BCWP）/（BAC-ACWP）

此处给出一个应用挣值分析法进行进度和成本监控的示例。假设一个软件开发项目，预算为 60 万元，计划周期为 20 周。项目计划安排如表 6.4 所示。

进行到第 10 周末时的项目执行情况为，需求分析和设计已完成，编码完成 50%，项目花费 220000 元。下面分别针对以上进度和成本情况进行挣值分析指标项的计算。

< 131 >

表 6.4　软件开发项目计划安排示例

时间	内容	预算/元
第 1～5 周	需求分析和设计	120000
第 6～10 周	编码	240000
第 11～15 周	测试	120000
第 16～20 周	部署交付	120000

① BCWS：到第 10 周末，按计划应该完成编码活动，所以 BCWS = 120000（需求分析和设计）+240000（编码）=360000（元）。

② BCWP：实际完成的工作包括全部的需求分析和设计，以及编码的一半。因此，BCWP= EV = 120000 +（240000 × 50%）= 120000 + 120000 = 240000（元）。

③ ACWP：到目前为止，实际花费为 220000 元。

④ CV：CV= BCWP−ACWP = 240000−220000=20000（元）。CV 为正值，表示项目成本低于预算。

⑤ CPI：CPI = BCWP / ACWP = 240000 / 220000 ≈ 1.09。此时 CPI > 1，表示每花费 1 元，赚取的价值超过 1 元。

⑥ SV：SV = BCWP−BCWS = 240000−360000 =−120000（元）。SV 为负值，表明项目进度落后于计划。

⑦ SPI：SPI = BCWP / BCWS = 240000 / 360000 ≈ 0.67。这表明项目进度只完成了计划的 67%

⑧ EAC：完工估算有多种方法，但最常用的是假设剩余工作将以预算的速率完成：EAC = ACWP +（BAC−BCWP）/CPI = 220000 +（600000−240000）/ 1.09 = 220000 + 339450 = 559450（元），其中，BAC 是项目的总预算。

⑨ TCPI：它是基于项目剩余的工作量来计算的，表示为了按预算完成项目，未来工作必须达到的成本绩效水平。TCPI =（BAC − BCWP）/（BAC − ACWP）=（600000 − 240000）/（600000 − 220000）= 360000 / 380000 = 0.95。

2．挣值分析的结果分析

有了偏差分析结果的价值项，就可以联合多项指标，并结合经验判断项目进度的情况，然后做出部分调整决策。下面给出根据挣值分析的各种指标项的关系，分析当前的进度和成本调整的方案的若干种情况。

① 当 ACWP>BCWP>BCWS、CV<0、SV>0 时，表明项目进度较快，超前于计划。此时可以降低费用，提高费用效率。

② 当 BCWP>ACWP>BCWS、CV>0、SV>0 时，费用效率较高。此时可以根据实际情况适当抽调出一部分人员，以推动其他进度较慢的项目的进展。

③ 当 ACWP>BCWS>BCWP、CV<0、SV<0 时，费用效率很低。此时需要全面强化费用绩效管理，并调整项目进程计划。

④ 当 BCWP>BCWS>ACWP、CV>0、SV>0 时，费用效率很高。此时可以根据需要加大费用投入，以加速项目进度。

⑤ 当 BCWS>BCWP>ACWP、CV>0、SV<0 时，费用效率较高。此时可以加大投入力度，采取激励措施，全面加速项目进展速度。

⑥ 当 BCWS>ACWP>BCWP、CV<0、SV<0 时，费用效率较低。此时需要强化工作标准，加速项目进展，同时注意监控费用。

前面的软件项目例子，根据计算，完工估算为 559450 元，这意味着如果项目继续以当前的

< 132 >

绩效水平进行，完成项目预计将花费 559450 元。TCPI 为 0.95，这意味着为了按预算完成项目，未来工作必须达到的成本绩效水平是每花费 1 元，需要完成 0.95 元的价值。这表明项目需要提高效率以确保不超预算。项目经理应密切监控成本和进度并采取必要措施，以确保项目能够按计划和预算完成。

应用挣值分析法一定要注意，由于是对整个项目使用了累计数据，所以整个项目的成本和进度没有出现偏差时，不等于当前没有成本和进度的问题。因为各个工作包之间的数据可能存在相互抵消的问题，导致难以发现问题的真正所在。因此建议将挣值分析用于所有有一定体量且关键的工作包（WBS）以及整个项目。同时在监控过程中时刻关注以下 3 类工作包的情况，即偏差较大的工作包、近期就要进行的工作包及预算成本高的工作包。

挣值分析完成后，根据项目计算的指标，可以找到项目目前的问题并制订相应的解决方案，同时制作出阶段性的成本控制结果，相关的操作内容参考如下。

① 工作绩效测量结果：将 CV、SV、CPI、SPI 等挣值分析的计算结果记录在案，并及时传达给相关人员，以便他们了解项目目前的绩效状况。

② 成本预测：根据已完成工作的实际成本和预测的未来成本，计算 EAC，然后将 EAC 的预测结果记录并传达给相关干系人，以便他们了解项目的总成本和未来的费用预期。

③ 变更请求：根据项目目前的绩效评估结果，可能会发现需要对成本绩效基准或项目管理计划的其他组成部分提出变更请求。变更请求应详细说明问题、影响和解决方案，并按照规定的流程进行审查和批准。

④ 项目管理计划（更新）：根据项目目前的绩效和预期的未来发展，更新项目管理计划，包括成本基准和其他基准、计划等。

⑤ 成本基准（与其他基准、计划联合使用）：成本基准应与项目管理计划的其他基准和计划保持一致。根据项目的发展和变更请求，调整成本基准和其他基准、计划，以确保它们能够反映项目的实际情况并指导未来的成本管理活动。

最后以此得到项目成本估算的更新文件、项目预算的更新文件、项目活动改进文件，同时需要在成本状态报告中总结经验教训。项目成功的关键是成本能否得到合理控制，在有了成本估算后，项目管理人员在进行成本管理时将不断地协调实际花费和预算成本，根据情况解决问题或调整方案，把成本控制在最低范围内。成本管理的目的并不仅仅是节省花销，而是要使支出尽量合理。提高成本的效率、消除无效成本才是成本管理应该追求的目标。

6.3.5 偏差分析法

偏差分析法是一种利用项目绩效测量结果来评估偏离范围基准程度的分析方法，也是一个分析过程。通过偏差分析，可以确定当前项目指标偏离范围、进度和成本基准的原因和程度，并决定是否需要采取纠正或预防措施。这个过程有助于项目经理更好地理解项目执行过程中的偏差情况，并采取相应的措施来确保项目的顺利推进。

图 6.6 所示为偏差分析在项目监控过程中的作用。所有相关的纠偏都应该反馈到项目计划中，通过计划持续监督计划。6.3.4 小节的挣值分析法属于进度和成本的评估方法。而偏差分析法注重的是分析原因和决定是否采取纠正或预防措施，是一种系统性的管理偏差的方法。和进度有偏差的原因有很多种，包括项目团队内部原因，如人员技术欠佳、团队士气不高等；或者项目执行组织原因，如管理层支持不力、流程烦琐等；也有可能是用户原因，如用户配合懈怠、需求事前确定不彻底等；还有可能是外部原因，如政府批复问题、分包商配合不力等。

在这个过程中，需要完成如下任务。

< 133 >

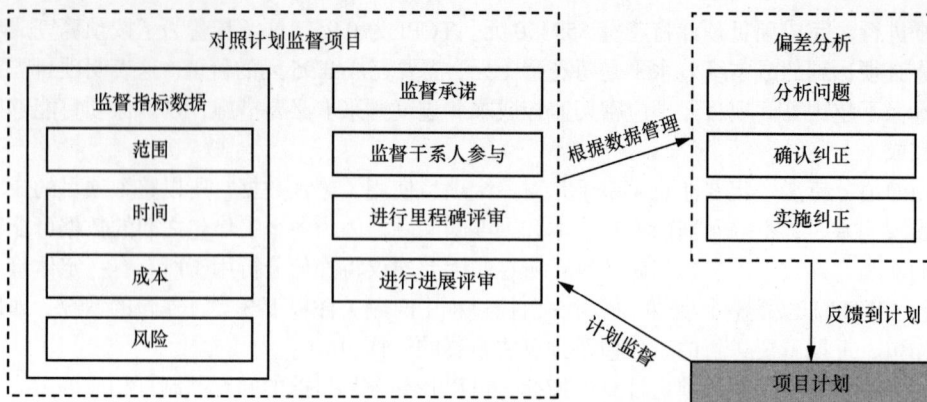

图 6.6　偏差分析在项目监控中的作用

（1）分析偏差原因

一般可以通过同责任人交谈、邀请技术专家重审实施过程、采取测试和实验等手段定义偏差发生的原因。进度出现偏差的原因，通常是对工作量估算的分析不够合理，以及对技术难点和技能风险的考虑不够完善，根源在于前期没有进行充分的风险分析和提出相应的风险应对策略。

（2）确定已发生偏差的处理方式

在偏差较小、对整体指标和其他方面不造成影响时，尽可能赢得关键干系人的批准，不进行整改。否则，必须根据偏差形成的原因，迅速制订纠偏措施并贯彻实施。

（3）执行纠正偏差的措施或者缓解偏差的活动

纠偏措施需要确保在遵循变更控制的前提下，及时有效地执行。如果需要对基准计划全部或部分文件作出调整，必须征得相关干系人的同意，并遵循规范的版本管理方式。同时，范围相关的进度和成本计划也要进行相应调整。

但是进度的控制也需要张弛有度，管理者不可做出过分的要求，进度的上下浮动不要偏离计划太远即可，如图 6.7 所示，灰色范围是建议进度控制上下浮动的范围。

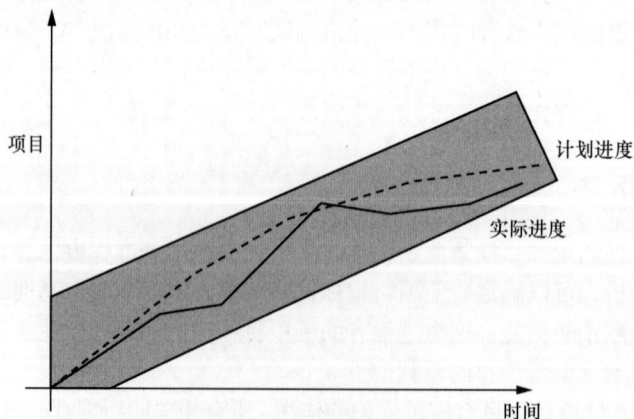

图 6.7　实际进度控制范围

另外，管理者在进行偏差控制的时候，需要刨根究底，找到问题真正的根源。以一个实际场景为例，项目经理为项目成员分配了一个任务，并设定了本周完成的期限。然而，到了周末，项目成员反馈由于某些原因无法按时完成，需要延期 2 天。面对这种情况，项目经理如果仅仅确认延期并调整后续任务，而不深入探究背后的原因，那么问题可能会持续出现。到了下周二，项目成员再次反馈出现了新的问题，导致任务需要再延期 3 天。这种频繁的任务延期不仅使得整个项

< 134 >

目计划变得不可预测，也暴露出项目经理在项目控制上的不足。在任务出现偏差时，作为项目管理者就应当立即深入任务和问题本身进行诊断、分析，挖掘任务延期的根本原因。另外，还可以考虑优化监控的方式，优化任务的粒度，以确保项目能够按照既定的计划顺利进行。

所以偏差分析法最重要的工作在于发现偏差之后的问题分析和处理方法，并及时进行应对。这样的过程才是有效的范围基准监控活动。

6.4 风险过程监控

前面章节的内容已经分析过，在制订管理程序之后，风险管理有 4 个主要的步骤，包括对风险的识别、分析、处理及监控，图 6.8 所示为风险管理的程序，此处监控过程还应该包括对风险措施的回顾和调整。

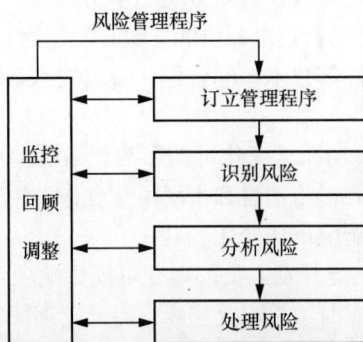

图 6.8 风险管理的程序

其中，风险的识别、分析、处理这 3 个步骤来自项目前期对于风险作出的预估分析以及风险计划。

在项目的执行和监控阶段，将会主要执行风险监控管理，即风险的过程监控这个步骤。风险过程监控包含以下内容。

① 实施风险应对计划。制订并执行针对已识别风险的应对策略，包括减轻、转移、规避或接受风险。

② 跟踪已识别的风险。持续监控已确定的风险，确保它们得到妥善处理，并收集关于风险状况的最新信息。

③ 监控残余风险和识别新风险。在项目实施过程中，不断审查剩余风险，确保它们保持在可接受范围内。同时，密切关注可能出现的新风险，并适时进行重新评估。

④ 评估风险过程的有效性并收集可用于将来的风险分析信息。评估所采用的风险管理过程和方法的有效性，并收集相关数据和经验教训，以便在未来的项目中更好地应对风险。

⑤ 定期报告并进行沟通和更新策略。定期向项目团队和利益相关者报告风险状态，包括已发生的风险事件、应对措施的效果和任何新的风险。同时确保所有相关方都了解当前的风险状况，并在必要时参与决策过程，以调整风险应对策略。

在风险监控过程中，依据先前制订的风险管理计划密切关注项目内外部条件的变化。审查先前识别出的风险是否存在、是否发生变化，并留意是否有新的风险因素出现。对于新出现的风险因素，制订相应的应对计划，并补充到整体的风险应对计划中。

此外，还需要持续监测风险因素出现的征兆，根据风险应对计划及时采取预防或补救措施。

< 135 >

在实施这些措施后，跟踪其效果，并根据实际情况评估应对措施的效果，做出必要的调整。随后对已识别的风险进行再评估，删除那些过时或不再存在的风险。

在风险监控的各个阶段，需要更新监控风险的成果内容。这包括以下内容的更新。

① 风险登记册（更新）。此部分内容会根据风险再评估、风险审计和定期风险审查的结果进行更新。这可能包括新识别的风险、对已有风险的概率和影响的调整等。同时对于不再存在的风险，也会从登记册中删除，并相应地释放风险储备。此外，还会记录风险和风险应对的实际结果。

② 变更请求。根据风险情况和应对情况，提出变更请求。这些请求可能涉及对项目管理计划或其他相关基准的调整。

③ 项目管理计划的相应部分（更新）。随着风险的演变和应对措施的实施，需要更新项目管理计划的相应部分，以确保它与当前的风险状况保持一致。

假设有一个电子商务平台软件开发项目。项目预计耗时 12 个月，预算为 200 万美元。项目团队已经识别了 3 类关键风险，包括技术风险、市场风险和资源风险，并制订了在风险监控计划中应对这 3 类风险的方案。这 3 类风险及应对方案如下所示。

① 技术风险及应对方案。使用新技术栈可能导致开发延迟。对此，需要定期技术评审会议，确保开发团队熟悉新技术栈；与外部技术顾问合作，解决技术难题；持续监控开发进度，确保按计划进行。

② 市场风险及应对方案。市场需求变化可能影响产品功能和发布时间。对此，需要定期市场调研，了解用户需求和市场趋势；与销售和市场团队合作，调整产品功能以满足市场需求；制订更灵活的项目计划，以便快速响应市场变化。

③ 资源风险及应对方案。关键开发人员的离职可能影响项目进度。对此，需要制订关键岗位的备份计划，确保关键人员离职时项目不受影响；召开定期团队状态会议，监控团队士气和离职意向；提前进行人力资源规划，确保有足够的后备人员。

针对已经识别的风险和应对方案，风险监控活动针对这 3 类风险的方案做了一些实际的执行操作。例如，市场调研显示，用户对移动购物的需求增加。项目团队决定增加移动应用的开发优先级，并调整项目计划。在每月的技术评审会议上，团队报告新技术栈的学习曲线和开发进度。某位开发者发现了一个关键的技术难题，团队立即与外部顾问合作解决，并更新了风险登记册。项目开发到一半的时候，一名关键开发人员宣布离职，团队立即启动备份计划，成功地重新分配了工作，并更新了风险登记册，加强了对团队稳定性的监控。

6.5 质量监控

为了确保软件项目的最终结果能够满足企业的期望和要求，对其进行合理、有效的质量跟踪与管理是至关重要的。质量监控是为了确保软件项目能够顺利地达到预期的质量目标而进行的一系列严谨的管理活动。

为了实现高质量的软件生产，前面章节提到软件项目的质量管理可以被细化为 3 个核心过程：质量计划、质量控制和质量保证。质量计划是建立质量标准体系，需要明确项目的质量要求和标准，这个过程在启动与规划阶段形成软件项目质量计划，为整个软件项目质量管理提供一个明确的指导框架（见第 5 章内容）。

质量控制和保证是本阶段质量监控的核心内容，主要通过遵循 PDCA 循环过程质量保证的方式进行项目质量的管理。PDCA 即 plan（计划）、do（执行）、check（检查）和 act（改善），这是一个对阶段性成果进行检测和验证的过程，旨在确保项目质量达到预期标准。PDCA 管理方法的

< 136 >

内容如图 6.9 所示。

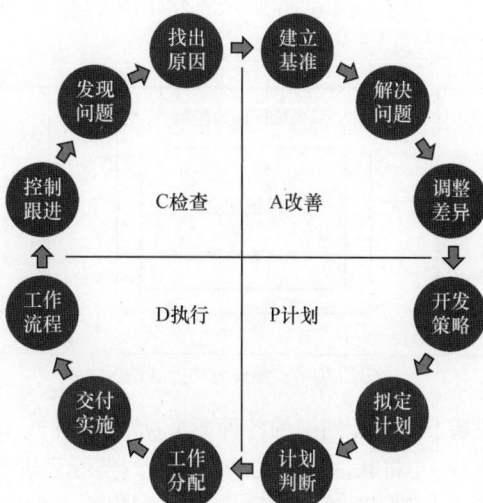

图 6.9 PDCA 循环管理方法的内容

（1）plan（计划）

在 plan 阶段，需要明确质量控制的目标，开发相应的策略，确定质量应达到的水平及程度。这一阶段要求对项目需求和预期结果进行深入研究，从而为质量控制拟定合适的计划，并对计划进行核查，判断计划是否合适。

（2）do（执行）

进入 do 阶段，根据质量控制目标制订详细的工作分配计划。这一步骤强调计划的交付实施和执行，同时要为所有工作明确相应的工作流程，确保所有相关人员明确自己的责任和任务。

（3）check（检查）

在项目开发的每个细分阶段，通过跟进和检查，将实际执行结果与质量控制目标进行比较。通过收集数据、分析结果和评估绩效，对项目质量状况进行判断。这一步骤的关键在于及时发现问题，并找出与目标的偏差原因。这个阶段的典型工作内容如下。

① 收集质量数据。通过各种方法和工具，收集与项目质量相关的数据和信息，为后续的质量分析提供数据支持。

② 整理数据。对收集到的数据进行分类、筛选和整理，确保数据的质量和准确性，以便进行下一步的分析。

③ 统计分析。运用统计方法和工具对整理后的数据进行深入分析，挖掘数据背后的规律和趋势，为质量评估提供依据。

④ 判断质量状况。根据统计分析的结果，评估项目的质量状况，判断是否符合预期的质量标准。

（4）act（改善）

进入改善阶段，根据检查结果与计划的比较结果，对质量状况进行分析并采取相应的处理，同时实施改进措施。这一步骤包括对成功经验和失败原因的总结，设立新的目标和标准，并根据需要对质量控制计划进行调整和改进。然后重新进入新一轮 PDCA 循环。

遵循 PDCA 中的计划、执行、检查、改善 4 个步骤的方法，质量监控能够持续改进项目质量，确保项目进展与预期目标保持一致。通过这样的监控过程，可以及时发现潜在的问题和风险，采取适当的措施进行纠正和改进，确保项目的质量符合预期的标准和要求。

< 137 >

因此，根据 PDCA 的思想，软件项目开发中的质量保证与控制过程也可以形成计划、执行、监控、分析及变更的监控过程，图 6.10 所示是将 PDCA 的思想应用于质量保证及控制过程的方案。

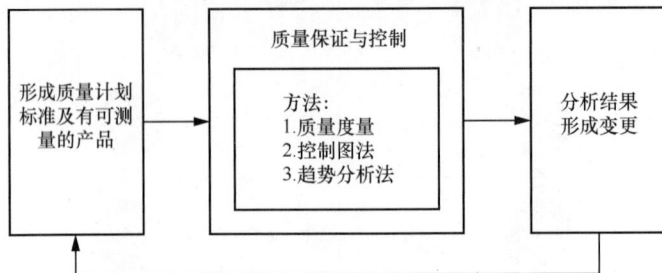

图 6.10　质量保证与控制过程

整个保证与控制过程是基于质量计划中的各种衡量标准进行的。通过一系列的方法（质量度量、控制图法、趋势分析法等），将软件项目实施过程中的实际表现与项目质量衡量标准进行比较，分析出差异，可以为客观评价软件项目质量状况提供依据，有利于根据需要采取有效措施来保证项目实施按照既定的轨道运行。

软件项目的比较和分析是质量保证与控制的关键步骤，需要审慎观察并及时发现项目的偏离情况。一旦发现就需要采取相应的纠正措施，以确保软件项目回归正轨。可以通过重新规划项目计划、调整项目步骤、优化资源配置，甚至变更组织形式或调整管理方式等措施，来确保软件项目的顺利进行，达到既定的目标。

6.5.1　控制图法

控制图法是一种重要的质量分析工具。它是通过活动、决策点和过程顺序，表示软件项目实施过程各要素之间的关系，清楚展示了软件项目质量控制过程，有助于软件项目质量管理人员判断何时、何地发生软件项目质量问题，分析发生原因，以提前采取预防措施，确定项目实施过程的质量控制要点和方案。下面是使用控制图的常用步骤。

（1）识别关键质量特性

在软件项目实施过程中需要明确哪些质量特性对软件项目至关重要。这些特性应具有可计量性和可控性，以确保软件项目的整体质量。

（2）数据收集与整理

需要收集与当前软件项目工序状态相关的数据，并确保数据的完整性和准确性，可以按照时间顺序或样本分组对数据进行整理，每组样本容量应保持一致，且总样本数应不少于 100 个。控制图的有效性建立在大量数据的基础上，因此绘制控制图前，应确保收集足够多的数据点，以提高判断的准确性，同时应该尽量保证所收集的数据能真实反映过程的特点和波动情况，避免因为数据偏差而导致误判。

（3）计算统计量并确定控制界限

基于每组样本的质量特性值，计算相应的统计量（如平均数），然后确定控制图的控制上限（upper control line，UCL）、控制下限（lower control line，LCL）以及中心线（central line，CL），通常控制界限设定在±3 标准差的位置。控制图通过设定上下控制界限来判断过程是否出现异常。

（4）数据监测与绘制控制图

按照一定的时间间隔或样本间隔进行抽样，并测定子样的质量特性值。将这些数据绘制在带有控制界限和中心线的坐标系内，以便实时监测项目的质量控制情况。控制图分为计量型控制图

< 138 >

和计数型控制图两大类型，包括均值-极差控制图、均值-标准差控制图、中位数-极差控制图、单值-移动图、极差控制图、不合格品数控制图、不合格品率控制图、缺陷数控制图、单位缺陷图控制图。

（5）异常点分析与处理

在控制图上，当数据点超出控制界限时，意味着过程可能发生了异常波动。如果发现异常点，则需要深入分析其产生的原因。如果是系统原因导致的异常点，则应予以剔除。然后，根据剩余的数据重新计算控制界限，并更新控制图。控制图还通过判稳准则来评估过程的稳定性。当数据点在控制界限内呈现随机分布时，可认为过程处于稳定状态。

（6）质量分析与控制措施

根据控制图的判断规则，定期分析软件项目的质量情况。一旦发现问题，应及时找出原因，并采取相应的控制措施，以确保项目质量稳定并符合预期标准。当项目发生较为明显的变化后，原有的控制图可能不再适用，需要重新搜集数据并绘制控制图。

图 6.11 所示是一个过程质量控制图的示意，控制图中标识出了控制上限、控制下限以及中心线，同时通过控制线划分出了 3 类区域：A（也是警戒区）、B、C。这 3 类区域与控制图的判异准则一起使用，用于判断异常的出现。

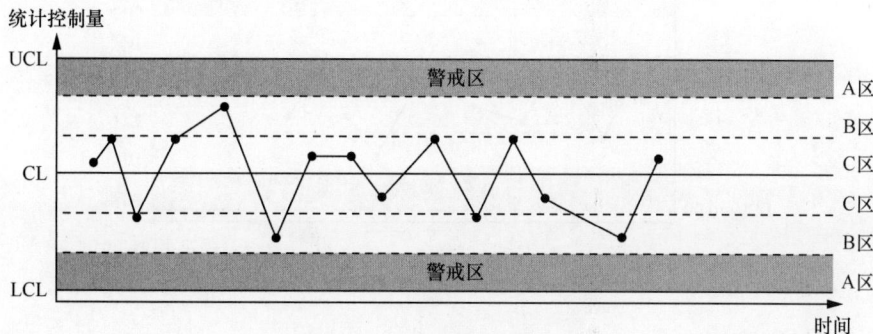

图 6.11 过程质量控制图的示意

控制图通常使用的 8 条判异准则如下所示。

① 2/3A：连续 3 点中有 2 点在中心线同一侧的 B 区外（A 区内）。

② 4/5C：连续 5 点中有 4 点在中心线同一侧的 C 区以外。

③ 6 连串：连续 6 点递增或递减，即连成一串。

④ 8 缺 C：连续 8 点在中心线两侧，但没有一点在 C 区中。

⑤ 9 单侧：连续 9 点落在中心线同一侧。

⑥ 14 交替：连续 14 点相邻点上下交替。

⑦ 15 全 C：连续 15 点在 C 区中心线上下，即全部在 C 区内，属于抽样有问题或者数据有问题，或者数据监控方式有改变。

⑧ 1 界外：1 点落在 A 区以外。

下面列举一个使用控制图监控软件缺陷的例子。

软件开发项目中通常会有一个质量保证（quality assessment，QA）经理，他的职责是监控每周发现的缺陷数量，以确保项目质量符合标准。由于监控的是缺陷数量，这是一个计数型数据，可以采用不合格品数控制图。

收集数据：每周记录发现的缺陷数量。假设项目持续 10 周，每周的数据如表 6.5 所示。

首先计算平均缺陷数

$$平均缺陷数 = (10 + 12 + 8 + 15 + 9 + 11 + 13 + 7 + 14 + 10) / 10 = 10.9$$

< 139 >

表6.5　软件项目缺陷数量监控表

周次	缺陷数量	周次	缺陷数量
1	10	6	11
2	12	7	13
3	8	8	7
4	15	9	14
5	9	10	10

然后计算控制界限，假设样本大小是固定的，这里假设 n=100（每周检查的模块数量），则控制界限为

① UCL = 平均缺陷数 + 3 ×sqrt (平均缺陷数) =10.9 + 3 ×sqrt (10.9) ≈ 20.8

② LCL = 平均缺陷数 − 3 × sqrt (平均缺陷数) =10.9 − 3 × sqrt (10.9) ≈ 0.99

此处 sqrt 代表开平方根的计算。接下来，可以绘制出该过程控制图，如图 6.12 所示。应用 8 条判异准则检查图中的缺陷点情况，没有发现问题。

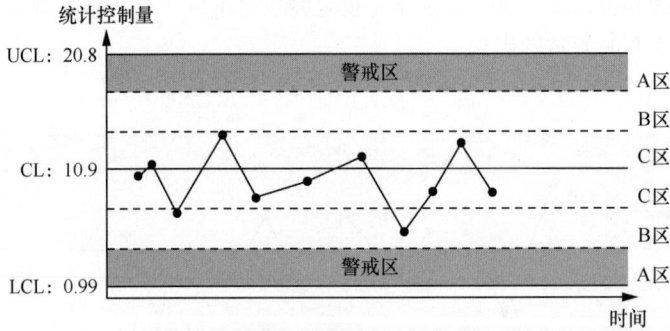

图 6.12　软件项目缺陷监测控制图的示意

6.5.2　趋势分析法

根据项目质量数据在时间轴上的变化，以原始点形式绘制在坐标系中，并通过折线连接形成的线性图形称为趋势图。这种图形能够直观地展示某一项目过程在特定时间段内的质量走向或偏差情况。通过趋势图，可以轻松地观察到质量的波动、变化趋势以及潜在的异常点，从而更好地理解项目质量的动态变化，并采取相应的措施来优化和控制质量。图 6.13 所示是一张趋势图的示例，展示了监控的质量特征值随着时间变化的情况。

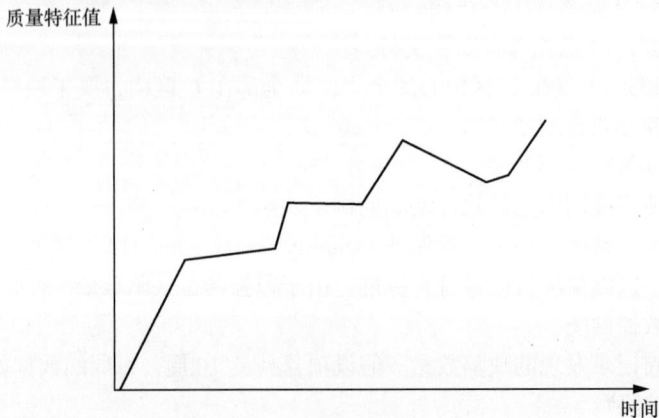

图 6.13　某质量特征值的趋势图

质量图的绘制通常遵循以下步骤。

① 明确趋势分析的目标和对象。在开始进行趋势分析之前明确分析的目的和针对的对象。这可能涉及时间层别的划分，如按照小时、日期、星期、月度、旬度、年度或项目生命周期等不同时间单位进行划分。

② 确定查验方法和内容。确定如何收集项目质量数据，这包括选择合适的查验方法，并明确需要收集的数据内容。为了做到这一点，可以设计一个查验表格，以便准确、系统地收集相关数据。

③ 建立坐标轴。在绘制趋势图之前建立一个坐标系。其中，横坐标代表时间，纵坐标则代表分析对象的质量特征值。

④ 绘制趋势图。有了坐标系和数据后可以开始在坐标系内描绘对应时间的质量特征点。随着时间的推移，用直线将这些点连接起来，形成趋势图。

⑤ 分析并采取措施。通过观察趋势图分析项目质量的变化趋势和偏差情况。基于这些分析结果制订相应的项目质量改进措施，并组织相关部门实施。

⑥ 持续跟踪与调整。实施改进措施后需要持续跟踪项目质量的变化情况。这包括收集新的质量特征值数据，继续绘制趋势图，并比较新旧趋势图的变化趋势。通过这种方式可以评估改进措施的效果，并根据需要进一步调整项目质量控制措施和实施方案。

6.6　配置变更管理

项目一旦开始，尤其在项目的执行和监控阶段，会遇到各种变更的请求，如来自范围的变更、来自进度的引起的变更等。引起变更的原因可能是前期计划制订不够准确，或是执行过程中的监控数据发现项目偏离原始轨道，如来自用户方的需求的变更，用户方的需求永远是最容易产生变化的；或者是来自内部，如风险已经不复存在，取消相应风险的应对储备的变更等。

对于任何与初始计划不一致的变更，都应遵循变更控制系统的流程执行。如图 6.14 所示，这一流程应由前面章节提到的软件配置控制委员会负责，该委员会负责接收和审查变更请求。委员会将对这些请求进行审慎评估，并决定是否批准或否决这些变更。为了确保过程的透明性和公正性，应明确委员会内部各成员的角色和职责。此外，任何变更都应得到相关干系人的共识和一致同意，以确保所有利益相关方的权益得到充分考虑和尊重。通过这种方式，可以确保变更的合理性和可行性，并降低对项目的影响。

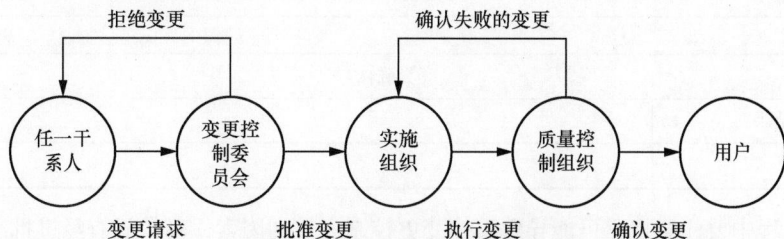

图 6.14　变更控制系统的实施流程

另外，变更还涉及一个变更管理负责人角色，也称为变更经理，其职责为承担变更相关的责任，并拥有相应的权限，以便在必要时做出决策。其工作具体包括监控变更管理过程，确保其按照既定标准和流程进行；协调相关资源，以保障所有变更能够顺利按照预定过程运作；确定变更

< 141 >

类型，组织变更计划和日程安排，并管理这些日程以确保变更的及时实施。

变更实施完成后，变更管理负责人应进行回顾和关闭工作，确保所有变更活动都已妥善完成，并对整个变更过程进行总结评估。另外在变更的风险评估和审批过程中，变更负责人可能需要通过逐级审批或参与团队会议的形式，确保变更的风险被充分评估，并得到适当的审批。

一般在实际工作中，为提高项目的工作效率，变更经理通常由项目经理兼任，因此普通变更由项目经理批准，重要变更才由变更控制委员会批准。

前面章节提到，配置管理活动有 3 项主要发生在实施监控阶段，接下来对这 3 项内容分别展开阐述。

6.6.1　配置项变更管理

从变更实施的流程可以看到，变更实施主要包括 4 种活动，如图 6.15 所示。

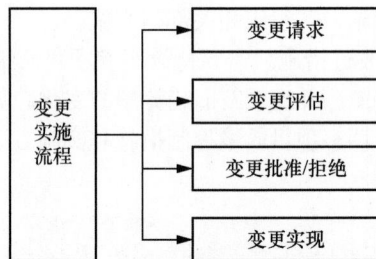

图 6.15　变更实施流程包含的活动

（1）变更请求

变更请求贯穿整个变更控制的过程，因为变更过程就是对变更请求进行审查、批准和管理的过程，涉及对可交付成果、组织过程资产、项目文件和项目管理计划的变更。表 6.6 所示是一个变更请求常用的申请表示例。

表 6.6　变更请求表

项目名称			
变更申请人		提交时间	
变更项目		紧急程度	
变更具体内容			
变更影响分析			
变更确认			
处理结果			
签字			

在这一过程中要注意规避可能导致整体变更控制失效的因素，确保只有经过批准的变更请求才能得以实施。对于变更请求，需要迅速进行审查、分析和批准，以免因决策延迟而对时间、成本或变更的可行性产生不利影响。

一旦变更请求得到批准就需要对其进行跟踪管理，确保掌握变更的进度。只有经过批准的变更才会被纳入项目管理计划和项目文件中，从而维护基准的严肃性。最后完整地记录变更请求的

< 142 >

影响，以便进行后续的审查和分析。

（2）变更评估

变更评估是对变更请求及其产生的影响进行全面评估的过程，主要涉及以下方面的内容。

① 对项目的基本分类和属性进行评估，以确定变更是否会影响项目的整体分类。

② 评估变更对项目所采用的技术、方法和工具有何影响，以及是否需要进行技术调整或采用新的技术手段。

③ 评估变更是否会对项目各部分之间的接口产生影响，如软硬件接口、不同模块之间的交互等，确保接口的正常运作。

④ 分析变更对项目进度的影响，包括对项目各个阶段的时间安排、里程碑和最终完成时间的影响。

⑤ 评估变更对项目成本的影响，包括对人力资源、物资采购、外包等方面的成本变化的影响。

（3）变更批准/拒绝

如果变更请求被评估为可行，那么该请求将被批准，并由负责指导但不直接管理项目执行过程的人员来实施。如果变更请求被判定为不可行，那么该请求将被否决，并且可以退回给提出变更请求者，以便请求者补充更多的信息或重新提交。

（4）变更实现

变更实现同样是一个系统性的过程，包括以下关键步骤。

① 变更项出库。首先，需要从变更控制系统中提取相关的变更项。这涉及确认所需的变更、选择适当的变更项以及从系统中提取这些变更项。

② 变更实施。接下来，根据变更请求的内容，开始实施具体的变更。这可能包括修改项目计划、调整资源配置、更新技术方案等。

③ 变更测试和验证。在变更实施后，必须对所做的更改进行全面的测试和验证，以确保变更的正确性和有效性。这一步骤对于确保项目的质量和完整性至关重要。

④ 变更实现被承认。经过测试和验证后，确认变更符合预期要求并且不会对其他部分产生不利影响。这一步骤是对变更实现的正式认可，表明变更已经过评估并被接受。

⑤ 变更项入库。最后，将已实现的变更重新纳入项目管理系统或相关文档中，以确保变更的持久性和可追溯性。同时，这也是对项目基准的维护和更新。

在变更实现过程中，对于每个变更请求的文档都需要进行及时更新。一旦经过批准的变更实现完成，必须经过质量部门的确认，这样整个变更流程才算正式结束。

6.6.2　配置审核

为了确保变更实现后的效果，通常会采用配置审核作为变更控制的补充手段。配置审核的主要目的是确保某一变更请求已经确切地实现，所有相关的配置项都得到了正确的更新和维护，并且在配置计划中得到了更新。配置审核在变更控制中扮演着重要的角色。按照管理规程，应定期对配置库和配置项的状态进行审核，审核配置管理活动和过程，确定所产生的基线和文档是否准确，并且在适当时记录审核结果，以便维护配置基线的完整性，最后将结果记录到配置状态报告中。配置审核主要包括两个方面的内容。

① 配置管理活动审核。该审核旨在确保项目团队的所有成员遵循已批准的软件配置管理方针和规程进行配置管理活动。这涉及审查配置管理流程的执行情况，确保各项操作符合预定的规范和标准，从而维护项目的稳定性和一致性。

< 143 >

② 基线审核。该审核旨在确保基线的配置项被正确地构建和实现，并满足功能要求。在项目开发过程中，基线是重要的里程碑，标志着某一阶段的完成和下一阶段的开始。因此，对基线的审核尤为重要，以确保在后续的变更过程中不会出现偏差或错误。

配置审核这一过程要坚持一个原则，那就是变更的目的是使项目的执行过程不偏离基准轨道，而不是仅仅解决眼前的阶段性问题。遵照这个原则进行相应的变更管理才能保证项目的顺利进行，并维护项目的整体质量。表 6.7 所示是一个配置管理计划中的配置审核计划示例，提供了常用的配置审核内容及方式。

表 6.7   配置审核计划示例

审核内容	审核的时间计划/频率	审核人	审核的对象、方式等
审核基线的完整性	1 次/两周	XXX	审核基线是否完整，如果基线不完整，则对基线进行调整
审核配置记录	1 次/两周	XXX	审核配置管理记录是否正确反映了配置项的配置情况
审核配置库和配置项的结构	1 次/两周	XXX	根据配置管理计划审核配置管理系统中配置项的结构完整性
审核配置项的完备性和正确性	1 次/两周	XXX	以配置管理计划中说明的需求和所批准的变更请求的处置为基础来审核配置项的完备性和正确性
跟踪审核后的行动	1 次/两周	XXX	对审核后提出的各项行动进行跟踪，直到结束
审核配置项的变更	1 次/两周	XXX	审核配置项变更的状态、配置项变更的版本、内容等方面的正确性
审核配置库的操作和备份	1 次/两周	XXX	审核配置库的操作、管理状态，以及备份、安全维护等方面的活动

6.6.3   配置状态统计

配置状态统计（configuration status accounting），其实是配置管理者发布的定期的状态报告，类似于系统的状态快照，除了记录配置项的状态和变更历史，还要报告出配置管理系统的状态和内容。此处配置管理系统是指软件项目进行配置管理过程中用于管理变更所使用的规范和工具的集合。

配置状态统计的内容通常包括配置项清单、版本信息、变更记录、基线状态、发布信息、变更状态等，还可以包括配置审计结果，这些信息有助于团队成员、项目经理和利益相关者了解项目的进展和配置管理的状况。

例如，配置状态报告中可以提供如下配置项的相关信息。

① 某子程序的 1.3 版在哪个备份中可以使用。

② 哪些程序有更改（某个基线版本中）。

③ 某次变更请求中更改的配置项列表、前后版本号情况、变更完成情况。

配置状态报告统计内容提交给管理层和相关的利益相关者，供其追踪变更的情况，以便利用相关信息做出决策、规划资源和调整项目策略。

又如，配置状态报告可以提供如下统计内容的信息。

① 某个变更请求是否已被批准。

② 已批准的变更请求的当前状态。

③ 已完成的变更耗费时间和人工情况。

< 144 >

④ 配置项与变更请求的关联情况。

对项目配置项的状态进行定期或实时的跟踪和报告，确保项目团队能够清晰地了解配置项的当前状态和历史变更，有助于团队维护配置项的完整性和一致性，确保所有变更都得到适当的记录和控制。

配置管理系统的状态统计主要包括变更请求的数量、变更请求的历史报告、存储量的增长情况、配置管理系统以及 SCCB 在运作中发生异常的次数等。配置管理系统的状态统计相关内容解释如下所述。

① 变更请求的数量指在特定时间段内提出的变更请求总数。它反映项目的灵活性和适应性，以及变更管理的频率。

② 变更请求的历史报告包含过去变更请求的详细信息，如请求的类型、原因、影响、处理结果等。这些报告用于分析变更趋势，评估变更管理的效果，并为未来的决策提供参考。

③ 存储量的增长情况是指随着项目的进展，配置项的数量和相关文档的存储需求可能会增加。配置管理的工具需要有足够的存储容量来保存所有配置项的当前和历史版本。

④ 在配置管理整体实施过程中，配置管理系统以及 SCCB 在运作中会发生异常。例如，SCCB 的异常包括会议延迟、决策延迟、沟通不畅等问题，配置管理系统的异常包括故障、错误或性能问题。

6.7 本章小结

本章主要介绍了软件项目在执行和监控阶段的管理实践，这一阶段是项目管理的关键环节，旨在确保项目按计划顺利进行，同时监控项目状态以适应变化并作出调整。本章主要内容如下所述。

① 强调了监控在多个维度（进度、成本、质量、范围、风险等）上的作用，以及有效监控对项目良好运行的重要性。

② 分别针对范围、进度、成本、质量控制、风险监控及变更控制关键领域，解释了如何监督和控制，以保持项目在预定轨道上，并介绍了每个领域的常用工具和方法。

通过学习本章内容，读者可以掌握项目执行和监控阶段的关键管理技能，包括如何进行有效的沟通、团队协调、风险识别与应对，以及如何维护项目的质量标准。这些内容为读者学习后续章节奠定了坚实的基础。通过本章的学习，读者将更好地理解在项目执行监控过程中保持项目良性运行的重要性，以及如何采取适当的措施来优化和管理项目的各项运行指标。

6.8 习题

一、简答题

1. 挣值分析法主要分析的是哪两种监控指标？

2. 趋势图分析法的主要流程是什么？

3. 项目信息采集的形式有哪些？

4. 利用挣值分析法计算 BCWP：某软件开发项目计划的总工作量为 1000 个功能点，预算总成本为 50 万元，即每个功能点的预算成本为 500 元。在项目的某一阶段结束后，项目团队实际

< 145 >

完成了 600 个功能点。请问，该阶段结束时项目的 BCWP 是多少？

5. 配置项变更管理的流程有哪些步骤？内容分别是什么？

二、实践题

1. 某项目进展到 11 周时，对前 10 周的工作进行统计，情况如表 6.8 所示。

表 6.8　工作情况统计表

时间	计划完成工作预算费用/万元	已完成工作量/%	实际发生费用/万元
第 1 周	400	100	400
第 2 周	450	100	460
第 3 周	700	80	720
第 4 周	150	100	150
第 5 周	500	100	520
第 6 周	800	50	400
第 7 周	1000	60	700
第 8 周	300	100	300
第 9 周	120	100	120
第 10 周	1200	40	600
合计			

① 求出前 10 周每项工作的 BCWP 及第 10 周末的 BCWP。

② 计算第 10 周末的合计 ACWP、BCWS。

③ 计算第 10 周末的 CV、SV，并进行分析。

④ 计算第 10 周末的 CPI、SPI，并进行分析。

⑤ 假设项目计划的预算的总成本是 6400 万元，求 EAC。

2. 前面学习了质量监控的控制图法，请看如图 6.16 所示 4 幅控制图异常的案例，并判断出每个案例符合判异准则的哪一条。

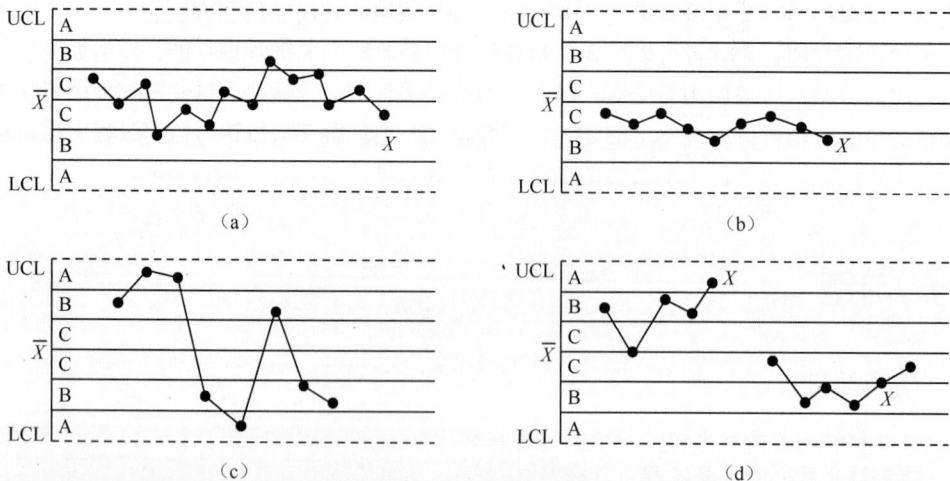

图 6.16　控制图异常的案例

< 146 >

第 7 章

执行和监控阶段的项目管理（二）

——项目开发阶段视角

第 6 章从项目总控的宏观角度，对执行和监控阶段的项目管理进行了阐述。本章将从项目开发阶段视角阐述执行和监控阶段的项目管理，重点从软件项目管理的维度深入剖析，并介绍项目的需求分析—设计—编码这个过程相应的项目管理工作内容。

▶本章学习目标

① 熟悉需求分析阶段的项目管理，包括相关人员和任务，需求分析步骤，项目管理的执行与监控。

② 熟悉设计阶段的项目管理，包括相关人员和任务，主要设计阶段，项目管理的执行与监控。

③ 熟悉编码阶段的项目管理，包括相关人员和任务，编码流程，项目管理的执行与监控。

7.1 需求分析阶段的项目管理

本节会将执行和监控的过程对应到软件项目开发的需求分析、设计、编码（开发）和测试阶段。上述阶段也是按照瀑布模型分解的一个比较典型的常被称为软件开发或软件实现的流程。这个过程的软件项目管理的重点在于软件的各项开发流程能否按照要求以正确的设计思想进行，文档的重点则需要放在各项需求开发文档和需求审核文档上。

软件项目需求阶段的过程（全过程项目管理）如图 7.1 所示。

顾名思义，需求阶段的重点在于获取准确而优质的需求，这是需求工程要解决的内容。从用户需求到软件需求的过程如图 7.2 所示。

前期对项目进行范围管理的时候，已经做过一次需求的收集。这次需求搜集的行为是为范围管理服务的，也就是围绕"项目要做什么"而进行的一次管理工作，是解决团队成员做什么的问题，目的是制订工作的分解结构，奠定后期各项计划的基础。需求阶段的分析的最大不同是为项目开发服务的，目的是获取完整且准确的用户需求，同时要对用户需求进行认识和分析，深入描述软件系统的功能和性能，确定软件设计的约束和同其他系统之间的接口，并采用各种数据、模型和设计来描述需求规范下的系统，也就是要解决软件系统需要做哪些事情的问题。

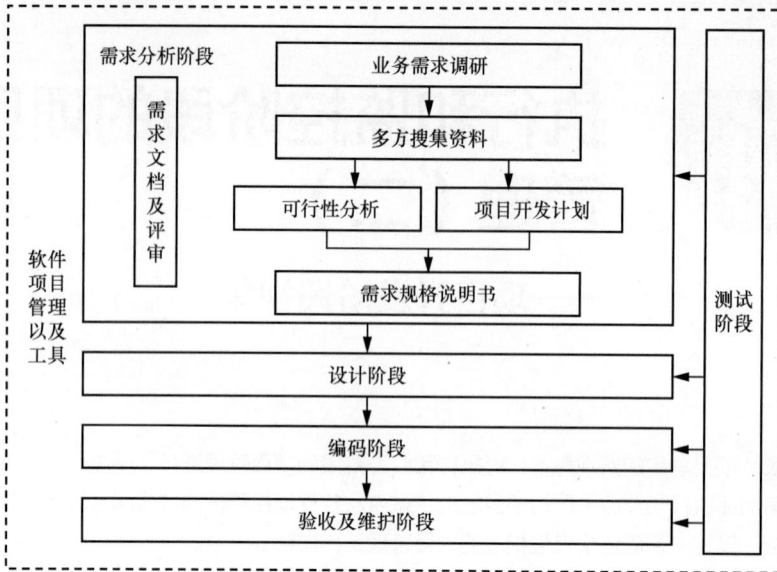

图 7.1　软件项目需求阶段的过程（全过程项目管理）

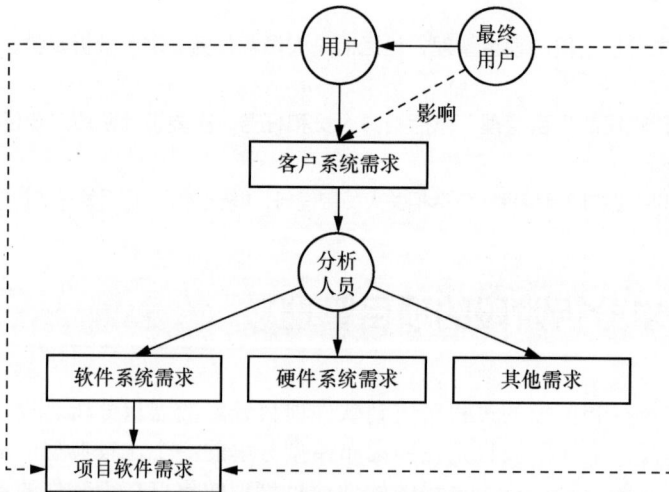

图 7.2　从用户需求到软件需求的过程

需求分析阶段概述如表 7.1 所示。

表 7.1　需求分析阶段概述

概述项	内容
主要任务	系统必须做什么
本阶段特点	基础的基础，工程质量好坏始于此
主要文档	① 需求分析书 ② 项目预算报告（初稿） ③ 项目进度计划（项目日程安排概要） ④ 系统功能概要 ⑤ 各子系统的数据流程图 ⑥ 数据字典 ⑦ 简明算法描述

< 148 >

续表

概述项	内容
管理要点	确定对系统的综合需求，包括以下内容。 ① 确定系统功能要求 ② 确定系统性能要求，如响应时间 ③ 确定运行环境要求 ④ 将来可能提出的要求，如扩充、修改或升级等 ⑤ 尽量提出准确、清晰、完整的要求

项目管理者和系统分析人员必须仔细研究功能并且做到具体化，而且必须对需求进行严格的审查验证。

7.1.1　需求分析阶段人员和任务

需求分析阶段的所有团队人员的工作目的是获取高质量的软件需求，软件需求是奠定优秀软件产品的基础，它不仅来自用户和需求沟通人员的沟通交流，而且需要团队人员之间的高度配合和密切协作。

需求分析阶段，项目参与人员的角色类型和职责内容如表 7.2 所示。

表 7.2　需求分析阶段项目参与人员的角色类型和职责内容

角色类型	职责内容
项目经理	负责本阶段项目安排，控制进度，调度资源，协调各方工作
分析人员	通过与用户方的技术人员和业务人员的良好沟通，了解系统建设目标、业务流程、功能和非功能需求等，完成需求说明书的编写
开发人员	围绕原型系统进行开发
质量管理人员	组织相关人员审核需求分析成品的质量以及评审需求说明书
配置管理人员	通过评审需求分析产品和文档内容
用户方	以用户方的项目负责人为核心，带领用户方的各个职能部门共同参与分析系统的功能和业务模型，同时要求这部分人员中具有最终签字认可权的角色

在需求分析阶段，项目管理者可以构建矩阵型组织结构，借助这样的组织架构可以有效利用项目资源，减少冲突，增加沟通和协调的机会，同时降低项目执行成本；还可以适当采用激励机制，保证各个角色充分发挥积极性，完成任务。

这个阶段的任务核心在于获取需求，但是许多用户方人员可能并不积极参与需求调研过程，或对需求分析的工作不很重视，给出的需求质量不高，这些现象给项目造成的影响往往是非常严重的，导致在验收时很多问题都会暴露出来，从而导致用户方和开发方分析人员的团队矛盾，比如，用户原因导致的需求调研工作拖延，或用户拒绝对各项需求分析结果进行签字确认，也可能是双方工作方式上的不恰当造成工作配合上的矛盾和摩擦等。对于该阶段可能出现的问题可采用以下办法加以防范和解决。

① 明确各自的责任和义务。根据表 7.2 明确划分双方的职责，明确所有人员在需求活动中的责任和义务，防止问题的出现和摩擦的产生。

② 组织项目协调会议。对出现的矛盾及问题，项目经理需要及时组织项目双方人员召开协作会议，分析问题，找出解决办法，及时化解出现的矛盾。

< 149 >

③ 树立共同的项目目标和成功意识。强调项目成功对项目双方的重要性，使大家能够建立起一致的工作目标。

7.1.2 需求分析步骤

需求开发的过程也就是系统分析人员在项目经理的领导下，确认需求分析结果，制作出需求分析说明的过程，主要包括以下 3 个主要的步骤。

（1）需求获取与挖掘

软件项目的开发是满足用户对计算机系统开发的需求，这是软件开发的第一步骤，需要将人的思想转为计算机系统的需求。对于用户而言，需求是一个很复杂的概念，用户虽然知道自己需要的部分结果，但是对于具体的、明确的既定结果是不明确的。因此在获取用户需求的过程中，开发人员必须尽可能迅速地熟悉项目的干系人全貌，力求尽可能准确地确定他们对软件开发项目的实际需求和期望定位，为此，应该逐步地理清项目干系人的组织结构、领导层级，尽可能地获得干系人全体对软件开发的支持，降低干系人内部对软件工程开发的异议带来的不良影响。

需求讨论应集中于业务需求和任务，因此，分析人员与用户交流时，应尽可能采用用户习惯的语言表达，使用用户领域的术语。并且尝试和用户方的技术人员以及业务部门的系统用户人员进行交流。需求获取阶段的人员角色和工作内容如图 7.3 所示。

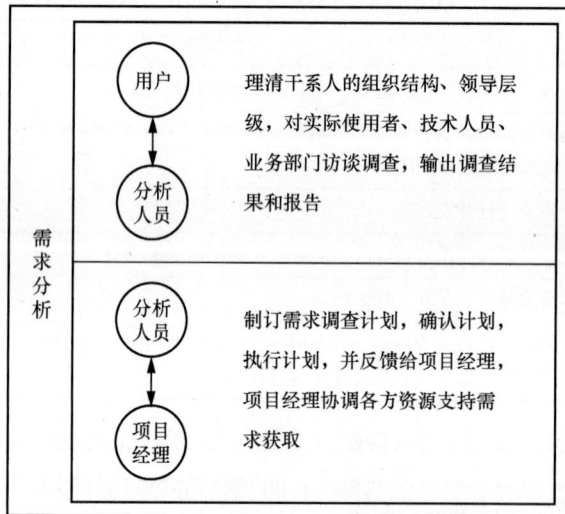

图 7.3 需求获取阶段的人员角色和工作内容

需求获取人员需要针对软件的实际用户进行一定的需求调研，并和用户访谈，了解用户的具体需求方向和趋势，了解现有组织架构、业务流程、各种设施设备环境，访谈并发放调查表格，最后形成完整的访谈记录、调查报告和用户的业务流程报告。

与此同时，需求不能仅限于来自用户自身的描述和调查，还要围绕用户建议的内容进行需求的挖掘，挖掘的方向来自对同样产品的功能分析等、使用数据等的分析以及用户所在行业趋势的分析等，这样本阶段得到的需求才能比较全面，且具有前瞻性，有利于减少后期用户变更的可能性。需求挖掘的方向如图 7.4 所示。

（2）需求分析和描述建模

分析用户需求，是在需求分析人员完整地获取到用户的需求及期望之后，需要做的一项精细

< 150 >

的分析工作。需求分析和建模阶段的基本流程如图 7.5 所示。其中分析用户需求所执行的活动包括如下内容。

① 建立草图原型，向用户展示系统界面、操作流程以及各项功能模块。

② 和用户沟通并确认原型的内容，尤其是有修改的内容。

③ 用业务流程图描述系统的整体业务活动。

④ 用数据流程图描述系统的数据流。

⑤ 采用实体关系图描述实体、属性、关系三者之间的联系。

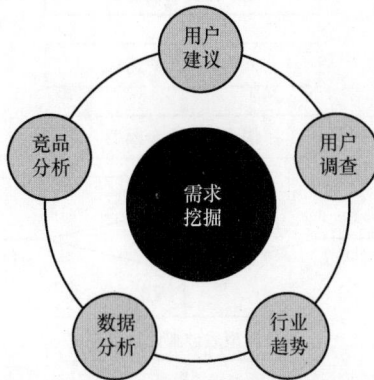

图 7.4 需求挖掘的方向

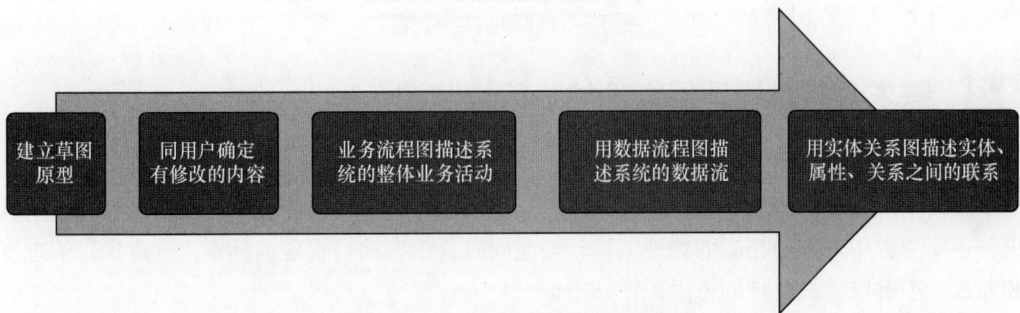

图 7.5 需求分析和建模阶段的基本流程

其中原型界面也是分析人员再次用于向用户确认需求的重要工具，分析人员可以采用一定的调研方法和手段，在原型的基础上，与用户讨论设计的合理性、准确性、易用性以及用户习惯问题，得到改进的意见和方法，并基于此修改上述步骤中的各种图示和模型内容。原型法的实施过程如图 7.6 所示。

在这个过程中，需求分析人员既要尊重用户的需求，也要尊重自身的需求分析过程。一方面，需求分析人员要进一步分析用户提出的需求当中衍生出的隐含需求，这就需要系统分析员在与用户交流中，关注用户的反馈神情、语言等；另一方面，分析人员要判断用户提出的需求的合理性，并给出不合理的需求的理由和原因。例如，大多用户需要不断缩减开发成本，这会极大降低软件开发的质量水平。

这个阶段的成果主要是需求说明书，这是需求分析在开发视角的呈现，其编写的主要目的在于更加具象化地将软件开发过程描述出来，便于开发人员与用户进行相关的交流协作，并且作为软件开发过程中的进度依据，便于软件开发管理过程中的控制和管理工作。

（3）需求评审

需求评审是非常重要的一个阶段，如果等到用户发现一个错误后才去更正错误，就会比前期

< 151 >

自主评审发现问题并处理需要多花约 90%的时间。这一阶段的关键在于确立需求评审的严肃性，在需求评审的现场，必须有开发方和用户方双方的领导以及专家同时在场，开发方对需求报告的讲解应该巨细无遗，不能放过任何一个功能模块，以便于双方共同检查需求调研中是否有遗漏、不合理、不清楚等问题。这一阶段的目的是要获得用户的确认，如果用户以各种理由不及时确认，那么需要尽快拿出原型系统让其确认，否则后续工作将不能顺利开展，并将伴随着无穷无尽的需求变更。

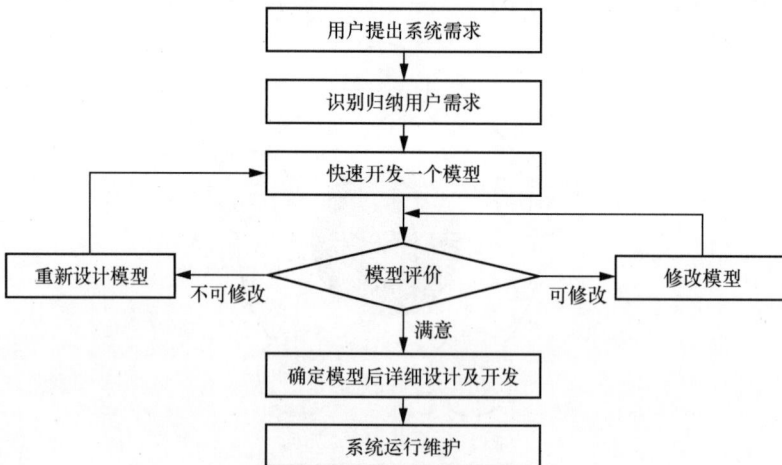

图 7.6　原型法的实施过程

7.1.3　需求分析阶段项目管理的执行与监控

1．进度的执行与监控

本阶段用户和开发团队合作最为密切，管理难度也较大，项目经理不仅需要考虑项目团队的管理，还要考虑用户方的相应的管理工作，与此同时，根据项目管理的计划，推进项目的进度执行和监控。本阶段项目管理的重点工作如下。

（1）技术层次

为了更好、更快地获取需求，还可以采用快速原型技术和软件复用技术。原型系统实物的使用，有助于用户提高对未来系统的认识能力。同时，利用需求复用技术复用其他相似系统的需求分析结果，有助于提升整个系统需求分析的工作进度。

（2）管理层次

良好的需求管理工作，可以有效遏制需求分析阶段的需求变更，确保需求分析工作能够快速、顺利地推进；同时，还可以提高需求分析结果的可复用性。需求管理的手段包括建立完备的需求分析的计划和需求审核制度、建立用户签字制度、定期的工作通报制度等。

（3）沟通层次

与用户进行有效的沟通，确保沟通的深度和广度，有助于快速、准确地获得用户的实际需求。分析人员必须与用户进行良好的沟通，详细、准确、全面地了解用户的真实想法，并争取赢得用户的信任，得到更多的支持和配合，进而加快需求分析工作进度和提升需求分析工作质量。

需求分析阶段进度管理的难点在于用户需求的更改特别频繁，即使有用户签字也很难推进需求的进度。对此，要根据用户提出的需求的实际情况决定需求变更是否接受和接受的程度如何。

面对用户的需求变更，首先，分析此需求变更的合理性和可行性。如果需求的变更出自个人

< 152 >

考虑，而在业务或者行业里面并不通用可行，这时应该沟通此更改有没有必要。其次，用户需求更改导致系统大的改动，要告知这个需求的工作量会拖延项目进度。最后，对于可控的需求更改，在合理的范围应当尽量满足用户需求。

2．质量管理的执行与监控

高质量的需求能真实反映用户的实际需求，也能带来更少的变更和较高的软件开发率，控制需求分析阶段的需求质量，是本阶段质量管理的重点内容。

前面的章节提到许多质量管理的理论，重要的是要将前期理论知识联系到每个阶段的质量管控。围绕需求分析阶段的内容，本小节从 4 个方面分析软件项目的质量管理。

（1）确定需求分析阶段交付物的质量特性

① 软件这类产品的质量基本是由设计（包括需求分析）确定的。

② 并非所有软件过程中的分析设计细节都可以进行质量控制。

③ 软件的功能是指软件对自身设定工作的完成程度。

（2）选定交付物的质量特性的测量指标

选定的交付物质量特性必须是可以测量的，通过控制这些质量特性，进而控制整个项目的质量。

（3）设定需求分析相关交付物质量特性的指标

需要设定质量标准，评价所确定的交付物的质量特性指标。这里涉及两个方面的内容，一是标准的可行性，并不是所有质量管理的标准都适用于需求分析的相关交付物，标准是否可行可从 3 个方面进行比较：与顾客期望比较、与同行比较、与历史比较等；二是关注成本，对于用户和团队本身，都必须考虑需求分析阶段的成本和进度问题。

（4）根据质量标准建立检查点，控制交付物的质量

在质量标准设定好后，质量控制部门需要对交付物进行检验，看其是否符合设定的标准。如表 7.3 所示，质量的评审负责人员给出一张需求分析结果检查项的内容，其中每项的检测就是针对需求分析内容质量的一个评判。

表 7.3　需求分析结果检查项的内容

检查项	检查内容	说明
正确性	需求描述正确	软件需求符合用户的期望，且符合所涉及行业的技术规范
可追溯性	需求来源合理	软件需求规格说明书中的每一个需求都清楚列出，且每项需求在软件需求规格说明书中具有唯一性
完整性	需求涉及全面	软件需求规格说明书中没有遗漏任何必要的需求
一致性	需求项的逻辑统一	各软件需求之间以及软件需求与高层（系统、业务）需求之间逻辑统一
可行性	需求可最终实现	软件需求规格说明书中的每一个需求都是可实现的
无二义性	需求描述无歧义	软件需求规格说明书中的每一个需求都只有唯一的含义
可验证性	需求可被验证	软件需求规格说明书中的每一个需求对用户而言都是可验证、可测试的
必要性	需求有必要实现	软件需求规格说明书中的每一个需求对用户而言都是必须的，没有冗余
可理解性	需求表达清晰	软件需求规格说明书中的每一个需求都做了清晰的阐释，相关人员都能看懂
优先级	需求具有优先级	软件需求规格说明书中，应根据需求的轻重缓急对需求划分优先级。具有概要设计所需的相关的输入信息

为了能贯彻实施对需求分析阶段的质量管理，需要保证做到以下内容。

< 153 >

① 认真准备调研计划。分析人员在调研前需要认真做好工作准备，根据工作计划和需求分析的阶段准备相应的需求调研主题，并设计需要采用的调研形式，应对各种可能结果的措施。

② 正确理解用户需求，并记录完整的访谈记录。分析人员对于需求进行记录或者进行需求说明书编写的时候，需要表达准确，避免有歧义的描述。设立合适的检查点。

③ 评审阶段性的成果，定期进行会议交流。

④ 做好需求项的用户签字，将所有调研和会议讨论结果形成正式的书面文件，经用户审核签字后，纳入需求管理。要确定双方都能认可的《需求分析说明书》。双方需要严格根据签字确认的《需求分析说明书》中的业务范围进行开发，对于在项目初期不便确定的需求，项目监控人员要及时与用户充分沟通，在开发的过程中，对需求进行修改，并与用户共同确认，保证需求的合理性以及项目顺利实施。

3．项目进度和产品质量的平衡

从需求分析阶段开始，软件项目的进度、质量、成本、范围、风险等指标因素就会相互影响甚至制约。首先，因为软件项目的两个特性，即无实体和容易修改，所以在软件项目开发过程中，变更的出现往往比其他建设项目更为频繁，这导致了需求在时间上的不断扩展和大量修改工作的累积。这种情况逐渐对项目进度产生了负面影响。其次，即使某些工作在进度上看似达到了预定目标，但如果其质量未能通过检验，那么返工和修改就不可避免。这不仅增加了人力资源的投入，还延长了项目的实际完成时间，从而间接地导致了进度的拖延。因此可以认识到，项目中部分任务的质量对整个项目的进度具有重要影响，而前序任务的质量也会直接影响到后序任务的质量。这种相互关联性揭示了一个显著的矛盾点：在项目进度中，追求速度的加快往往以牺牲质量为代价。这两者的调和，不能孤立地看待，一旦只关注进度和质量两个指标中的某一个，那么最终必然会牺牲掉其他指标，所以要通过一系列手段和措施，让进度和质量相辅相成。

以需求分析阶段为例：应该明确需求分析的范围、交付物质量目标和质量控制的内容；设置该阶段的检查点，在该阶段工作结束后，应该进行全面的评审，以找出与计划不符的偏差。同时，还要深入分析那些可能影响质量的因素，并积极采取措施来消除这些障碍，进而确保项目顺利推进，并达到预期的质量标准。具体工作如下。

① 按照项目计划（包括 WBS、工期、人力资源）执行需求分析的内容，确保计划的可行性，同时获得每位项目成员对工作进度的明确承诺。

② 关注并监控进度、成本、质量和风险等关键要素，在全面评估各种因素之间的相互关系后，及时调动和协调各方资源，确保所有任务能够按时完成，进而确保项目按时完成。

③ 积极与管理层沟通，争取他们的全力支持和更多资源的投入，并将这些资源及时、有效地部署到项目中，为项目的顺利实施奠定坚实基础。

④ 预防优于事后检查，采取积极主动的策略，提前预见并解决问题，有利于确保项目进度和质量同步提升。

⑤ 不断总结经验教训，并及时采取改进措施。

4．需求变更管理

在软件开发的项目中，项目范围控制的目的是确保项目范围和需求的变化处在可控制、可跟踪的状态。需求的变更是项目范围控制中最常见的一项项目管理的内容，也是需要遵从配置管理流程的一个过程。需求变更的原因多种多样，其来源可能是市场、管理、用户、软硬件工程环境和测试等方面。若不能有效地管理这些变更，那么项目可能会陷入混乱状态，导致进度延误、软

< 154 >

件质量下降等一系列问题。因此，需要对需求变更进行妥善的管理。

以下是一些需求变更产生的常见原因。

① 用户与系统分析人员对系统功能的理解有差异。在进行用户需求调查与分析的过程中，分析人员的知识背景、经验以及与用户的交流情况等多种因素的影响，可能会导致分析人员与用户之间在理解系统功能上产生差异。这种理解上的差异，随着项目的逐步推进和结构的逐渐明朗化，往往会引发需求上的变更。

② 用户的业务逻辑因市场环境的变化而发生变化。由于用户自身的业务逻辑不够明确，他们可能会根据市场的实时动态来调整自己的运营策略。这种策略上的调整往往会导致对软件产品的需求发生变更，因为软件需要适应和支持用户新的业务模式。

③ 用户试用软件的测试版本后提出变更。用户在开始试用软件的测试版本并进行实际的操作体验后，往往会对软件的功能性、性能表现、界面设计以及操作便捷性等方面提出新的期望或建议。

④ 技术更新或升级带来的变更。随着信息技术的发展，原先项目中所采用的技术可能会逐渐显得陈旧，甚至被市场淘汰。为了保证软件产品的持续竞争力和适应性，开发团队常常需要对原有技术进行更新或升级。同时，开发方在进行软件版本迭代、性能提升和缺陷修复的过程中，也会产生一系列的变更需求。

需求变更控制是项目管理中的一项重要任务，它要求团队能够准确评估由内部或外部因素导致的需求变更所产生的影响。在明确了这些影响之后，团队需要有针对性地调整开发流程、资源配置和计划安排，以便有效地管理和适应这些变化。变更是无法避免的，对策是使用有效的方法来管理项目变更。通过需求变更控制，团队能够确保项目在面临变更时仍能保持稳定的进展，同时最大可能地满足用户的期望和需求。从项目规划初期开始，确立一套清晰、规范的需求变更管理流程至关重要。这样做不仅能够帮助团队及时识别、评估和响应各种需求变化，还能有效降低变更对项目进度、成本和质量的不利影响。需求的变更可能存在于整个软件项目的过程中，项目管理需要依靠变更控制系统来完成流程化的变更。变更控制系统遵循请求—评估审批—跟踪的原则进行。前面章节描述变更管理的时候提到，这个过程中的一个重要角色就是 SCCB，任何变更需求都必须经过 SCCB 的审核和评估，决定是否执行变更，并跟踪变更的过程，评估变更的结果。

本小节来分析一个案例中的做法，说明需求变更缺少管理会出现的问题。

某项目开发人员在听到用户口头上的不满和抱怨之后，未经过正式的需求变更管理流程，就直接对系统软件进行了修改。虽然他可能解决了用户的问题，但是这样的做法显然是存在隐患的。下面列举 3 条不合理的地方。

首先，开发人员未将用户的变更需求以书面形式记录下来，这可能会造成系统软件变更的历史轨迹无法被有效追踪。由于没有明确的文档记载，项目团队在未来可能难以准确地了解过去的修改内容、原因和背景。

其次，对用户的变更需求未进行充分的合理性评估。这可能导致新的需求与项目现有的工作产生冲突，进而对项目的成本控制、进度安排或质量保障造成负面影响。

再次，在进行变更时没有及时与其他项目相关成员进行沟通，由于信息的不对称，其他成员可能无法及时了解变更的内容和目的，进而无法相应地调整自己的工作，整个项目的工作会出现不一致甚至混乱。

那么按照变更控制系统的流程，需求变更应该按照图 7.7 所示的步骤完成。

需求变更的主要流程如下。

① 项目需求确认。在项目的任何阶段，如果有任何需求变更发生，均需要完成项目需求确认。

< 155 >

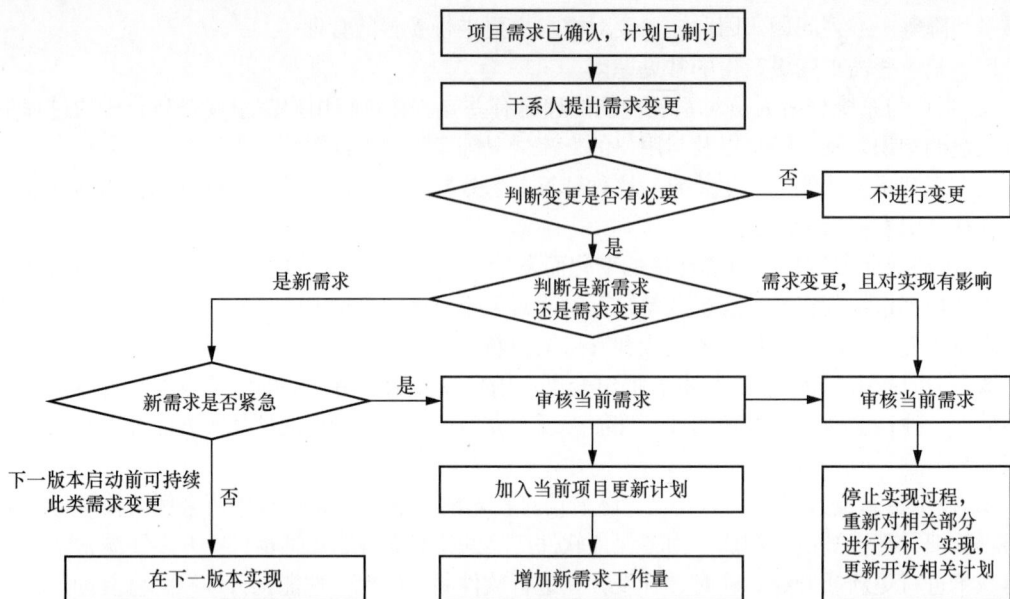

图 7.7　需求变更流程图

② 判断是否有必要做需求变更。必要性这一项可以从 3 个方面来考虑：一是该需求是否兼容以后业务的发展，而不只是临时方案；二是该需求是否支持足够的业务量，也就是具体投放使用后无人使用或使用间隙太长；三是该需求技术实现成本是否超出了该功能对业务的优化。

③ 如果确定需要变更需求，则进一步评估变更是否对项目现有设计或实现有影响。如果有影响，则考虑暂停当前需求的设计或实现，考虑新需求，重新进行需求分析、设计、实现，修改项目计划。如果没有影响，则评估新需求是否紧急，从而决定考虑加入当前版本，或在下一版本实现。

④ 如果加入当前版本，则增加新需求工作量，更新项目计划。

⑤ 如果在下一版本实现，则在下一版本开始前，收集所有的可加入下一版本的需求变更，在下一版本范围内考虑。

7.2　设计阶段的项目管理

在项目的开发进入设计阶段后，团队的任务将从系统做什么，过渡到完成由设计来确定和指导如何做系统。这个阶段主要任务集中在团队内容的项目管理上，需要构建系统框架，并设计模块功能、接口、数据，最后建立系统的逻辑结构。这个阶段的设计步骤主要包含体系架构设计、概要设计和详细设计 3 个过程。软件项目设计阶段的过程（全过程项目管理）如图 7.8 所示。

体系架构设计确立了软件的整体结构和组织方式。概要设计将复杂的软件系统拆解为多个功能模块，并初步规划用户界面和数据库的设计。而详细设计则紧密衔接概要设计的成果，将各个模块的算法与具体流程细化到每个步骤，不仅对每个数据结构进行细化，而且要实现用户的界面设计（包括交互原型图）等。在各项职能的设计人员进行系统设计的同时，项目管理的执行者需要继续把控整体项目的进度、质量、成本的计划的执行和完成相应的监控工作，如质量管理员评审质量、配置管理员管理软件配置的工作。

概要设计阶段概述如表 7.4 所示。

< 156 >

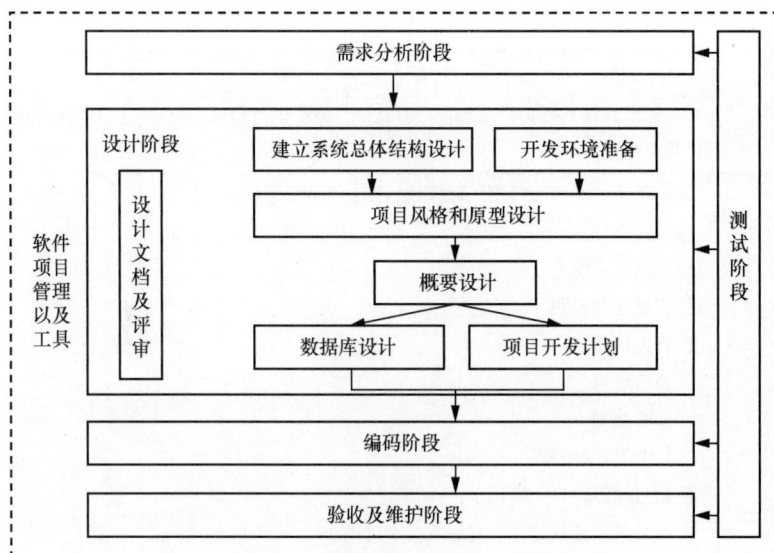

图 7.8　软件项目设计阶段的过程（全过程项目管理）

表 7.4　概要设计阶段概述

概述项	内容
主要任务	系统应该怎样做或系统应该如何实现
本阶段特点	将用户的具体要求转为抽象的软件系统设计项
主要文档	① 各子系统概要设计书 ② 数据库设计结果（数据库结构说明、数据库表名一览） ③ 全系统的完整的数据流程图 ④ 数据字典 ⑤ 项目预算报告（第二稿） ⑥ 项目进度计划（将实现计划根据本阶段内容细分） ⑦ 项目测试计划 ⑧ 系统说明
管理要点	对各种实现方案和软件结构进行深入研究和评估，最终选择最具优势、最为合理的方案和结构 ① 设想供选择的方案→推荐合理方案→选取合理的方案 ② 功能模块分解→软件结构设计→数据库设计，软件结构设计包括：模块设计、子模块设计、完整性和安全性设计及优化 ③ 确定测试要求及测试计划

　　作为项目管理者，必须从概要设计开始就从全局角度把握整个系统的进展，并时刻从全局观的角度来发现问题，解决问题。

　　详细设计阶段概述如表 7.5 所示。

表 7.5　详细设计阶段概述

概述项	内容
主要任务	系统应该如何具体地实现所有的要求

< 157 >

续表

概述项	内容
本阶段特点	将抽象的软件系统设计转为形象具体的、面向用户的界面设计，以及面向程序的类和结构的具体步骤描述
主要文档	① 各子系统详细设计书（以模块、算法为单位） a. 各界面设计 b. 各项目说明书 c. 逻辑处理说明 ② 开发规范 a. 界面规约 b. 命名规则 c. 错误提示处理等 ③ 项目预算报告（定稿） ④ 项目进度计划（作业日程安排及进展）
管理要点	本阶段未涉及具体编写程序，而是要设计出程序的具体逻辑步骤，设计结果对最终的程序代码质量有决定性的影响，关注的点包括： ① 逻辑是否正确 ② 性能是否满足要求 ③ 是否容易阅读和理解

项目管理者在详细设计阶段应该从使用者角度出发，对详细设计的每一项内容都进行仔细的审视和评估，及时发现设计中的不足之处并进行调整，以保证最终设计出的用户界面和程序既符合通用设计原则，又能提供流畅、直观的用户体验。

7.2.1 设计阶段人员和任务

设计团队是项目各阶段中对技术要求最高的组织之一，任何软件系统的委派和实施都与项目组各成员的通力合作密不可分，这点也体现了团队人员的合作协作能力。项目经理作为项目组长，确定每个成员应执行哪些任务，决定应为每个项目开发阶段分配多少时间，完成最后软件设计规范书的撰写。软件设计规范书是描写软件产品或系统具体功能特性和设计方案的文件，是整个产品或系统的蓝图——开发设计和测试计划都以此为基础进一步撰写。它由设计项目经理组织审核修订，使文件中的设计与具体的编程随时保证同步。设计阶段，项目参与人员的角色类型和基本职责内容如表 7.6 所示。

表 7.6 设计阶段项目参与人员的角色类型及职责内容

角色类型	职责内容
项目经理	领导和协调设计阶段的工作，执行和监控项目管理
体系结构设计师	对系统进行总体规划和集成接口设计
子系统设计师	细化子系统模块，并规划模块之间的关系，设计模块接口
数据库设计师	对数据库进行概念模型设计，如 E-R 模型
UI 设计师	设计系统每个操作界面的显示
质量管理员	监控本阶段各检查点的交付物质量情况并评审
配置管理员	负责执行和监控配置管理计划的内容

< 158 >

7.2.2　主要设计阶段

软件设计是一个将需求变换成设计图示表达的过程，前面提到，从软件工程开发的角度来说，设计有 3 个主要的阶段，即架构设计、概要设计和详细设计。各阶段的主要内容如图 7.9 所示。

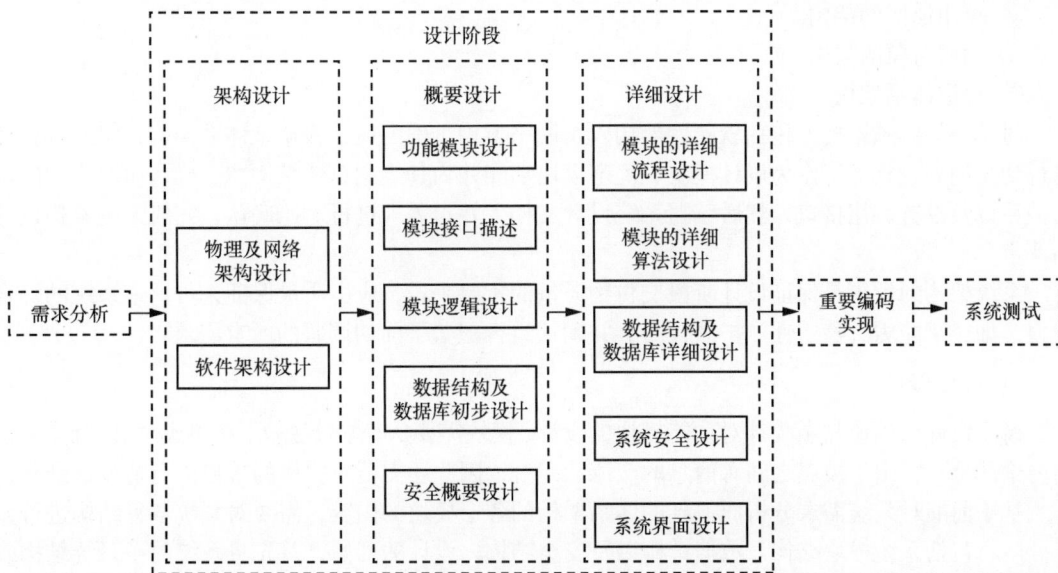

图 7.9　设计阶段的主要内容

在整个设计过程中，要考虑对设计的各种约束、规范。例如，项目需要遵循所在行业的相关标准，项目本身软件系统相关的规范和标准，项目依赖的外部软硬件环境对系统本身的限制，项目系统和外部系统交互需要遵的标准，通信协议的设计等，都是在设计过程中必须考虑的内容。

1．架构设计

在架构设计阶段，首先需要选择系统采用的架构技术类型，对架构模式作出设计，并且要确定服务器和用户端的硬件要求，以及额外的硬件配置型号类型；然后基于物理及网络架构搭建的基础，进行软件架构的搭建、子系统分布方式的设计、开发框架的选择，以及各层次的子系统之间的基本关系、数据库管理系统的选择等。总的来说，系统构架设计涵盖软硬件平台选择、物理架构规划、数据库系统确定、服务器类型筛选、子系统划分与部署、软件架构设计及第三方软件整合等多方面的内容。架构设计的确定是体系结构设计中相当重要的环节。架构设计的基本内容如图 7.10 所示。

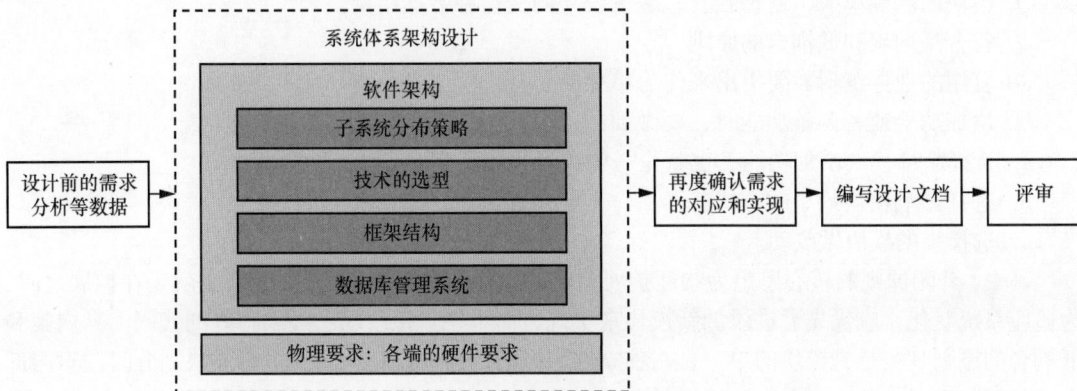

图 7.10　架构设计的基本内容

< 159 >

对系统的软件体系结构进行设计的基本方式是根据软件项目的类型，在经典的架构基础上做出定制的修改。经典的架构风格根据系统组成部分之间的关系主要有如下类型。

① 数据为中心的架构。

② 基于数据流的架构。

③ 调用返回的架构。

④ 面向对象的架构。

⑤ 分层体系架构。

对系统的体系架构（包括软硬件架构以及网络架构）确定后，根据该体系架构，将设计任务进行初步细分，具体工作为设计模块、确定模块功能并为其绘制总体结构图、确认模块之间的调用关系以及设置调用接口，然后编写系统设计文档，并对需求进行对照确认，完成系统架构设计的评审。

系统架构的评审是保证设计阶段交付物质量的重要手段，应由质量保证人员评审系统的综合能力，如容错能力、稳定性、扩展性等，并确认是否覆盖了前期调研的所有需求。

2．概要设计

概要设计可以说是主要针对功能模块的设计，模块需要的是功能独立，在集成时具有低耦合、高内聚的特点，由于模块之间有信息的交流和配合，因此还需要对模块的接口进行初步的细化设计。基于前期对系统需求分析而得到的体系架构的各个模块的内容，需要对系统各种结构进行初步分解，包括系统模块结构、数据结构以及安全结构。设计的开始，首先将系统的子系统结构或者初始模块结构进行更细致的划分，包括建立模块的层次架构、规划模块间的调用逻辑、确定接口规范与人机交互界面；然后，深入剖析数据特性，明确数据结构，并进行数据库的初步规划。这一过程形成的逻辑模型可以为后续开发提供明确指引。

接下来，概要设计的重点是对模块和模块处理的逻辑进行描述。

模块设计应该按照以下基本步骤来完成。

① 确定模块设计的约束条件。

② 向设计人员确认设计任务、明确设计工具和文档模板。

③ 开始构建模块的接口和细节，包括输入输出格式和相关配置信息。

④ 确定每个模块的程序流程、数据结构、基本算法。

⑤ 确定模块之间的架构关系。

⑥ 完成文档编写，并评审概要设计。

在设计过程中，模块的细致划分一般遵循如下原则。

① 模块的功能单一，逻辑独立，减少公共的变量和数据结构。

② 符合高内聚和低耦合的原则。

③ 复用的业务逻辑需要提出来作为单独的公共模块。

④ 增加功能或者调整功能时，要做到：

a．选择新增模块增加功能，也就是需要符合开闭原则。

b．选择影响模块最小的方式。

c．选择小的模块做改动。

其中，开闭原则的核心思想为欢迎扩展功能，但是拒绝修改自己的功能。也就是在扩展之时，为适应系统变化，应优先通过添加新模块来实现，而不是直接改动已经编写好的代码。高内聚和低耦合的原则其实是为模块的单一性、独立性服务的，引导设计人员在进行模块划分时注意内部交互频繁紧密、外部交互单一、接口最少。也就是说，每个模块应该最大化地实现独立功能，同

< 160 >

时简单化模块与模块之间的接口。考虑合并模块间关系复杂的两个模块，对其重新划分组合。耦合度的高低深刻影响着软件的复杂程度和设计质量，例如，一个程序内部包含 60 个函数，而修改其中一个函数时，其他 59 个函数竟然也需要作出相应修改，这就典型地反映了高耦合带来的问题。

3. 详细设计

在完成概要设计之后，系统详细设计的重心就是，基于前期概要设计结构图中的每一个数据结构、算法、流程，进行更深层次、更清晰的描述。描述的方式和工具可以自由地选择，但必须能够体现细节，以便后期可以直接将设计转换为源代码。

在系统的概要设计阶段，已经给出了系统的总体架构、各个组成模块的功能和模块间的接口。详细设计阶段则需要考虑实现前期定义的模块功能，并对每个模块进行详细的分解，直到分解到每个步骤可以转化为代码。在完成详细设计以后，每个模块将被编码成过程、子程序、函数或者其他类型的命名实体，由于程序代码直接依据详细设计来编写，因此其质量在很大程度上取决于详细设计的优劣。

总的来说，详细设计的核心目标是对每个功能模块的内部处理流程和逻辑进行设计与描述，从而确保开发团队能够准确、高效地实现各项功能。通常在涉及详细设计的评审出现问题的时候，就会回退到概要设计阶段重新设计。

系统详细设计这一阶段的主要步骤如下。

① 确定详细设计约束条件、设计工具和文档模板。

② 将每个功能模块的流程设计尽量细化到每个步骤可以转化为代码。

③ 为核心的模块确定具体要使用的算法，并对算法进行详细的描述。

④ 确定每个模块的数据结构的全部细节以及系统的数据库详细表设计。

⑤ 确定系统的具体交互界面的设计。

⑥ 编写详细设计文档，并组织评审。

对于详细设计，同样也有一些由经验总结而来的规则需要注意。

① 采用自顶向下的设计思路，并逐步求精。这种程序设计方法有助于简化复杂问题，使之更易处理和解决。

② 模块内部的处理流程基于顺序执行、条件选择和重复循环这 3 种基本编程结构来构建，具有单入、单出的控制结构（限制无条件跳转），确保逻辑清晰且易于维护。

③ 详细设计人员组织结构借鉴"外科医生-助手"模式，即少数核心设计人员主导，而所有参与者均需了解熟悉设计内容，确保高效协作与决策。该模式通过将设计职责集中于少数核心人物，与传统的集体决策模式对比，减少了由于意见分歧所带来的设计策略和接口不一致的问题。

在概要设计或者详细设计阶段，都会用到各种工具来表达模块的流程和算法，如图形工具（程序流程图、N-S 图、PAD 图）和语言工具（伪代码）。流程图是非常常见的表达程序内部执行结构的图示，直观且容易掌握。但是需要规范地使用流程图来表达。

流程图有 5 种基本的结构（顺序结构、选择结构、while 循环、do-while 循环、switch 循环），任何复杂的程序流程图均可以通过它们的组合来呈现。同时流程图的结构走向一定要是结构化的，且出口仅有一个，这样设计的程序结构才能清晰无歧义。此处看一个非结构化程序的流程图及对其进行改进后的例子，如图 7.11 所示。

显然，第一个程序流程图代表一个非结构化程序，因为其有两个程序出口。第二个流程图为对其进行改进后的图形。

< 161 >

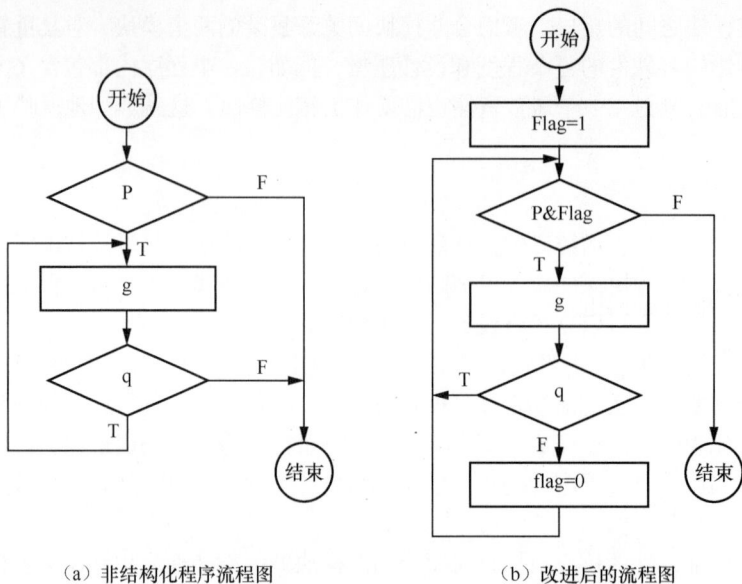

（a）非结构化程序流程图　　　　　　　（b）改进后的流程图

图 7.11　非结构化程序的流程图和改进后的流程图

7.2.3　设计阶段项目管理的执行与监控

1．进度管理

每个设计阶段的时间进度表的制订应包括所有重要的里程碑，项目进度的跟踪以它们为准。前期对项目开发投入的努力越大（如深入总结功能需求、精心撰写设计规划书、与用户充分沟通确保共识），后期编程和测试过程中出现返工的概率就越小。这种前置的投入将极大地提升项目的整体效率，并有助于降低开发成本。

设计阶段的任务大多集中在开发团队内部，需要各项职能人员按照前期进度计划的要求，完成进度检查点的任务和交付物。项目经理需要关注设计人员的工作进度是否按照规范执行，以减少随意性和工作反复的可能，并检查提交的成果。如果团队内部有每日例会或者每周例会，组员可以根据个人进度计划汇报自己的进度成果，同时可以就设计中的要求、设计者的经验、遇到的问题、风险管理和质量管理相关的内容提出讨论。当然例会的主要目的是获取总体进展和个人进度，以及后续需要解决和外部资源支持的问题。此外召开例会前，要确定有明确的议程，做好详细的备份与归档。

为了能够让设计阶段的每位参与者都能极大地发挥自己的能力，完成任务，在本阶段进度管理方面，项目经理需要做到以下内容。

① 细分计划任务和分工，明确工作职责，按照详细的阶段工作计划推动项目的执行。

② 前期选择软件技术和工具需要注意，不能只追求新的工具和技术，要选择适合团队的方法，新技术的学习和不确定性很容易造成设计的理解沟通障碍。

③ 根据团队成员的经验和能力合理选择和分配适当的任务，尽可能选择能力强、经验丰富的人员，有效推动项目进度和质量。

④ 项目中根据计划的例会及时沟通问题，解决设计阶段的障碍，推动进度。

2．质量管理

软件架构设计在软件产品开发周期中占有很重要的位置，在软件开发过程中，从初始阶段到产品发布，涉及众多角色，如用户、项目管理人员、编程人员、测试人员和维护人员等。每个角色对架构设计都有不同的关注点：用户关注需求

质量管理

< 162 >

满足度，程序员注重模块清晰与职能单一性，测试员看重系统可测性，而维护人员则强调扩展性与可维护性。因此，一个优质的软件架构应综合各方需求，力求达到最佳平衡，这要求在设计时须进行全面而细致的考虑。一般地，软件质量管理工作包括如下内容。

（1）评审设计内容

设计阶段作为软件开发阶段的基石，其重要性不言而喻。为确保设计出恰当的软件解决方案，需要对设计结果进行严格的评审。这一评审工作由经验丰富、技术过硬的高级软件工程师组成的同级评审小组来执行。评审由质量管理人员发起和组织，参与的人员有用户、领导、开发方、监理等。评审可以为系统实施和质量跟踪提供依据。经过严格的评审流程后，设计阶段所产出的工作成果将被正式纳入软件配置管理体系中。设计阶段工作对项目的后续工作影响巨大，因此，设计阶段的质量把关与审核必不可少，项目人员对于设计过程的监理与设计评审工作应该予以高度重视。

在概要设计阶段，为确保规格定义与先前描述的系统需求完全匹配、充分支持并实现全面覆盖，可以采取建立需求跟踪文档和需求实现矩阵的方法，这有助于验证规格定义是否满足系统在性能、可维护性和灵活性方面的要求。同时，需要保证规格定义的可测试性，并制订相应的测试策略。为确保开发进度切实可行，需要制订包含评审活动的开发时间表。此外，需要建立正式的变更管理流程，以确保对开发过程中的任何变更进行有效控制。

在详细设计阶段，必须确保设计标准的建立，并严格遵循这些标准进行设计工作。同时，任何设计变更都应被准确跟踪、有效控制，并详细记录于文档中。为确保设计质量，必须按计划进行设计评审，确保设计成果符合预期标准和质量要求。

（2）检查设计的有效性

在设计过程中，项目经理和质量保证人员要对各项设计产品进行检查。项目经理需要分析概要设计满足需求的程序，不定期地监控详细设计说明书的编写进展，并通过定期分析在设计阶段所收集的数据来对设计过程的有效性进行评估。同时，质量保证人员将利用项目的度量数据和过程审查来进一步验证设计过程的实际效果，确保设计工作的质量和效率达到预期标准。

（3）严格把控文档质量

设计阶段重要的质量产出就是各种文档的内容，文档是后续工作重要的指南。软件周期中每个阶段都会产生相应的产品描述文档，验证和确认环节旨在检查这些文档在各阶段的适宜性。对于文档质量的评审依据以下 6 条度量准则进行。

① 完备性。所有承担软件开发任务的项目组都必须遵循《计算机软件产品开发文件编制指南》的要求，编制相应的文档，以确保所有相关文档均完备无缺，支持软件开发的顺利进行和后续维护工作的需要。

② 正确性。在软件开发的各个阶段中，所编写的文档内容必须严格符合该阶段的工作实际，并准确满足该阶段的需求，确保文档的正确性及其与实际工作的一致性。

③ 简明性。在软件开发各个阶段所编写的各种文档的语言表达应该清晰、准确简练，适合各种文档的特定读者。

④ 可追踪性。可追踪性是软件开发文档中重要的特性，它要求在各个开发阶段所编写的文档都应具备良好的追踪能力，这包括纵向和横向两个方面。纵向可追踪性指的是在不同文档间相关内容的相互检索的便捷性，确保开发者能够轻松找到所需信息。而横向可追踪性则是指在同一文档中某一内容涉及的范围和位置的易查性，这有助于快速定位和理解文档内容。

⑤ 自说明性。在各个开发阶段所编写的文档都应能够独立、清晰地表达该软件在相应阶段的产品特性。这意味着文档应具备足够的自说明性，以便读者在不需要额外信息的情况下，就能充分理解文档所描述的内容。

⑥ 规范性。各个开发阶段所编写的文档都应遵循规范，包括文档的封面设计、大纲结构、术语

< 163 >

定义以及图示符号等都要符合相关标准或规定。这样的规范性有助于确保文档的一致性和易读性。

3．风险管理

设计阶段的风险主要来自设计人员。例如，系统结构设计得不够灵活，扩展性弱，那么后期的需求变化可能会带来巨大的维护工作量，影响到项目管理的其他阶段的目标；但是系统结构设计得普适性太强，会需要构建一个功能复杂强大的系统，因此实现的难度也会增加，同时还会导致测试的风险增加。

总结下来，设计阶段可能出现的风险事件如下。

① 软件项目团队在组成上存在经验不足的问题，例如，缺乏具有丰富软件项目从业经验的分析和设计人员。

② 软件项目计划的不完善。这往往是由管理人员的轻视或经验不足导致的。计划制订得过于仓促，缺乏周全的考虑，可能会给项目的进度带来潜在的风险，如延期、资源不足等。

③ 某些功能遗漏。由于设计人员的疏漏，某些关键功能可能未被纳入设计范畴。这种功能遗漏可能进一步影响项目的时间和经费规划，使得原本宽松的时间表和预算变得紧张，甚至不足以支撑项目的完整实施。

④ 变更控制机制的不健全，使得用户需求的变动缺乏明确的依据和规范的流程。这可能导致一些必要的变更被忽视，而不应当变动的需求却被随意接受，从而使得软件的功能和性能设计与用户的实际需求发生偏离，严重影响了项目的成功率。

⑤ 文档不健全。文档编写得不规范、内容不全面、文档表意不清晰等，会造成后期维护和测试的困难。

7.3 编码阶段的项目管理

编码阶段的主要任务是根据前面详细设计阶段对每个模块的设计，用某种程序设计语言书写计算机能够识别的程序。软件项目编码阶段的过程（全过程项目管理）如图 7.12 所示。

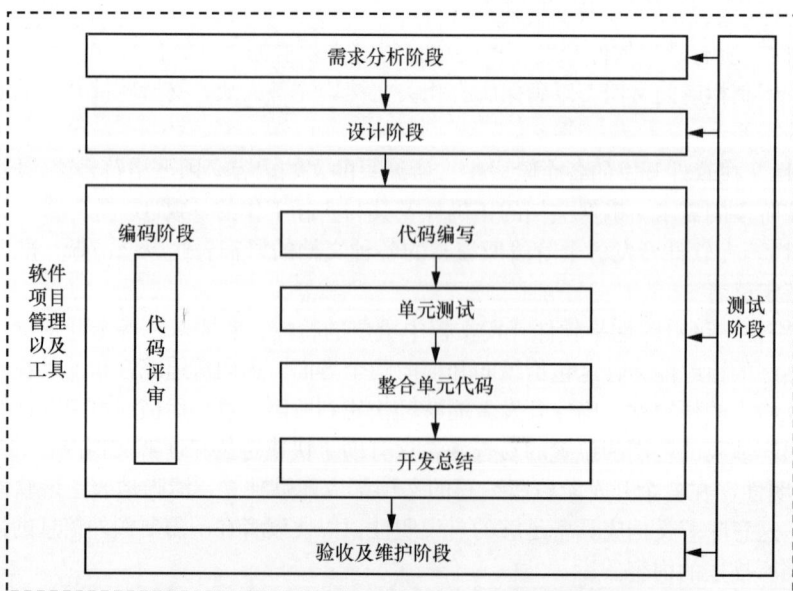

图 7.12　软件项目编码阶段的过程（全过程项目管理）

< 164 >

　　软件项目的最终成果是交付给用户一个能够独立运行且满足其业务需求的软件系统，而不是软件需求规格说明书或系统设计报告。软件编码在软件项目中扮演着至关重要的角色，它是将系统分析和设计的成果转化为实际应用的桥梁。通过编码，开发人员将设计文档转化为用户所需的软件产品，满足其业务需求。编码环节不可或缺，对于项目的成功实施具有决定性作用。编码阶段概述如表 7.7 所示。

表 7.7　编码阶段概述

概述项	内容
主要任务	根据系统设计阶段的文档来开发各个功能模块，整合不同的功能模块以实现系统的整体运行，同时确保系统达到在需求分析阶段所确定的性能标准
本阶段特点	将详细设计书的内容直接翻译为编程语言，这就直接关系到整个项目的质量。本阶段的工作量占据了软件项目工作总量的三分之一，前期工作内容的质量可以直接体现在本阶段的编码质量上
主要文档	① 作业文档（作业式样书） ② 作业文档（作业式样书）的讨论报告程序内部的文档（注解） ③ 项目进度计划（作业日程安排及进展） ④ 作业管理工作簿 ⑤ Q&A ⑥ 作业周报 ⑦ 作业月报
管理要点	本阶段的编码是设计的自然结果，因此，程序的质量在很大程度上取决于软件设计的优劣。除了设计因素外，程序设计语言的特点和编码方法也会对程序的可靠性、程序的可读性、程序的可测试性和程序的可维护性产生深远的影响

　　作为项目管理者，在编码阶段，必须从把握进度与质量这两个基本方面来有效地实施对项目的管理，除此之外，对于费用、人员、风险等方面的监控和计划执行也需要根据阶段特性进行细化后，按照要求执行。项目管理者在组建开发团队之后，不仅应该根据项目进度计划来合理地安排每一名成员的日程，并且随时监控每一项任务的进展情况，包括文档资料和系统的每个阶段的版本，还需要针对项目的最新变更及时对计划进行调整，以保证项目的按时完成；同时，在项目的进展过程中还需要通过小组讨论、检查任务等形式洞察每项任务的质量，以保证项目保质保量地完成。可以说，本阶段是一名项目管理者在项目开发过程中极为忙碌的阶段，也是异常重要的阶段。

7.3.1　编码阶段人员和任务

　　编码阶段的开发进度，并非和人员数量以及质量呈完全正相关。也就是说，人多未必效率高，因为软件系统各功能模块之间复杂的关联关系，决定了如果分工不合理，则会造成沟通、集成的工作量上升。项目经理应该在成本、资源分配之间选择最适合的方案。

　　编码阶段，项目参与人员的角色类型及其职责如表 7.8 所示。

表 7.8　编码阶段项目参与人员的角色类型及其职责内容

角色类型	职责内容
项目经理	领导和协调编码阶段工作，执行和监控项目管理
程序员（多人）	合作完成软件编码开发的工作
系统设计师	讲解设计内容，帮助团队理解系统设计思路
质量管理员	监控本阶段各检查点的交付物质量情况并评审
配置管理员	负责执行和监控配置管理计划的内容

< 165 >

本阶段最重要的角色是程序员团队，他们的主要任务就是根据系统的设计说明书进行代码的实现，并控制模块的开发进度。部分内容开发完成后，注意代码的复查和进行简单的测试，保证一定的代码质量。程序员中需要有一个主要负责人，其责任是在前期负责代码规范的编写，负责理解系统设计内容并划分分工，协助项目经理监控代码编写的进度。

另外，系统设计师主要负责帮助各位团队程序员理解系统的思路和实现方案。设计人员和编码人员之间的良好沟通才能保证开发人员代码的进度和质量，反馈设计意见能够帮助修改系统设计。

7.3.2 编码流程

编码阶段的大量时间是在书写程序代码，但是要写出规范且高效的程序代码，一般要遵循图 7.13 所示的开发流程。

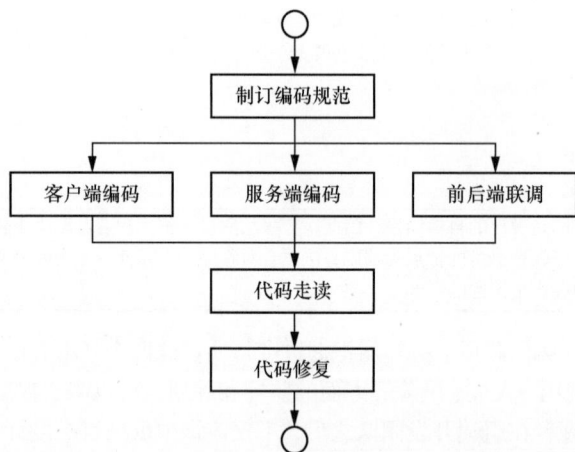

图 7.13 开发流程图

首先，在着手进行程序编码之前，制订一套统一且符合行业标准的编写规范是至关重要的，这不仅有助于确保代码的可读性和易维护性，还能有效提升程序的运行效率。其次，在代码编写完成以后，需要进行代码走读，以发现代码存在的缺陷，从而对代码进行修复。

（1）制订编码规范

编码规范制订的目的是为开发组所有程序员按统一风格、形式编码提供一个标准，从而改进代码的可维护性，提高代码质量。团队中成员的编程风格和习惯都不一样，为了让后期代码具有良好的可读性和易于修改，在编码前，技术负责人应在项目经理的组织下，制订编码规范，并要求程序员在规范标准的要求下编写代码。

从科学的角度来讲，不能期望编码规范涵盖了一种编程语言的方方面面，更多的是让编码规范起到一种指南、参考的作用，应当允许程序员在编码过程中拥有一定的灵活性。从管理的角度来讲，制订的标准、规范是必须严格遵守和执行的，不能随意地篡改或者事实上违背组织已经采用的标准和规范。因此，程序员在编码过程中应当完全遵守该规范的所有细则，如果在特定的情况下用某种与该规范细则相冲突的形式更有利于提高程序的可读性，则可以考虑保留这种形式，但该形式也必须是在经过正式评审、严格控制的情况下实施的。编码规范一般包括以下方面。

① 命名规范。包括变量、函数、类、接口、模块、包、子程序等，以及一些特定变量的命名方式。一般要求这些名字能用英语释义的角度表达它所代表的类型。

② 文件要求。如对文件列数的要求、缩进要求。一般是在格式上对代码展现的形式进行要求。

③ 语句、方法要求。如包的声明语句必须放在文件开始、每个文件必须属于特定的一个包、import 不能导入多余的类；类型转换明确等和具体编程语句相关的要求。

④ 面向语言特性的要求。如果使用的是高级语言，还需要制订面向对象语言特性的要求。例如，标注重载运用不恰当时会产生意外的结果。

⑤ 结构和注释的规范。注释是很重要的编码规范内容，方法注释的格式及文件注释的格式要把相应的功能、参数等解释清楚。

（2）代码编写

代码编写阶段的工作一般包括客户端编码、服务端编码和前后端联调，核心目标是产出准确无误、易于理解和维护的程序模块。开发人员应该根据实际环境和目标系统的性质，选取适当的高级程序设计语言，把详细设计的结果翻译成用特定程序语言编写的程序。

在此阶段，程序员要依据安全漏洞库（涵盖网络和代码级别的相关产品安全漏洞）的白盒安全漏洞以及既定的安全设计原则进行编码工作。同时，参考漏洞的分类情况，并借鉴成熟的编码规范来确保代码质量。

在实施阶段，软件的最终用户版本将大体成型，这时将创建文档和工具来告知用户如何安全地部署软件产品。

本阶段需要注意的内容如下。

① 编程语言的选择。其实编程语言的选择在前期就应该完成了，这是技术选型的内容。团队应该根据项目本身的特点和应用领域进行编程语言的选择。

② 工具的选择。一般来说，开发团队在选择工具时，应当尽可能采用最新且经过授权的版本，这样可以利用其中新增的安全分析功能和增强的保护措施提升软件的安全性能。

③ 弃用不安全的函数。在软件开发过程中，项目团队应评估所有的项目相关函数和 API 的安全性，明确禁用不安全的函数，并避免采用风险较高的 API。一旦确定禁用清单，团队应利用较新的编译器或代码扫描工具来审查代码，以确保无禁用函数存在；同时，寻找并使用更安全的替代函数，从而保障软件的整体安全性。

（3）代码走读

代码走读是指由其他人来复查该代码，旨在识别代码中潜在的缺陷和问题。越早发现代码存在的缺陷，解决缺陷的代价就越低。代码走读属于项目管理中质量监控的部分，在完成一部分功能之后，就应该尽早开展复查工作。

代码走读一般包括代码风格、常规缺陷、重大缺陷、程序语言级别缺陷和业务逻辑级别的缺陷，以及设计逻辑和思路的审查、代码性能的考虑等。代码复查的原则是正确性、可复用性、可扩展性、可维护性、可读性等。代码走读根据目的不同，可以分为 4 个层次。

① 检查是否符合编码规范。

② 寻找常见的和可避免的问题。

③ 找出流程设计中的问题。

④ 记录代码存在的问题。

为方便开发人员修复代码，在代码走读过程中发现的问题和错误，应以文档的形式记录并保存下来。

（4）代码修复

这一阶段由源代码作者完成，他会根据代码评审的意见，逐个修复问题。修复问题以后，通知所有的评审人员取出最新的配置数据，检查之前发现的各种问题是否修复得正确。如果大家一致满意通过，就把本次修复状态置为关闭；如果未通过，就通知参与人员继续完成代码修复工作。

< 167 >

7.3.3 编码阶段项目管理的执行与监控

1．团队管理和进度管理

从整个项目管理的长度来看，编码阶段对团队、进度和成本的管理是占据管理内容比重最大的阶段，这个阶段的团队管理极大地影响着进度管理的效果。因为这个阶段投入人员较多，开发的难度最大，开发质量又关乎最终产品的质量，因此项目经理需要对此阶段的管理计划和管理工作进行细致处理。编码阶段的管理重点如图 7.14 所示。

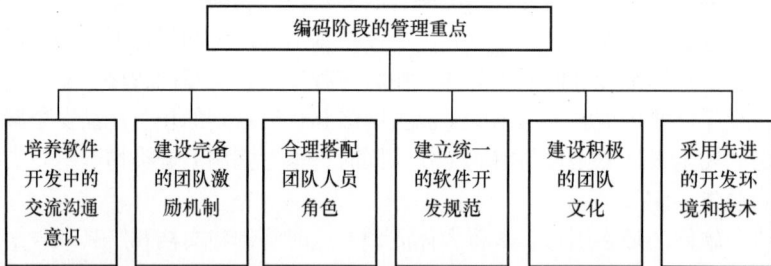

图 7.14　编码阶段的管理重点

开发团队在编码阶段的管理重点主要包括以下内容。

（1）培养软件开发中的交流沟通意识

项目经理必须注意培养团队的沟通意识。沟通是解决项目问题的基础，没有有效的沟通，就不可能对软件开发进度进行管理。如果在开发过程中不及时沟通，很容易造成最后项目的巨大偏差。沟通主要分为两个方面，首先是团队负责人与成员之间的有效沟通，其次是团队成员之间的相互沟通。负责人要想实时了解团队的情况以及项目开发的进度，就要与相关模块的负责人进行沟通交流。团队成员需要相互交换一些资源以及进度的时候，负责不同模块的程序员之间也要进行交流。团队成员相互之间的交流与沟通可以实时反映团队的现状，有利于负责人及时调整工作的安排。

对于沟通产生的定期的例会记录文档和邮件沟通记录，需要提炼出其中变动修改和阶段性成果的内容，整理成正式的文字材料。

（2）建立完备的团队激励机制

一个高效的软件开发团队必然有一套完备的内部激励体制。完备的激励体制会调动员工对工作的热情，使员工为了达到某一激励项目而全身心投入工作中，提高个人的工作效率，从而提高整个团队的工作效率。

（3）合理搭配团队人员的角色

编码阶段的工作虽然主要是由程序员完成的，但是整个阶段的工作依然需要不同职责的团队成员紧密协作，团队中的每个人都必须有明确的职责定义。因此，根据每个人的不同特点合理选拔和培养适合角色职责的人是团队建设中很重要的一个方面。

首先要了解不同成员的特点，如某人的创新性很强、某人的编程十分细致等。然后根据这些成员不同的特点进行合理搭配。将具有创新性的成员与编程能力较强的成员搭配成一个小组，有利于快速完成创新；将责任心强的成员与编程能力扎实的成员搭配为一个小组，有利于尽快完成某些需要限时解决的问题。在安排人员时，还要根据人员的性格来决定，避免发生不必要的摩擦。

（4）建立统一的软件开发规范

开发标准规范是标准的开发流程的第一个步骤，有了统一的规范，可以在极大程度上保障编

< 168 >

码质量和后期沟通交流的效率。编码的团队在一开始就应该结合自己的工作，遵循这一开发规范。负责不同模块的编码者要相互公开编码规范以及接口标准。另外，在软件开发的后期，往往有多个版本发布，领导核心要协调好各个不同的版本，规范版本命名方法。大型的团队也可以设立专门的部门或小组负责发布版本。

（5）建设积极的团队文化

团队文化包括以下 3 个方面的内容：一是团队中的人际关系，二是团队对项目的规范要求，三是团队工作的高效率。良好的人际关系体现了团队的内部和谐，对项目规范的要求反映了团队对项目严谨的态度，高效的工作是团队在压力之下完成任务的保证。

（6）采用先进的开发环境和技术

开发过程一定要采用先进的平台和技术，这有利于降低软件开发的技术难度，提高软件开发的进度、效率，以及确保软件系统的质量和稳定性。在进行任务分解的时候要善于抽取出较多的公共代码，并安排技术能力较强、开发经验丰富的软件工程师承担公共模块的开发任务，以降低重复劳动，提高编码的工作效率及软件质量。

2．配置管理

起初项目管理对版本控制工具的关注点就是对代码进行监控，通过对代码的实时监控，开发人员能够安全地回溯至先前版本，从而有效诊断并解决代码中存在的问题。后来，随着项目越加庞大及团队人员的增加，项目管理的关注点更侧重于如何优化和增强团队成员间的协作能力，从而使合作更加流畅。这并不是要替代代码监控的功能，而是在其基础上进一步扩展，为团队合作提供更有力的支持。现在代码管理的关注点又愈发聚焦于利用工具精确地描绘代码的变动情况，这催生了对能够重新编写代码历史记录命令的需求。同时，要确保对代码变更的准确描述，也必须以前述两个方面作为坚实基础。正因如此，代码的配置管理，即代码的版本控制管理成为编码阶段的一项重要管理活动。

在编码阶段，针对代码的配置管理被统称为版本控制管理。版本控制是一种工具，它能够追踪并记录一个或多个文件的内容更改情况，使得项目团队可以在未来轻松地查阅到特定的版本修订历史，它也是项目团队实现并行开发、提升开发效率的工具。

代码版本控制管理的作用在于，借助它，开发人员能够定期回顾并修补潜在的缺陷，同时能够通过检查清单进行有效的质量追踪，还能够为代码设定最低的质量标准，以确保其满足预期要求。

项目一般分为 4 个阶段的版本。

① alpha 版：alpha 版是软件开发过程中的一个早期版本，主要关注软件功能的实现。这个版本通常仅在开发者内部流通，用于测试和评估。由于其处于开发初期，因此可能包含较多的 bug，需要后续不断进行修改和完善。

② beta 版：beta 版是在 alpha 版之后的一个改进的软件版本。相比于 alpha 版，beta 版消除了大量严重错误，软件质量有了明显提升。尽管如此，beta 版仍然存在一些缺陷，需要经过多次测试、修正来进一步消除。为了确保软件在正式发布前达到更高标准，此阶段，团队将重点对 UI（用户界面）进行改进。

③ RC 版：RC 版已经过广泛的测试和修复，达到了非常高的稳定性水平。此版本中几乎不存在导致错误的 bug，与即将推出的正式版在功能和性能上几乎没有差异。

④ release 版：release 版代表软件的"最终版本"，是在经历了一系列前期测试版本后的成果。这个版本经过了严格的测试和验证，确保在功能和稳定性上达到了预期标准，是最终交付给用户

< 169 >

的版本，因此也被称为标准版。在软件封面上，release 版通常不会用单词形式标注，而是用符号（R）代替。

在这个基础上，命名软件版本号一般由 4 部分组成。第一部分是主版本号，标识软件的主要版本更迭。第二部分是子版本号，反映在主版本下的功能更新或改进。第三部分是阶段版本号，表示软件的开发阶段，如开发初期、测试阶段等。第四部分综合了日期版本号、希腊字母版本号（如 alpha、beta、RC、release 等，分别代表不同的开发和测试阶段）以及版本控制系统（subversion，SVN）的最后修订版本号，共同构成了软件版本的完整标识。例如，1.1.1.20231006_ beta_ 334。

企业管理中常用的版本控制管理工具有 SVN 以及 GIT。SVN 是一种基于 subversion 和 TortoiseSVN 的版本控制系统，其中 subversion 是一个开源的版本控制系统。TortoiseSVN 则是 SVN 的用户端工具。GIT 是一种分布式的版本控制系统，和 SVN 存在区别。

下面的内容以 SVN 的版本控制管理为例，讲述对于版本控制管理的操作建议方案。

源代码版本控制管理一般采用主干和分支的开发模式，建立分支必然会涉及合并，如果要使用主干分支方案就必须接受合并可能带来的繁复操作。

源代码的变动主要如下（实际操作中不限于以下情形的变动）。

（1）建立新项目

通常建立一个新项目时，配置管理人员首先会根据软件能力成熟度模型集成（capability maturity model integration for software，CMMI）规范建立一套完整的项目配置库。然后在源代码目录下建立两个子目录 branchs 和 trunk，trunk 目录代表源代码主干，在主干上的代码通常是经过测试、功能稳定、可以随时发布的项目代码，branchs 目录代表分支，通常用于功能修改。对于新建立的项目，一般会由一人或多人搭建项目代码框架。由多人搭建项目代码框架时，每个人分别在 branchs 下建立自己的分支，同时建立一个集成分支，用于将搭建的代码框架合并到集成分支下。每个人在自己的工作副本中工作、提交。当在规定时期完成自己的框架搭建后，采用分支合并的方法全部合并到集成分支上。

（2）修改 bug

修改 bug 的方案，离不开分支操作。如果是新建立的项目，通常在分支上开发完成功能后，可以直接在此分支上修改 bug，测试并合并到主干上打标签（tag）；对于已有稳定版本的项目，如果修改 bug 的时间不长，可以直接在主干上修改 bug，也可以新建分支修改 bug，最后测试合并。

（3）根据新需求增加新功能

主干上已有稳定版本、需要在此版本上增加新的开发功能的操作方案，往往会遇到各种各样的情况。需要根据开发周期来衡量是在稳定的主干版本上新增功能开发，还是建立分支开发。技术主管一定要根据需求规划好分支，这既能方便开发、发布，又能权衡好合并带来的工作量。

（4）项目技术方案重大变革、升级

对于项目技术方案重大变革、升级可进行两方面的操作，一方面可以重新单独建立配置库，以之前稳定的版本作为基线代码；另一方面也可以在主干上建立分支，并以此分支作为变革后的主干。

3．质量管理

代码质量评审，也应该是一个按照规范开发编码并通过评审和重构持续进行编码改进的过程。图 7.15 所示为编码质量保证的 5 个步骤。

图 7.15　编码质量保证的 5 个步骤

如图 7.15 所示，保证和提高项目代码质量的 5 个步骤包括：统一编码规范、执行静态代码分析、进行单元测试、实施持续集成、定期进行代码评审与重构。下面针对每个步骤和其所使用的工具、方法进行详细描述。

（1）统一编码规范

评价代码质量的一个很重要的标准就是代码的可读性及规范性。可读性强的代码并非一定简单，而是易于理解。过于复杂的代码不仅难以测试和维护，而且错误率更高。当方法内代码冗长且使用难以理解的数据集时，代码维护将变得困难重重，因为这些代码难以被有效分析，极易成为缺陷和错误的温床。此外，类之间的耦合度也是需要考虑的重要因素。高耦合度会导致类与类之间相互依赖，一个类的变动可能引发其他类的意外变化。通常可以通过观察一个类导入的其他类数量来判断其耦合度。如果导入的类过多，那么每个导入类的变化都可能对该类造成影响。

代码规范性经常会被程序员认为是影响工作进度的。虽然短期内为代码编写注释可能会花费一些时间，但在多人协作且周期长的软件开发过程中，这是非常有价值的投资。因为如果开发者编写了不规范或难以理解的代码，当后期需要修改或维护这些早期模块时，即使是作者自己也可能难以回忆起前期的思路，导致需要额外花费时间来理解自己的代码；并且如果中途发生人员的调动等情况，后期维护代码的程序员已不是当初写代码的人，很大概率的情况是读懂糟糕的代码比重新写出代码花费的时间更多，严重影响工作效率和后期工作者的心情。而如果都把代码写成规范可读的，从团队的层面看来，可以非常有效地提高总体工作效率，从质量的层面看来，更可以帮助提高代码整体质量。

（2）静态代码检查

静态代码检查是一种利用静态分析工具来验证程序正确性的方法，它通过分析源程序的语法、结构、过程、接口等静态特性来发现潜在的问题。这种检查涉及对需求规格说明书、软件设计说明书和源程序的结构分析、流程图分析、符号执行等技术手段，能识别出代码中的不匹配参数、不恰当的循环和分支嵌套、不允许的递归、未使用的变量、空指针引用以及可疑的计算等问题。静态测试的结果不仅有助于错误定位，还能为测试用例的选择提供指导。静态代码检查包括代码检查、静态结构分析和代码质量度量等多个方面，既可以手动执行以利用人类的逻辑思维优势，也可以借助自动化工具来提高效率。通过消除一些典型的 bug，可以显著提升软件的质量水平。典型的代码检查工具有 FindBugs 等。

（3）单元测试

测试是衡量代码质量的重要手段之一。通过测试和分析代码所暴露的缺陷，如缺陷的严重等级分布和缺陷曲线的变化趋势等，可以对代码质量进行初步评估。以 Java 语言为例，其测试工具 JUnit 是一个开源的测试框架，支持编写可重复的测试用例，并主要用于白盒测试和回归测试。通过使用 JUnit 等工具，开发人员可以更有效地发现和修复代码中的缺陷，从而提高代码的整体质量。

（4）持续集成

持续集成是一种高效的软件开发实践，要求团队成员定期将各自的工作成果进行整合。一般情况下，团队成员每天至少会进行一次集成操作，有时甚至会进行多次。持续集成框架常用的有 Jenkins、Continuum、CruiseControl 等。

通过自动化构建方式，包括编译、发布、自动化测试，可以在每次集成时进行快速验证，以确保新提交的变化不会造成新的问题。如果在集成的过程中出现异常，则应当快速地反馈给相关人员。这样的持续集成的好处很明显，能够减少后续延迟才发现的风险，并且减少重复过程。通过持续集成，团队可以在任何时间和地点生成可部署的软件，这大大提高了项目的可见性和团队的协作效率。同时，持续集成使项目团队能够及时发现和解决问题，有助于增强团队对开发产品的信心。

（5）代码评审和重构

代码评审是软件项目开发中不可或缺的一环，它能够揭示静态代码分析可能遗漏的问题。通过评审，项目团队可以深入检查代码在逻辑和功能上的正确性，识别潜在的错误。此外，评审还关注代码的执行效率和性能，并提出优化建议。对于新加入项目组的成员来说，代码评审更是一个快速学习项目以及相关经验的宝贵机会。可以项目成员间互相评审，也可以召开评审会议由项目成员一起对项目代码进行评审。

另外，对于评审有问题的代码，项目团队可以通过重构进行调整，以有效提高软件的质量和性能。重构后的程序代码将拥有更合理的设计模式和架构，更易于理解、扩展和维护，从而提升软件的整体可靠性和可维护性。

7.4 本章小结

本章从项目开发阶段的视角，阐述了需求阶段、设计阶段以及编码阶段的项目管理。通过本章的学习，读者能够深入理解并掌握在实际项目开发过程中各个阶段的关键人员配置、核心任务、工作流程以及主要内容。这不仅有助于提升项目管理的专业性和系统性，而且能确保项目各阶段的顺利推进。

7.5 习题

一、简答题

1. 在需求分析阶段应怎样实施质量管理，以保证需求的准确性和完整性？
2. 设计阶段的项目管理主要包含哪些内容？
3. 在设计阶段为什么要进行风险管理？
4. 设计阶段的质量管理一般从哪些方面进行把控？
5. 编码阶段的质量管理包括哪些步骤？

二、实践题

1. 作为项目经理，你即将开始一个新的软件开发项目。在项目的需求阶段，你需要确保需求的准确捕捉、分析和确认。请设计一份需求阶段的项目管理计划，并回答以下问题。
   ① 如何有效地收集和整理项目需求？
   ② 如何确保项目干系人对需求有一致的理解？
   ③ 需求变更时，你将如何应对？
   ④ 如何验证和确认最终的需求文档？
2. 假如你是某软件开发项目的项目经理，目前项目已进入编码阶段。请结合实际情况，设计一份编码阶段的项目管理计划，并回答以下问题。
   ① 如何确保代码质量和编码规范在团队中得到有效执行？
   ② 如何协调团队成员之间的代码开发和集成工作，以避免冲突和重复劳动？
   ③ 如何设置和管理代码审查流程，以提升代码质量和减少潜在缺陷？
   ④ 在编码过程中，你将如何跟踪和管理代码的变更请求？

第 **8** 章 测试、交付和总结阶段的项目管理

从本章开始，项目进入工作大量围绕测试、交付和总结的阶段。本阶段管理工作的目的是让项目在测试完成后满足质量要求，并且在试运行一段时间后能够成功交付。这个阶段通常包含测试、试运行、验收、移交和总结等工作。

本章学习目标

① 了解测试的人员和任务，熟悉基本的测试方法和规范，以及测试过程中进度控制、质量管理、风险管理和配置管理的方法。

② 熟悉项目交付和总结的主要任务，以及项目验收的流程。

③ 熟悉项目交付和总结阶段的项目管理方法和内容。

8.1 贯穿始终的测试

从项目管理的视角来看，软件测试在软件项目立项之初就应开始，这和瀑布模型有所区别，在瀑布模型中正式的测试阶段位于编码之后。这意味着一旦软件项目确立，测试团队就应开始参与项目，进行需求分析、测试设计等工作，以确保测试活动与开发过程同步进行，及时发现潜在问题，提升软件的整体质量。对于测试的整个过程，前后需要经过以下主要环节：在需求分析阶段制订测试计划、搭建测试环境并开始设计测试用例（系统测试），在概要设计阶段和详细设计阶段进行集成测试和单元测试。在测试执行（单元测试、集成测试、系统测试及验收测试）中，如果有测试用例需要进行修改或者补充，则需要程序员提供修改清单并审核测试计划，系统测试完成后通常要进行复测，最终在验收阶段完成验收测试，并进行测试总结和资料归档，如图 8.1 所示。

软件测试全过程在软件生命周期中横跨 4 个阶段。在软件开发中，每个模块完成后都会进行单元测试，这通常是由模块编写者执行的。编码和单元测试紧密相连，共同构成了软件生命周期中的一个关键阶段。当这一阶段完成后，应进行全面的综合测试，以验证整个软件系统的功能和性能。综合测试是软件生命周期中另一个独立的阶段，对于确保软件质量至关重要。总体来说，测试工作能够保证软件工程的高质量，尽可能地发现并纠正差错，往往占据软件开发总工作量的 40% 以上。

在一个典型的测试流程中，可能涉及的测试类型及其说明如表 8.1 所示。

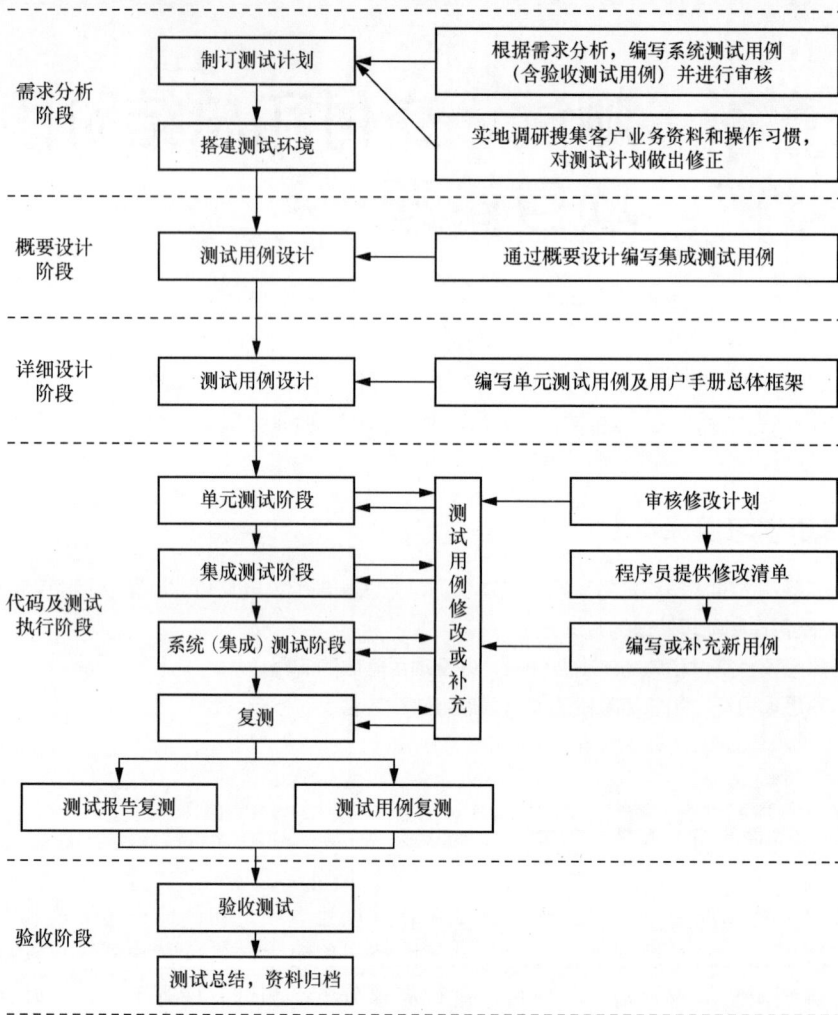

图 8.1　测试的各阶段描述

表 8.1　测试类型及其说明

测试类型	测试说明
单元测试	单元测试聚焦于程序中的各个模块或构件，旨在深入剖析并发现编码过程中潜藏的错误
集成测试	集成测试，也被称为组装测试或联合测试，主要关注由模块集成的子系统，应特别关注关键模块的测试。它的核心目标在于揭示设计阶段可能存在的问题和缺陷
确认测试	确认测试是根据软件需求规约对已经集成的软件进行的一种验证，其主要任务是发现和指出那些与需求规约不符的错误。它主要检查软件是否实现了规约规定的全部功能要求，文档资料是否完整、正确、合理，其他的需求，如可移植性、可维护性、兼容性、错误恢复能力等是否满足
系统测试	在将基于计算机系统的软件集成到整体系统中后，进行系统测试是不可或缺的一步。这种测试旨在发现那些不符合系统工程中对软件要求的错误和问题
回归测试	在集成测试过程中，每当引入一个新模块时，之前已经集成的软件部分都会受到影响。新的数据流路径被创建，新的输入输出操作可能出现，甚至还可能触发新的控制逻辑。这些变化有可能导致原本运行正常的功能出现错误。为了应对这种情况，回归测试被用来重新执行之前已经测试过的部分，以确保对程序的更改和修改没有引入意外的负面影响，从而维护软件的稳定性和可靠性

其中，系统测试阶段包含多种类型的测试，每种测试都有其相应的目的。这些测试从各个角

< 174 >

度对计算机系统的集成情况进行全面检查，以验证其是否能够正常地实现各项功能。常用的系统测试类型如表 8.2 所示。

表 8.2　常用的系统测试类型

系统测试类型	描述
恢复测试	恢复测试是采用多种技术手段人为地引发软件故障，以此检验系统是否能在规定的时间内有效地恢复，包括自动纠正错误和重新启动整个系统。 • 当系统能够自我恢复时，需要验证其重新初始化、检查点设置、数据恢复以及重启动等功能的正确性，以确保系统能够稳定可靠地自我修复 • 若系统恢复依赖人工操作，则必须对平均修复时间（mean time to repair，MTTR）进行仔细评估，确保其在用户可接受的合理范围内
安全测试	安全测试旨在验证系统中集成的防护机制能否有效抵御非法入侵。测试人员在此过程中扮演攻击者的角色，利用多种手段对系统进行攻击，如密码破解、利用特定软件发动攻击、制造系统故障以图在系统恢复时趁机侵入等。尽管在充足的时间和资源条件下，高质量的安全测试可能最终突破系统防御，但系统设计的任务应是使攻破系统的成本远高于所获信息的价值。安全性测试通常涵盖加密与解密、数据备份与恢复、病毒检测等多个方面
压力测试	压力测试，又称强度测试，是通过模拟非正常数量、频率或容量的操作条件来对系统进行的一种测试方法。这种测试的目的是评估系统在面对非常规需求时的表现，以及其对异常情况的承受和响应能力。 • 为了测试系统在高频率中断下的表现，设计一个测试用例，其中每秒触发 10 个中断，远超过系统正常情况下每秒 1 个或 2 个中断的频率 • 将输入数据的数量提高一个数量级来测试输入功能如何响应 • 执行需要最大内存或其他资源的测试用例 • 执行一个特定的测试用例，其目的是生成大量的磁盘驻留数据
性能测试	性能测试用来测试软件在集成的系统中的运行性能，包括适应性、健壮性、可恢复性、灾难恢复能力等。它对实时系统和嵌入式系统尤为重要。性能测试贯穿于整个测试流程。 • 在单元测试阶段，主要关注独立模块的性能表现，如算法执行效率 • 软件集成后，通过测试评估整体性能，确保各组件协同工作时的表现符合预期 • 计算机系统集成完成后，进行全系统性能测试，以验证在实际环境中的性能表现 • 性能测试常与压力测试相结合，共同评估系统的表现，在此过程中，通常需要借助各种硬件和软件测试设备来实时监控系统的运行状态

　　整个测试过程中，最重要的一个工具就是测试用例，它决定了测试的质量、进度、效率等所有的指标效果。测试用例是根据《测试方案》来编写的，在《测试方案》通过之后，测试人员深入理解了整个系统的需求细节，并开始着手编写测试用例。这样做可以确保每个用例都具有明确的执行目标，并且能够全面覆盖系统的各项需求。测试用例需要包括需求编号、需求名称、测试类型、测试用例名称、用例级别（优先级）、预置条件、操作步骤、输入数据、预期结果和实际结果等。对于其中操作步骤和预期结果的描述，需要详尽清晰。和软件的生命周期相似，测试用例也需要经过设计、评审、修改、执行、版本管理、发布、维护等一系列的阶段。在最初的测试用例设计完毕后，需要经过评审，评审后的用例进入具体的执行和实施阶段，测试管理者需要对测试用例进行执行和跟踪。对每一个测试用例，依据预期结果来判断该测试用例是通过还是失效，将结果记录在测试结果描述表中。完成测试工作之后，紧接着的任务是对测试结果进行全面评估，并根据评估结果编制详尽的测试报告，如果测试用例在实际执行中发现问题，则要据此对项目进行修改和版本的维护。

　　执行测试用例过程中，测试人员发现软件缺陷后进行定义和描述，并报告给开发人员的过程称为软件缺陷报告。开发人员负责重现并修复已发现的缺陷，随后将修复后的代码提交给测试人员进行验证。同时，为了量化软件测试进程和软件测试数据，需要对软件测试工作进行评测，其

< 175 >

生成的软件测试评测报告可以用来判断测试工作是否彻底和成功。

这个过程涉及的主要文档类型包括单元测试文档、单元测试文档的讨论报告、综合测试文档（综合测试式样书）、综合测试文档的讨论报告、项目进度计划（作业日程安排及进展）、作业管理工作簿、作业周报、作业月报。

8.1.1 测试的人员和任务

软件测试团队组织就是对测试项目涉及的人员进行合理规划和安排，包括为测试项目选择合适的组织结构模式；确认项目组内部的组织形式；合理分配人员，明确角色和对应的职责；对项目成员进行培训、激励、管理，使他们密切配合实现项目目标。

对于以上流程环节，一般而言，需求分析人员负责对系统需求的深入分析和理解，为后续的设计和开发工作奠定基础；测试人员则负责测试环境的搭建、测试用例的设计、测试过程的执行以及回归测试的实施；而测试负责人负责制订详细的测试计划，以及对各个环节的跟踪、实施、管理等。

为了让测试团队的每个成员都清楚自己的任务，并使得每一个任务都落实到具体的负责人，测试团队管理者应当明确定义测试团队的角色和职责。

典型的测试团队的角色如下：测试主管、测试人员、开发主管、开发人员、支持主管、支持人员、项目经理、高级经理以及用户代表。

测试团队的组建在于选择合适的测试人员以及确定测试组的规模。在国内的团队中，测试人员和开发人员的比例一般不会大于 1:1，这实际上是对测试的生产效果不信任的一种表现。根据达斯汀（Dustin）等人的建议，测试组规模应该根据产品类型来确定。项目组中开发和测试的分配比例如表 8.3 所示。

表 8.3 项目组中开发和测试的分配比例

产品类型	开发组规模	比例	测试组规模
商业软件产品（大市场）	20	3:2	13
商业软件产品（小市场）	20	3:1	7
单机应用	20	6:1	3
政府信息系统	20	5:1	4
企业信息系统	20	4:1	5

例如，在微软的项目组织结构中，通常项目经理占 5%，开发人员占 31%，测试人员占 64%，项目经理、开发人员和测试人员数量比例为 1:6.2:12.8，在 Exchange 2000 项目中，项目经理 25 人，开发人员 140 人，测试人员 350 人，测试人员是开发人员的 2.5 倍。

在选择测试人员的时候，需要尽量选择拥有适合特征的测试人员（特征如表 8.4 所示），并且加强人员的激励。激励因素是因人而异、因时而异的，管理者单纯依赖权力施压、资金奖励或处罚手段作为激励措施，很可能导致项目走向失败。真正有效的激励应当贯穿于项目的整个生命周期，而不仅仅是在项目结束时才进行，并且应该尽快兑现。

表 8.4 适合成为测试人员的特征

人员的分类	对应的特征
合适的人员	将测试作为自己的职业 愿意承担繁重的测试工作

< 176 >

人员的分类	对应的特征
合适的人员	善于观察，能识别细微的差别 逻辑性强，思维缜密，表达清晰 自我管理能力，不偏离工作主线 掌握必要的技术背景及技能
不合适的人员	轻视测试工作，不愿以开发工作为职业 容易妥协，害怕争论 不愿做艰苦的测试工作 粗心大意，忽视一些差别 思维粗糙、不周全，不能清楚表达 不能把握工作重点，陷于细枝末节 技术背景弱

8.1.2　软件测试和调试的方法

软件测试通常涵盖静态分析和动态分析两种方法。静态分析是一种非自动化的、依赖于人工的方式，主要包括审查、评审和走查等形式。其中，评审环节尤为重要，由开发人员、项目经理、测试人员、用户及领域专家组成的会审小组，通过集体阅读、深入讨论和相互争议，对软件产品进行细致的静态分析。同样地，审查和走查工作也是由专业训练的人员依据评估标准，对开发过程中的各种产出品或中间品进行严格检查，以发现潜藏的错误。

动态分析要求测试人员精心选择并执行适当的测试用例。测试用例的设计在软件测试中起着至关重要的作用，设计这些测试用例的目标是追求用尽可能少的测试来覆盖尽可能多的潜在错误。这不仅要求测试用例具有较高的错误发现率，以提升测试效率，还要求避免冗余，即不设计那些与已有测试用例错误发现效果相同的用例。

1．测试的方法

测试方法根据是否需要了解测试内容的逻辑，可分为两大类。

（1）黑盒测试

黑盒测试，又称为功能测试，其中测试对象被视为一个黑盒子。在这种测试方法中，测试人员不需要了解程序的内部逻辑和具体实现细节，而是专注于验证程序是否按照需求规格说明书中的要求正确执行功能。测试人员通过输入不同的数据并观察输出结果，来检查程序是否存在功能上的错误或遗漏。黑盒测试适用于各种测试场景，主要用于发现以下类型的错误。

① 功能上的错误或遗漏。

② 接口错误，如输入输出参数的数量不匹配、参数类型错误等。

③ 数据结构错误或外部信息访问错误。

④ 性能错误。

⑤ 初始化和终止错误。

主要的黑盒测试方法如下。

① 等价类划分。等价类划分方法将所有可能的输入数据划分为若干具有相似特征的等价类，并从每个等价类中挑选出一个典型的数据作为测试用例。根据软件的规格说明，对每一个输入条件（通常来自规格说明中的一句话或一个短语）确定若干个有效等价类和若干个无效等价类。例

< 177 >

如，输入的考试成绩数据应该在 0~100，则有效等价类是"0 ≤ 成绩 ≤ 100"，无效等价类是"成绩 < 0"和"成绩 > 100"。

② 边界值分析。边界值分析作为黑盒测试的一种重要手段，是对等价类划分方法的有力补充。根据多年的测试实践，人们发现许多错误往往出现在输入或输出的范围边界上，而非范围的中间部分。因此，通过专门针对这些边界情况设计测试用例，能够更有效地揭示程序中的潜在错误。

③ 错误猜测。错误猜测法是一种基于直觉和丰富经验的软件测试方法。它不遵循固定的执行步骤，而是依赖测试人员的专业判断来预测程序中可能存在的错误。测试人员会结合对软件的深入理解、历史错误记录以及行业知识，来推测哪些部分最容易出现问题，并据此设计针对性的测试用例。这种方法特别适用于发现那些难以通过常规测试方法暴露的潜在缺陷。

④ 因果图。因果图法是一种高效的测试用例设计方法，旨在弥补等价类划分和边界值方法中未充分考虑输入条件组合的缺陷。当面临众多输入条件时，因果图法能够帮助测试人员系统地选择一组有效的测试用例，以覆盖更广泛的输入组合。这种方法不仅关注输入条件之间的关系，还注重输出条件对输入条件的依赖，即所谓的因果关系。因此，使用因果图方法设计的测试用例在发现错误方面具有较高的效率。

（2）白盒测试

白盒测试，也称为结构测试，其核心思想是将测试对象视为一个完全透明的盒子。在这种测试方法中，测试人员会深入研究程序的内部结构、逻辑设计和相关信息，并根据这些信息精心设计测试用例。他们的主要目标是确保程序中的所有逻辑路径都能按照预定的要求正确执行。这种测试主要用于对模块的测试，包括如下内容。

① 确保每个程序模块的独立路径都被至少执行一遍。

② 针对所有逻辑判断，分别测试其"真"与"假"的情况。

③ 在上下边界条件和正常操作范围内，检验所有循环的执行情况。

④ 测试内部数据结构的有效性和正确性。

白盒测试的方式如下。

① 逻辑覆盖测试。逻辑覆盖测试旨在评估测试数据在运行被测程序时程序的逻辑覆盖程度。其目标是选择最少数量的测试用例，以达到预定的覆盖标准，从而有效地检查程序的逻辑正确性和完整性。

② 基本路径覆盖测试。在软件测试中，特别对于包含循环的复杂程序，其可能的执行路径数量往往非常庞大，导致难以全面覆盖。为了解决这个问题，可以采用基本路径覆盖测试方法，这是一种由汤姆·麦凯布（Tom McCabe）提出的白盒测试策略。该方法通过分析程序的控制流图并计算区域数，来确定一组关键且独立的执行路径（基本路径），然后，针对每条基本路径设计一个测试用例，从而有效地压缩了测试范围，同时确保了重要逻辑路径的覆盖。

③ 数据流测试。数据流测试主要是对程序中的变量的赋值、使用以及最后被覆盖或者销毁的过程进行检查，通常会通过构建数据流图来辅助测试。数据流测试通常与其他白盒测试技术结合使用。

④ 循环测试。循环测试是白盒测试中的一项关键技术，它要求先识别出 4 种不同类型的循环：简单循环、嵌套循环、串接循环和非结构循环。接下来，根据循环的执行次数，从内层循环开始，逐步向外层循环扩展，为每个层次设计相应的测试用例。

2．调试的方法

测试的核心目标是揭露程序中存在的错误，而调试则是为了准确地定位这些错误的原因和位

< 178 >

置，并进行相应的修正，以确保程序的正确运行。测试和调试的关系如图 8.2 所示。

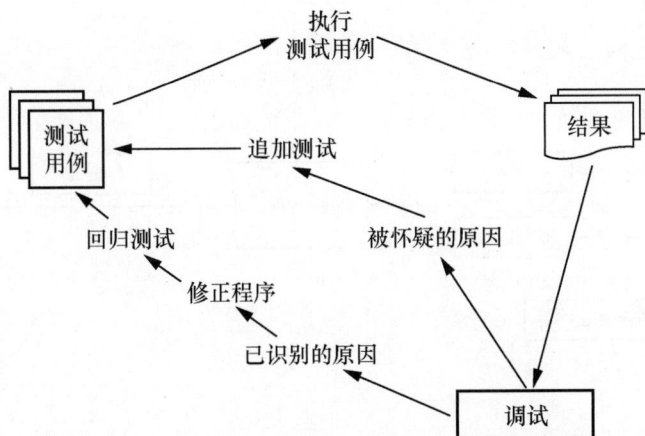

图 8.2　测试和调试的关系

常用的调试方法有 4 种，都是在长期的 bug 管理经验中总结的方式，具体介绍如下。

（1）蛮力法

蛮力法是一种最省脑筋但最低效的方法。它通过在程序中设置断点、输出寄存器和存储器的内容、打印相关变量的值等方法来获取程序运行时的现场信息。尽管这种方法效率较低且可能产生大量无用输出，但当使用其他调试方法无法找到错误根源时，通过蛮力法仔细分析这些信息则有可能找到错误的原因。为了进一步提高效率，可以采用二分法来逐步缩小可能的错误范围，从而更快地定位并解决问题。

（2）回溯法

回溯法是指从错误的症状入手，手动沿着程序的控制流程逆向追踪，直到找到引发错误的根本原因。这种方法在处理小型程序时非常有效，但大型程序可能的回溯路径过多，使用回溯法可能会变得复杂和低效。

（3）归纳法

归纳法和演绎法都是考虑通过排除错误或者故障原因的方式寻找问题的根源。归纳法是一种从个别到一般的推理方法，在调试过程中，可以从观察到的错误征兆入手，深入分析这些征兆间的联系，从而推断出错误的根本原因。

（4）演绎法

演绎法是一种基于一般原理或前提的推理方法，在调试过程中，先假设所有可能的错误原因，然后通过逐步排除那些不可能正确的假设，最终锁定真正的错误原因。

在发现并定位错误之后，调试的最后一个步骤就是纠正错误，但是在修改一个错误时，可能会无意中引入新的错误。因此，在修改程序之前应该遵循广、深、精的原则，广是指需要考虑在程序的其他地方是否也存在同类的错误，深是指需要思考本次修改是否会引发新的错误，精是指为了防止新错误发生所需要采取的措施。在这样的原则下，修改测试找到的 bug，可以提升修改程序的效率。

在对 bug 进行管理的整个调试的过程中，开发人员和测试人员的交互比较频繁，两者的工作模式的具体流程如图 8.3 所示。

当软件涉及功能性修改时，应该先经过功能性的审查和变更，并根据修改后的设计说明进行修改。

< 179 >

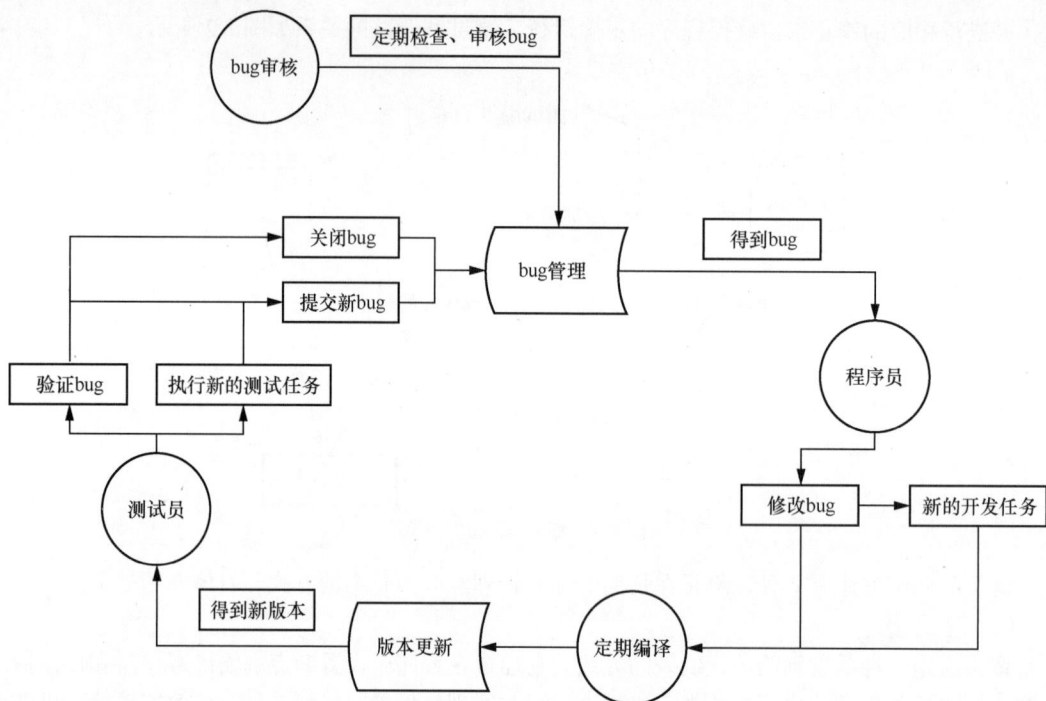

图 8.3　bug 管理中开发和测试的交互

8.1.3　测试的规范

测试的规范是对软件测试流程进行标准化的重要工具，它明确了每个需要测试的过程元素的具体要求和界限。制订项目自己的测试规范，前提是制订者需要熟悉软件测试依据的国家技术标准规范。软件测试依据的技术标准规范主要如表 8.5 所示。

表8.5　软件测试依据的技术标准规范

类型	标准	名称
国家标准	GB/T 17544—1998	《信息系统及软件完整性级别》
	GB/T 16260—2006	《软件质量模型与度量》
	GB/T 18905—2002	《软件工程产品评价》
	GB/T 8567—2006	《计算机软件文档编制规范》
	GB/T 9386—2008	《计算机软件测试文件编制规范》
	GB/T 25000.1—2010	《软件质量要求与评价（SQuaRE）指南》
	CSTCJSBZ02	《应用软件产品测试规范》
	CSTCJSBZ03	《软件产品测试评分标准》
国际标准	ISO/IEC 17025	*Geneal Requirements for the Competency of Testing and Calibration Laboratories*
	ISO/IEC 9126	*Information Technology Software Product Evaluation-Quality Characteristics and Guidelines for Their Use*
	ISO/IEC 12119	*Information Technology – Software Packages -Quality Requirements and Testing*
	IEEE 829	《软件测试文件标准》
	IEEE 1008	《软件单元测试标准》
	IEEE 1012	《软件验证与确认之标准》
	IEEE 1028	《软件审查标准》

< 180 >

根据技术标准要求的内容，项目规范的制订者需要列出项目规范本身的详细说明，如规范目的、范围、文档结构、词汇表、参考信息、可追溯性、方针、过程/规范、指南、模板、检查表、培训、工具、参考资料等。制订规范的过程中，制订者需要考虑角色的确定、每个阶段的活动进入的准则、活动输入项、活动过程的具体细化、活动输出项及输出项的验证与确认，还有活动退出的准则度量标准。其中，活动代表着测试整体过程的某一个阶段性的活动，如描述测试用例实施这一活动。表 8.6 所示为实施测试用例规范描述。

表 8.6　实施测试用例规范描述

过程要点	详细描述
输入条件	测试经理在前一个工作日结束时，规划好次日的测试计划，并确定适用的测试用例
工作内容	测试实施工程师按照测试计划中分配的任务，执行相应的测试用例，并详细记录每个用例的执行结果，以便后续分析和报告
退出标准	测试计划中的所有任务均已被执行，并且每项任务的执行结果都已得到详细记录
责任人	测试实施工程师

规范的制订，其实是为软件测试制订了一套符合标准的工作流程，旨在提高项目开发效率，提升项目进度，保障软件项目质量。

8.1.4　测试计划

1．测试计划的制订和内容

软件测试管理是软件项目管理中的重要内容，它以测试活动为管理对象，运用专业的软件测试知识、相关技能，借助各种工具和方法，对测试活动进行计划、组织、执行和控制，保证测试活动在规定的时间和成本内完成，并达到一定的质量要求。

测试管理贯穿于整个测试活动，包括范围管理、组织和人员管理、过程管理、配置管理、成本管理、风险管理、质量管理、文档管理等内容。同时可以借助自动化工具进行软件测试管理，如 Mercury Interactive 公司的 TestDirector、Rational 公司的 Rational TestManager 和 Test Studio、Microsoft 公司的 RAIDS 等。

早在软件需求分析阶段甚至更早，软件测试计划就应该开始了。因此可以把制订软件测试计划作为软件测试活动实施的第一个环节。仔细地制订测试计划，能够使测试活动的目标、范围、方法、资源、进度、组织、风险被尽早地识别和明确，使得测试活动能够在准备充分且定义清晰的条件下进行。

测试计划文档可以作为软件测试人员之间，以及测试人员和软件开发人员等之间的交流工具，为软件测试的管理提供依据，并能够帮助相关人员及早地发现和修正软件需求分析、设计等阶段存在的问题。

软件测试计划的制订可以分为以下步骤进行。

① 收集测试资料，包括软件项目背景、软件技术特征、软件测试背景以及软件最终目的。

② 制订测试方案，确定测试目标、最终交付物。

③ 根据目标细化测试阶段，确定里程碑及对应的交付物。

④ 进一步细化，将测试工作范围分解，形成 WBS，以网络图的形式说明 WBS 中各项任务的相互顺序和依赖关系。首先对 WBS 中的每一项任务，估计需要多少时间完成，以及需要哪些资源，然后对 WBS 中的每一项任务，做出成本估计，同时估计整个测试的工期和成本，并判断

< 181 >

测试是否可以在预定的时间、成本、资源等约束条件下完成。如果无法完成，则需要调整范围、工期、预算和资源配置，直至建立切实可行的测试计划。

⑤ 评审和更新测试计划。

结合 8.1.3 小节介绍的测试规范的制订要求，编写测试计划应该至少包含以下内容：测试目标的说明、进度计划的安排、资源/预算、人员/组织、测试过程、配置管理、质量计划的安排，以及测试风险管理的方式。测试计划一旦编写完成，需提交至项目组全体成员，由项目组中各相关角色联合进行评审。在项目开发阶段，还需对测试计划进行定期跟踪和评估，确保其完整性和可行性，在项目结束时还要评估测试计划的质量。测试计划内容项及说明如表 8.7 所示。

表 8.7　测试计划内容项及说明

测试计划内容项	说明
管理目标	明确测试管理要做什么和不做什么，划清范围，例如，测试范围就明确了测试要做的具体内容
质量目标	根据测试规范的要求，描述每种测试需要达到的指标值，如下给出单元测试目标和系统测试目标的例子。 单元测试目标 ① 单元测试的完成准则（代码覆盖率达到目标） ② 语句覆盖率（100%） ③ 分支覆盖率（100%） ④ 条件组合覆盖率（>50%） ⑤ 基本路径覆盖率（100%） ⑥ 错误处理路径覆盖率（100%） 系统测试目标 ① 验收测试中发现的严重缺陷数小于 9 个 ② 软件需求项覆盖率达到100%
测试需求	测试组需要明确需要测试的范围，合理估算所需的人力资源，并根据项目的实际情况确定每个测试需求的优先级
测试方案	测试方案报告应全面覆盖整体系统及其各个组件和子系统的测试策略，并细化每个测试需求对应的具体测试方法
测试资源/预算	明确本次测试需要动用的人员、软硬件以及其他技术资源
测试组角色	明确测试组内各个成员扮演的角色和承担的相关责任
进度计划（含里程碑）	制订详细的进度计划，包括明确每个测试阶段的时间安排和主要任务；同时，明确测试团队应特别关注的关键里程碑事件，这些事件将帮助团队跟踪项目进展并确保测试工作的顺利完成
交付产物	测试组必须向项目组提交其工作成果，即交付产物，主要包括测试计划和测试报告等重要文档
风险管理	风险管理工作在测试领域中的核心任务是预见并列举出可能阻碍测试顺利进行的各种潜在风险

2．测试停止标准制订

由于软件测试的复杂性，测试人员往往需要对程序进行多次反复的、无休止的测试工作，这不仅导致了大量人力资源的浪费，还耗费了大量的物资和时间成本。从某种意义上来讲，只要用户在使用软件，那么每次使用都是在进行测试，软件测试这项任务看起来永远无法完成。这是因为无法确定当前检测到的错误是不是最后一个，因此难以决定何时应当终止测试，这种情况使得确定测试结束的时间点变得非常困难。为了能够合理地利用现有资源，提高测试工作效率，测试计划在一开始就应该制订测试停止的标准和指标点。通常使用的指标点有 3 种。

< 182 >

（1）bug 走势图

穆莎（Musa）曾编写出版过《软件可靠性工程》一书，并提出了一个基于统计标准的测试停止答复："我们不能绝对地认定软件永远也不会再出错，但是相对于一个理论上合理的和在试验中有效的统计模型来说，如果在一个按照概率的方法定义的环境中，CPU 1000 个小时内不出错运行的概率大于 0.995 的话，那么我们就有 95% 的信心说，我们已经进行了足够的测试。"

根据这个基于统计的理论，人们提出了根据 bug 走势图判断测试停止的方案：根据预定的测试用例设计方法，有针对性地创建测试用例，观察测试阶段中单位时间内发现错误数目的曲线，如果单位时间内运行这些测试用例均未发现错误（包括发现错误后已被纠正的情况），则测试可终止。如图 8.4 所示，该曲线图展示了在单位时间内各种 bug 出现的数量和走势。

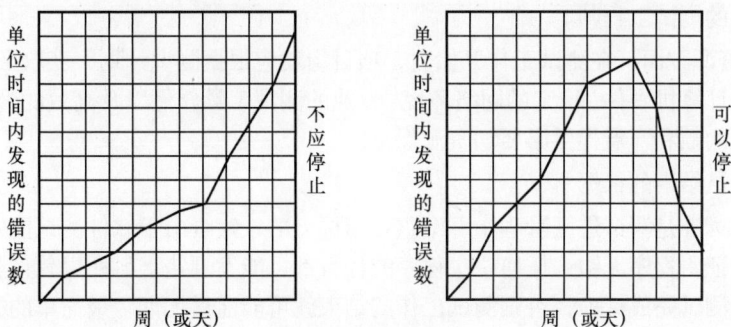

图 8.4　bug 走势图

（2）模块覆盖率

模块覆盖率指标综合反映了在一套软件中各个模块测试用例的制订状况，包括是否每个模块及其包含的各项功能均已制订测试用例，以及各模块测试用例在整体测试用例中的占比，从而评估测试的完备性和覆盖率。

（3）测试用例执行情况

测试用例执行情况指标展示了各个模块测试用例的实际执行情况，包括统计已经成功通过的测试用例数量、未能通过的测试用例数量，同时计算了已执行和未执行的测试用例数量。

由上述的 3 个指标点，项目管理者可以制订某个适合项目测试停止的标准。例如，如下为制订完善指标点的具体数值标准。

① 所有模块及其下属功能的测试用例均达到了 100% 的覆盖率。

② 测试用例的执行覆盖率也达到了 100%，且超过 90% 的测试用例成功通过。

③ 在连续的 3 个工作日内，bug 走势图中显示，系统错误、功能错误以及数据处理错误均未出现 bug。

④ 其他类型的错误在连续 3 个工作日内也未出现超过 5 个（含 5 个）的情况。

当然，就项目本身来说，如果项目临期了或者项目的开发资金已经耗尽，那么各项工作，包括测试都应该进入终止状态。

8.1.5　进度控制

软件测试的进度是通过测试计划的控制来实现的。对于测试进度的提高，其关键是在测试设计过程中要有适当合理的人员配备以及测试各阶段的工作安排。只有在完善的测试计划下，才能够进一步地提高软件测试的进度。测试进度管理的重点在于根据测试计划，执行测试内容，并且

< 183 >

按照确定的报告周期，定期收集实际的进度和成本数据，提交定期的状态报告或者周期报告。报告中需要与计划内容进行比较，分析存在的偏差和原因。如果需要变更，则将发生的变更（范围、进度、预算）以及需要采取的措施列入测试计划，进入下一个报告周期。

除了测试计划的执行和监控是进度控制的重点之外，测试进度控制还要注意以下内容的管理。

（1）保证人力资源和系统资源的提供

在软件测试阶段，项目组首先要获得足够的测试资源，准备测试环境，才能保证测试工作顺利向前推进。

① 在人力资源方面，测试负责人应根据测试计划和任务分工，选择适合不同测试工作且具有丰富测试经验的测试工程师。

② 在系统资源方面，在测试工作开始时，项目组就应根据测试计划，获取必要的系统资源，包括符合要求的计算机硬件、稳定的网络环境、专业的测试工具软件以及高效的管理工具软件等，为整个测试工作的顺利开展提供必要的资源保证。

（2）确定测试结束的依据

测试结束的标准是测试进度管理中一个重要指标点的设定。由于软件测试能发现程序中的错误，但无法彻底证明程序无错，任何一次程序的执行都可能发现错误，所以软件测试工作必须事先有一个明确的测试完成标准，否则测试工作的结束就可能遥遥无期。最简单的办法就是测试工作开始时，项目组与用户方可进行协商，确定单位时间内测试的出错率出现下降趋势并小于给定标准值时，则可认为软件测试阶段的工作结束。

（3）定期进行进度检查工作

测试经理需要定期对测试组成员的工作进度进行检查，及时发现并解决工作中存在的问题，确保所有成员的工作都是按照计划向前推进的。进行工作检查的重要手段有工作汇报、测试组例会或测试负责人的实际抽查等。

（4）确定协作工作流程

软件测试工作与项目其他阶段的工作密切相关，对于测试发现的问题，需要提交给其他阶段技术人员进行排错处理，即其他阶段的输出作为测试工作的输入，测试工作的输出又要作为其他阶段的输入，如此需要循环反复多次才可以结束。所以在实际工作中，项目经理要制订明确的工作流程和工作协作制度，防止工作中出现混乱，避免整个测试工作陷入僵局。

（5）使用先进的测试技术和工具

在测试工作中，项目组成员应尽可能运用先进的测试技术研究成果，采用前沿的测试工具，全面提升测试效率。当然这首先取决于测试成本是否允许以及被测试的软件项目是否需要，这是因为先进的测试技术和手段并不是完全能够适用于所有项目。

8.1.6 质量管理

在整个软件设计应用过程中，最基本的前提条件是质量保证。在软件测试过程中，测试质量也是软件测试的重中之重，为此，可以在测试计划中制订一系列的质量目标的指标值。在测试的质量管理中，需要通过一系列的手段和措施来保证可以达到相应的质量目标，具体措施如下。

（1）正确理解设计文档

在软件测试过程中，各阶段的文档内容都扮演着至关重要的角色。其中，设计阶段的工作文

< 184 >

档，即设计说明书，为单元测试和集成测试提供了坚实的基础。而确认测试的工作主要依赖于用户的需求规格说明书。测试人员需要正确理解文档内容，才能设计出合理的测试用例，从而取得高质量的测试成果。

（2）选择全面的测试用例

在软件测试实践中，无法对所有可能的情况进行穷举测试，通常选择具有代表性和典型性的测试用例来进行有限的测试。因此，测试用例的筛选成为软件测试的核心任务。设计高效、全面的测试用例是确保软件测试质量的关键所在。只有精心挑选的测试用例，才能获得准确、可靠的测试结果，从而有效提升软件的质量。

（3）加强对测试文件的复审工作

对于测试负责人制订的测试计划和测试工程师编写的测试用例，项目组需要组织经验丰富的测试人员、用户及相关技术人员进行复审工作。通过复审工作，可以有效地保证测试计划的可行性和测试用例选择的全面性。

（4）制订明确的工作流程

测试阶段的工作并非一蹴而就，而是需要经过多次测试与修改的循环往复。测试人员完成一轮测试后，会整理并形成详细的测试报告，其中涵盖测试结果、期望结果以及两者的对比分析。研发人员依据测试报告进行系统错误排查和修改。为确保测试与修改工作的顺畅衔接，项目经理需要制订清晰的工作流程，避免未经记录、上报和统一安排的错误修改，从而防止产生连锁反应导致测试混乱。完成错误修复后，还需对代码进行回归测试，以确保未引入新的测试问题。

（5）有效管理测试文档

软件测试过程会产生大量的文档，如测试计划文档、测试用例文档、测试结果报告等。在测试过程中需要对这些文档资料加强管理和进行版本控制，否则由于测试人员较多，产生的文档资料较多，容易形成文件的丢失及文件版本的混乱，造成工作重复或工作遗漏，从而对整个测试的工作进度和工作质量产生影响。

（6）约束测试人员的工作态度

对于测试的实际操作人员，可以通过培训、谈心、激励等机制端正其测试态度，使其时刻树立质量意识，尽早发现问题并尽早解决，防止由于工作不认真而造成工作反复与低效。测试人员一方面要认真做好测试用例的设计工作，另一方面要认真做好每个测试项的测试工作。要做到这一点，一方面在测试人员选择上要加强把关，防止不合格测试人员参与测试工作；另一方面要从制度上保证，即测试组要明确工作职责，建立有效的激励机制，通过制度保证测试的工作质量。

8.1.7 风险管理

软件测试也是一项存在风险的工作，软件测试风险包括过程中可能出现的困难或潜藏问题，这些问题若未被妥善处理，可能会导致测试不全面或结果不准确，进而在软件交付后引发潜在问题，给企业或用户带来损失。由于软件测试的风险是不可避免的，它存在于整个软件测试过程之中，因此，软件测试的风险管理至关重要，相关人员需要竭尽全力减少测试过程中存在的各种风险，以尽可能地保证质量和满足用户的需求。

风险管理

对软件测试的风险管理也应该遵从前章所描述的风险管理的相关内容进行。本小节就软件测试常遇到的风险进行描述，同时对应不同的风险，给出由经验总结出的解决方案，具体内容

< 185 >

如表 8.8 所示。

表 8.8　软件测试风险和建议的解决方案

项目	风险项	解决方案
软件需求的风险	软件需求模糊或开发商理解偏差，可能导致开发出的产品不符合用户真实需求，降低用户满意度	在项目开发的每一个阶段，应邀请有决策权的核心用户参与，让他们实时查看已实现的功能，并及时提出反馈
	需求变更风险，特别是在项目后期，用户可能会不断提出新的需求变更，这会对设计、代码和测试产生连锁影响。如果测试用例没有及时更新以适应变更后的需求，或者频繁的需求变更导致测试时间不足，都可能降低软件的质量和稳定性	应积极与有决策权的核心用户沟通，努力争取更多的研发和测试时间。对于项目后期提出的新功能，最好是将其推迟至下一版本中实现，以确保当前版本的质量和稳定性不受影响
人员的风险	核心测试人员的请假、离职	对于核心的测试人员可能请假或离职而延误测试的情况，作为测试管理者，可以预先为核心团队配备候补测试人员，让他们跟随学习。这样，一旦核心成员因故请假或离职，便能迅速由候补人员顶上。另外，对于关键的业务和技术一定要提前做好文档
	测试人员的工作态度不端正、工作状态差	可以对测试工程师进行定期考评，以监督他们的日常工作表现，包括工作态度是否认真负责、是否满足当前项目测试的要求。若发现有不足之处，管理者应及时与相关人员沟通，督促其改正，从而确保测试工作的顺利进行
	测试人员的技术能力不足，如易受思维定势影响，无法深入探测到某些问题区域，导致测试不全面	对于测试思维方式差别可能造成的测试风险，测试管理者的应对策略是可以让测试人员进行不同模块的交叉测试
	测试人员对产品的业务不熟悉，主要表现在以下方面：一是测试工程师对用户如何操作该产品以及用户的操作习惯缺乏了解；二是测试工程师参与项目测试的时间过短，对产品的熟悉程度不足	可以邀请行业内的专家为测试人员提供专业培训，同时，充分利用用户的实际经验，将他们视为宝贵的行业专家资源。此外，测试团队应尽早参与项目，以便深入熟悉产品，对产品理解的深度将直接影响测试人员发现软件缺陷的能力和价值
代码质量的风险	如果开发人员提交的代码质量低下，存在大量软件缺陷，那么测试工程师在进行测试时漏测的可能性就会大大增加	为确保提交给测试部门的代码质量，开发团队应在前期进行充分的单元测试，以确保各个模块的功能正常。同时，对于核心模块的代码，应安排资深的研发工程师进行前期检查
测试环境的风险	测试人员在测试过程中搭建的测试环境，不能100%完全还原用户的环境，这存在一定的风险。某些软件缺陷可能仅在特定条件下显现，这些条件包括特定的硬件配置、操作系统、杀毒软件、软件补丁版本以及用户实际使用的数据等	测试部门在构建测试环境时，应尽可能全面地模拟用户的实际使用环境，包括硬件配置、操作系统版本与补丁、数据库版本与补丁等。同时，测试过程中应积极与用户沟通，获取真实数据进行测试，以最大限度地减少因环境差异而引发的潜在风险
测试广度和深度的风险	① 测试的广度：测试工作难以完全覆盖用户千变万化的操作，这导致了测试的广度问题。由于用户行为的多样性和不可预测性，一些极端或非常规的操作情况可能容易被测试团队遗漏，进而导致潜在缺陷未能及时发现 ② 测试的深度：有些软件缺陷仅在特定条件下触发，如多用户并发使用。然而，测试工程师在进行测试时可能会忽略这些特定情况，只安排少数测试人员对相关功能进行测试，从而遗漏了潜在的缺陷	测试工程师在编写测试用例的过程中，应当竭尽所能地提高覆盖率，力求覆盖用户千变万化的操作。完成测试用例后，还应组织专业的评审工作，确保用例的全面性和有效性。特别需要注意的是，测试用例应着重考虑边界值、深层次的逻辑关系等关键要素，并模拟用户实际使用环境下的各种场景，如大量用户的并发操作等

<186>

续表

项目	风险项	解决方案
测试工具的风险	虽然测试工具能够模拟用户的手工操作，但在使用过程中存在一定的误差风险。这些误差可能源自工具本身的局限性，或是由于使用者操作不当导致的。 例如，在项目后期进行回归测试时，使用自动化功能测试工具 QTP，可能会因为某些设置的修改而导致每次测试结果都显示通过，但实际上在用户环境中，却可能出现最基本的功能都无法通过的情况	① 对于自动化的测试工具，要选择成熟的测试工具，比如 HP 公司的 Loadrunner、QTP 或者 IBM 的系列测试工具 ② 在使用测试工具进行软件测试时，测试工程师应当果断地剔除那些明显不合理或异常的测试值。例如，进行了 5 次大用户的并发测试，其中 1 次的测试结果与另外 4 次的测试结果偏差较大，那么测试工程师就可以排除这 1 次偏差较大的测试（因为这 1 次测试结果可能受到一些外部因素的干扰而不准确）
	在进行性能测试时，常常会使用如 Webload、Jemeter、Loadrunner 等工具来模拟用户的并发操作。然而，这些工具并不能完全地复现真实世界中用户的并发行为。例如，当使用工具模拟 500 个用户同时登录系统时，这些并发请求往往都是从一台或有限的几台测试机器上发出的。但在实际用户环境中，这 500 个用户可能分散在全球各地，他们的网络条件、设备性能以及地理位置等因素都会对并发操作产生影响	① 不能盲目地完全信赖工具的输出结果，最终的测试结果需要通过人工审核和检查来确认其准确性和可靠性 ② 可以用不同的测试工具运行相同的测试场景
测试资源的风险	硬件资源不够：如果开发和测试使用同一个环境，将会极大影响测试效果	测试管理者有义务向公司申请更多的测试资源 ① 购置独立的测试服务器把测试环境和研发环境分开 ② 寻求更多的测试人员
	人力资源不充分：如后期进行回归测试的工作量很大，但是没有足够的测试人员	
	测试的时间不充足：在企业实际的研发过程中，研发人员由各种原因（如用户提出修改或者新增某些功能、研发人员的技术水平不足等）导致提交到测试部门的延迟，这样无形中减少了测试人员的测试时间	测试管理者应当做好测试风险的预估，如在制订测试计划的时候要预留一定的时间以应对临时变化的一些特殊情况

8.1.8　配置管理

软件测试的内容从需求分析阶段就应该开始，与之相关涉及的配置管理的内容也是从相应的阶段就启动。测试配置管理的内容包含对测试配置项的标识、测试配置项的控制、测试配置项的质量审计，以及测试配置项的状态报告，具体内容如下。

（1）测试配置项标识

本阶段测试配置项目的内容主要围绕对软件测试的计划和数据开展，表 8.9 所示为测试阶段的基线及其对应的配置项。

表 8.9　测试阶段的基线及其对应的配置项

基线	配置项	所有者
需求基线	软件测试计划	项目经理
	系统测试计划	测试主管
	系统测试说明书	测试主管
	系统测试案例及数据	系统测试设计人员

< 187 >

基线	配置项	所有者
设计基线	单元测试计划	开发主管
	单元测试案例及数据	单元测试设计人员
	单元测试代码	单元测试设计人员
开发基线	单元测试报告	单元测试设计人员
产品基线	系统测试报告	测试主管

（2）测试配置项控制

前面小节提到，变更管理的控制者是 SCCB，在测试配置管理中，测试配置项的变更流程也主要由 SCCB 进行控制，并且测试配置项的管理和前面软件配置项变更的管理一致。

（3）测试配置项质量审计

质量审计的重点在于保证测试配置项达到所要求的质量标准/质量目标，审计完成后，将生成一份详尽的审计报告，其中不仅包括对存在问题的准确描述，还提供了针对性的补救方案及其必要性分析。通过这样的审计流程，能够有效地把控质量关口，确保项目的顺利推进和最终交付产品的质量可靠性。

（4）测试配置项状态报告

定期报告每个测试配置项在项目过程中的进展情况和其他信息，建议可以每周报告一次，包括每个测试配置项变更申请的处理情况以及状态，还有每个测试配置项的规模、容量等的变化情况。

8.2 交付和总结任务

在项目组的开发工作基本完成且通过集成测试、系统测试和性能测试后，项目的管理过程进入交付与总结阶段。交付用户进入试运行之后，项目开发方、用户方和其他干系人必须严格按本程序相关要求执行交付与验收活动，根据项目合同、规模及其他项目属性共同制订交付与验收计划，并按计划完成准备、检查和验收工作，直至软件产品验收通过。这个阶段包括用户对软件的试运行时期，以及项目成果被确认，需要正式交付给用户前进行验收的时期。

8.2.1 交付前的试运行

试运行，顾名思义，是尝试正常运行的过程，也就是将系统部署到用户环境，让用户对系统进行熟悉检验的一个阶段。集成安装结束后，整套系统将进入试运行阶段。在此阶段，整个系统已经完成安装与调试，各项预设功能也均通过测试并得到确认。试运行的目的是确保系统在实际运行中的稳定性和高效性，进一步降低潜在的风险，发现和解决遗漏的问题。

试运行的另一个重要目标是帮助用户逐步熟悉系统的各项功能操作，并通过实际使用来验证系统的可靠性与稳定性。在这一阶段，研发方将承担技术支持的角色，迅速响应可能出现的任何问题，并收集用户试运行过程中生成的各种运行报表和状况评价表，这些材料将作为最终验收的重要依据。试运行主要包括以下任务。

① 在实际场景中检验系统的运行状况，检验系统的可行性、有效性、稳定性。调整产品的配置参数，使其达到设计要求的状态。与此同时，调整发现的设计问题。例如，功能性的检验，

< 188 >

可以通过对用户提供的具有广泛代表性的实际业务数据进行测试，将新系统运行后的结果或报表与实际业务的处理结果进行比较。例如，稳定性的检验，可以通过人为地制造业务处理峰值，进行系统业务处理的压力测试，有效检查系统在处理大量业务时的性能表现和稳定性。

② 系统与用户方硬件环境、软件环境以及管理制度之间的相互调整。

③ 为系统正式运行积累宝贵的经验。

项目的试运行对项目管理者是一个极大的挑战。因此，做一个详细的验收计划是非常必要的，该计划可以用来作为试运行阶段的工作指导。这需要与用户进行充分的沟通，明确该阶段的具体工作任务和目标，通过多次确认，可以最大限度地减少用户在此阶段提出的更改需求，从而确保试运行工作能够按照计划顺利进行。试运行计划不仅要列出待完成的工作事项，还应设定一个合理的完成时间。这样的规划既能让双方明确目标、统一行动，也能有效避免项目无休止地延后，确保试运行工作能在既定时间内取得成效。因此在进行试运行之前，项目经理负责制订试运行期间的时间安排，以及落实试运行工作的相关内容，并将相关的计划与责任人做好联系准备。试运行阶段的内容及细项如表 8.10 所示。

表 8.10　试运行阶段的内容及细项

内容	重要节点
项目准备	① 计划准备 ② 需求调研分析（基础数据准备） ③ 软件用户化 ④ 硬件设备准备，现场验收
试运行准备	① 系统架设（软硬件安装） ② 数据职责体系（同系统试运行并行） ③ 数据初始化，权限初始化 ④ 系统正式启动会议
培训	① 分模块培训（同试运行并行） ② 模块试运行并行（对下结算：物资、现场、设备、文件、人力资源。对上结算：成本、质量）
试行	① 完善程序（同试运行并行），建立管理制度 ② 系统功能确认（初步验收）
验收	① 系统正式运行 ② 数据稽核 ③ 系统优化 ④ 信息化制度颁布 ⑤ 信息管理员培训与系统交接 ⑥ 项目正式验收

试运行阶段的重点工作如下。

（1）准备运行环境和前期数据

首先需要在用户环境中建立模拟系统运行环境，同时着手准备用户真实运行环境。并且在现有系统业务数据（历史数据）的整理及导入的同时，准备新系统运行环境数据的导入。

（2）完成系统操作、维护人员的培训

通过培训使用户方的系统管理员学会数据库管理系统的正确安装与日常维护、数据库安全机制的建立、应用系统的参数配置与维护。如果应用系统分为服务器端和用户端，则要培训系统管理员学习不同模式的运行环境的维护，以及应用系统常见问题的处理与维护。

< 189 >

用户方的实际操作人员应当通过培训学习系统各个功能模块的操作方法，了解各功能模块数据之间的关系，学习应用系统常见问题的处理与维护，熟悉用户界面的操作和内容，同时了解如何在相关系统之间进行切换等操作。

（3）建立系统运行所需的各项规章制度

① 系统运行管理操作的岗位确定与职责划分规则。

② 系统管理规范的制订，包括系统运行日志检查记录的方式、系统安全管理的防范措施，以及风险防范应对的措施。

③ 为操作人员制订符合用户方实际情况的工作流程制度。

（4）建立试运行组织体系

试运行阶段团队管理应注重双方之间的沟通和交流、意见的及时反馈，并且将所有反馈内容和修改意见进行书面形式的确认，同时不要对系统进行特别大的改动，并保留原来的版本。

项目开发方各类人员的责任如下。

① 项目经理：负责项目实施工作的总体安排和协调。

② 系统管理员：配合用户建立软件模拟运行环境，调试网络和系统。

③ 系统实施人员：承担软件系统在用户现场的安装、调试、数据迁移和用户培训等重要任务。在实际操作过程中，他们会与软件开发人员紧密沟通协作，确保遇到的问题能够得到迅速有效的解决。

④ 程序开发员：在试运行阶段与系统实施人员紧密合作，共同解决过程中出现的各类技术问题，并根据错误情况及时修改程序。

用户方各类人员的责任如下。

① 项目经理：负责项目实施工作的整体规划和各个阶段的协调。

② 业务主管：负责验证系统功能的正确性，并且高效地组织和调配业务人员参与试运行工作；还负责安排试运行期间的具体业务处理任务，确保试运行工作顺利进行。

③ 系统管理人员：在系统实施阶段负责调试主机、配置网络，并做好充分的准备工作；在试运行阶段，还负责准备所需的数据。

④ 业务操作人员：系统试运行阶段的重要执行者，通过实际操作系统来检验其功能是否完善、操作是否便捷。

（5）建立系统的试运行机制，确立试运行时间点

针对不同的系统模块，设计不同的试运行时间和对应的部门，设立模块负责组长。各模块组的组长负责组织小组成员对系统内所有开放的程序装入实际数据，对于试运行期间发现的 bug 或数据错误等问题应立即反馈，当遇见模块组反映的问题较严重时，应立即组织领导组进行讨论，确定修改方案，并根据沟通计划进行情况反馈。

当然，在试运行期间，用户方可能会发现许多前期未发现的问题，由于软件项目的特性所致，这个阶段不能对系统进行大面积反复的修改，要区别对待不同类型的问题，具体情况具体处理。对于可能造成系统试运行停顿的问题和错误，必须立即进行修改；对于可能影响系统性能的问题，可以进行收集并整理，然后，根据项目组的统一规划，安排专门的时间进行集中处理。这个阶段常常遇见用户提出一些本次项目合同以外的功能需求的情况，对此，应采取合理的方法，尽量避免马上增加新功能，而是将这部分新的内容适当延迟到软件项目的第二阶段或者新一轮项目的开展中去规划和实现。同时注意，对于整个试运行阶段问题的处理过程和结果，以及试运行过程中的修改情况，都应该根据要求对项目的相关文档报告进行整理与修改。

经过试运行验证后，项目组将对最终确定的软件版本进行细致的整理归档，并进行系统的专业包装，制作安装系统，以确保在向用户交付前，所有准备工作均已妥善完成。因此，试运行工

作的最后阶段，软件项目的管理将会进入项目的验收交付的工作准备。

8.2.2　项目验收

1．项目质量验收

项目验收，或称为范围核实、移交，旨在确认项目计划内的所有工作是否均已完成，所交付的成果是否符合预期标准。这一过程涉及对可交付成果的仔细核查，并将其记录在验收报告中。项目验收的结果只有两种可能：成功或失败。而判断项目成功与否主要依据 3 个标准：一是否存在符合要求的可交付成果；二是项目目标是否得以实现；三是用户的期望是否得到满足。

当系统试运行一段时间并且满足验收条件后，验收阶段的准备工作便提上日程。项目组的首要任务是对前期完成的工作进行全面梳理和总结，汇总各项工作成果和文档，并对合同及约定的技术细节进行深入自查，目的是确保系统现状与用户达成的所有书面和口头协议完全吻合。如果有未完成的书面约定，则必须制订明确策略以迅速弥补差距。

自查完成后，项目组正式进入验收资料准备的过程。项目部可以独立成立系统验收小组，也可授权原项目组作为验收小组。根据用户系统的特点，系统验收都应在最终用户方的实际系统运行环境中进行。验收交付的流程图如图 8.5 所示。

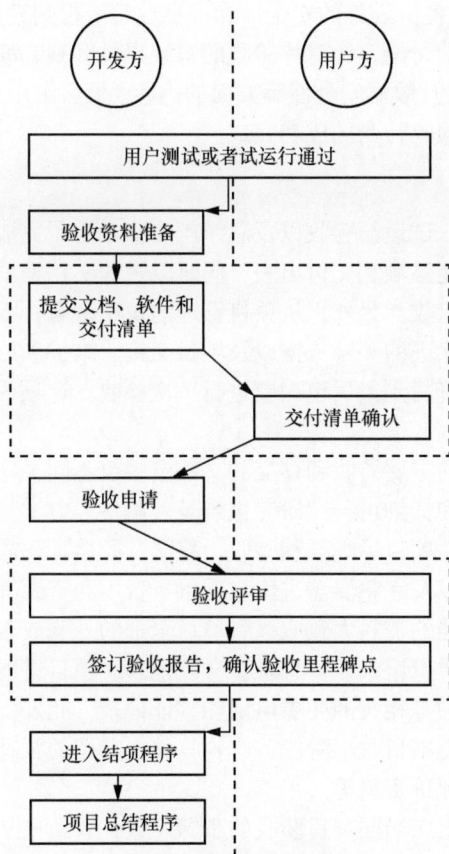

图 8.5　验收交付的流程图

在验收资料提交前，开发方应对完整产品的情况进行确认，也就是确认系统已满足合同规定的条件及需求说明书中对系统功能和性能的要求，并且应准备好提交验收的各种文档（较为重要的如《测试分析报告》《技术总结报告》）、系统软硬件配置清单，做好产品的交付准备。

< 191 >

开发方项目组完成系统验收所需的所有准备工作后，应当选择合适的时间向用户方正式提出系统验收申请报告（应有开发方的技术负责人签字），清晰陈述系统验收的准备工作情况及系统达到的验收条件。在提交验收申请报告时，必须依照合同规定，附上完整的产品资料，包含系统设备、软件配置清单、相关技术文档、总结报告及测试分析报告等内容。

用户方的经办人必须了解要验收系统的功能、性能和系统配置与文档等方面的要求，熟知合同书中有关系统验收的各项条款，并据此对开发方递交的系统验收申请报告进行严格的审查，提出处理意见。用户方技术负责人经审查后，在申请报告上签字并对开发方的申请作出答复。用户方将按合同有关条款做好系统验收的全部准备工作。

进入正式的验收评审后，按以下的验收准则对系统进行评价。

① 系统是否满足用户信息系统要实现的目标。

② 系统采用的技术和实现方案是否做到可靠、稳定、灵活、实用。

③ 所选应用开发平台和工具技术是否先进、操作简便、运行高效，便于与其他系统衔接，实现资源共享。

④ 运行系统的可靠性是系统建设的首要出发点。因此，要求开发方提供高可靠性的产品和技术，确保系统安全可靠。要求系统具备较强的容错能力，以确保在遇到错误或异常情况时能够稳定运行，避免崩溃。

⑤ 关键系统设备及数据备份设施的安全性和可靠性是否得到充分保障。

用户方应经过深入细致的讨论，针对待验收的系统提供客观、准确的评价，其中应包括系统的先进性、稳定性、功能性以及数据安全性等方面的内容。最后由用户方决定系统是否通过验收，并签署验收相关文件，确认验收行为的成功完成。

2．项目文档验收

从软件项目的角度来看，试运行验收以及总结工作都是为了完成软件项目的质量验收工作，也就是保证软件符合要求，能够顺利交付出去，同时以过程文档辅助监控，最终项目结束，完成验收。这部分是项目质量的验收。另外，从项目管理的角度来看，因为项目资料既是项目验收的先决条件，也是验收和质量保证的关键依据以及项目交接、维护和后评价的重要凭证，所以项目内部和外部产生的各种文件资料到最后也需要进行一次验收。这项内容是项目文档资料的验收，也是项目管理成绩效率的验收。

项目的不同阶段，产生的需要验收和移交的文档资料也不同。在项目初始阶段，应当移交的相关文档主要有项目的初步和详细可行性研究报告及其附件、方案与论证报告、评估与决策报告等。在项目计划阶段，为确保项目后续顺利验收、移交及归档，还需准备包括范围划分、详细设计等在内的项目描述资料，以及完整涵盖进度、质量、费用和资源等方面的项目计划资料。在项目实施阶段，应验收移交归档的资料大致应该有项目全部的外购或者外包合同、标书、全部合同变更文件、设计变更、项目质量记录、备忘录、会议记录、项目进展报告、各类通知，以及与进度、质量、费用、安全、范围等相关的变更申请和签证记录，此外，第三方的试验、检验证明和报告也是不可或缺的资料。在项目收尾阶段，应验收移交归档的关键资料包括项目测试报告、项目质量验收报告、项目总结评价资料等。

项目文档的验收，理论上应当同项目验收的步骤一致，大致遵从以下步骤。

① 项目资料提交方应根据合同条款中规定的验收范围及资料清单，自主进行资料的全面检查和预先验收工作。

② 项目资料验收团队需依据合同资料清单或档案法规，对各类资料进行逐项验收、仔细清点、分类立卷，并归档存储。

< 192 >

③ 若项目资料在验收过程中存在不合格或缺失情况，则必须即刻通知相关责任单位进行整改或补充。待资料完善后，交接双方必须共同审阅并确认项目资料验收报告，签署相关证明文件。

8.2.3　项目移交与总结

1．项目移交

要完成一个成功的项目，执行项目上有如下要素可以参考：项目必须通过正式验收，同时要进行完整的财务核算，确保实现利润目标，确保资金及时、足额到位，同时总结项目经验，不断优化业务流程，与用户维持稳固的商务关系，以推动业务持续拓展。

在项目验收完成后的最后一步，就是成功地移交项目给用户方。移交过程的重点主要是各项资料的准备。需移交的成果包括：已经配置好的系统环境；软件产品，例如软件光盘介质等；项目成果规格说明书；系统使用手册；项目的功能、性能技术规范；测试报告等。

在验收评审后，用户方须撰写《系统验收报告》，详细记录对系统的全面评估结果和具体验收意见。报告中应明确在验收过程中发现的问题、系统存在的缺陷，以及针对这些问题提出的改进建议。同时，开发方对于改进事项所作出的承诺也应在报告中明确体现。用户方全体成员在验收报告上签字。根据用户方表决情况，由用户方主任在验收报告上签署验收意见。

如果系统未能通过验收，用户方将依据合同条款与开发方进行协商，可能会要求开发方在限定时间内完成开发任务并重新申请验收，或者选择终止合同。一旦系统成功通过验收，双方须商定试运行的时间范围（软件项目移交并部署到用户方的硬件上后的实际运行测试时间段），并明确列出试运行期间需要开发方解决的遗留问题以及对系统的改进建议。对此，开发方的代表必须作出相应的承诺，以确保这些问题和建议得到妥善处理。

2．项目总结与评价

对于每个项目，在最后的阶段均需要对整个过程进行总结与评价，用以积累项目经验。这项工作的核心是对已完成的项目进行全面、系统的评估，包括其目标、执行流程、产生的效益、所起作用及影响。通过深入分析和客观评价，旨在发现项目成功或失败的关键因素，总结宝贵的经验教训，并为新项目的决策提供有力支持，同时不断提升和完善投资决策的管理水平。

总结的步骤一般为，首先检查项目过程中的所有文件是否齐全，并进行归档，这是因为项目资料是项目后续评价和维护的重要原始凭证；然后成立后评价小组、制订评价计划，并由小组负责收集资料，为聘请的有关专家提供阅读文件，以及主导设计调查方案和开展调查行动，同时分析资料、形成最终的报告；最后提交后评价报告、反馈信息。

项目总结评价的基本内容如下。

（1）项目的软件质量及技术评价

软件质量和技术水平评价主要是对设计方案及采用的技术的可靠性、先进性、适用性、配套性和经济合理性再次进行综合评估，以验证其是否满足项目初期所设定的各项要求和标准。

针对软件质量评价，曾有人提出一种三层次的评价模型，该模型由软件质量要素、软件质量评价准则和软件度量构成，用于全面评估软件的质量。该模型根据软件实现后的效果评价软件质量的 6 个特征是否达到要求，并根据质量评价准则的 12 点内容对系统进行总结，最后根据前期各阶段的设计文件，从用户的角度制作问卷，获取软件的度量评价。

（2）项目的经济效益评价

项目的财务评价与经济分析在核心内容上具有一致性，都涵盖了项目的盈利能力评估、清偿能力分析等重要方面的评价。

< 193 >

（3）项目的社会效益评价

项目的社会效益评价不仅全面评估了项目对企业的具体贡献及其产生的各种影响，还详细分析了项目在社会政策实施方面的实际效果。一般来说，分析工作会围绕以下方面展开。

① 项目的文化与技术的可接受性。

② 企业各类人员对项目的态度、要求，可能的参与水平等。

③ 项目与社会的各种适应性、存在的社会风险等问题，项目能否持续实施，并持续发挥效益。

（4）项目数据总结

对项目的资料数据进行总结，可形成对今后新项目进行估算和管理的依据。资料数据包括项目中各任务的进度、规模和工作量数据，资源分配利用数据，软件变更数据等。

（5）项目各阶段管理的效益评价

项目各阶段管理的效益评价是从项目管理的角度出发，考虑各个过程组（计划、成本、质量、人力等）的执行度，如计划的差异率和执行率、编码效率、成本差异率（上升或下降的原因）以及项目功能的 bug 率等。

（6）项目问题总结

在这项总结中，重新思考项目实施过程中出现的问题，重新评估项目管理流程的有效性，也就是评价计划的有效率，寻找问题发生的根源，总结项目中关键的成功因素，并把分析结果反馈给高层管理者。

8.3 交付和总结阶段的项目管理

前面已经介绍了这个阶段相应的一些任务和工作如何开展。接下来的内容，是从软件项目管理的角度，介绍在软件项目的最后阶段，各个过程组的收尾工作应该如何开展，以保证项目在本阶段的顺利完成。本阶段的重要目标是让用户最后认可前期的工作成果，也就是已经实现的软件系统。同时，项目管理在本阶段的重点仍然是计划制订、质量控制、成本控制以及团队管理等核心内容。因此，关注以下重点内容，是成功推动阶段任务进行的要点。

① 构建一支专职的、结构合理且分工明确的项目实施团队，其中涵盖用户方和开发方的不同角色，并为他们清晰地分配各自的任务与职责，以确保项目的高效执行和顺利推进。

② 对项目实施所需的任务和资源进行细致评估，在项目计划规定的时间范围内，制订出详尽且切实可行的阶段性进度计划，如准备好试运行阶段的用户环境和数据、制订严密的培训计划以及试运行具体方案及其时间。

③ 根据成本管理计划的内容，细化阶段的成本控制办法，严格控制成本，使其不超过本阶段的预算。

④ 根据用户需求说明书中的各项规定，逐个核实并确保系统的功能模块与性能要求得到实现，从而保障软件系统的整体质量。

8.3.1 人员和任务

本阶段从项目的试运行开始，到项目交付验收通过，涉及开发方和用户方的各类型角色的参与。这个阶段非常注重双方的沟通和交流，以及各种意见的反馈信息，这就要求高质量的沟通技巧和方法，这些都能影响到阶段性任务的成绩和推动效率。

本阶段的任务节点主要有以下 3 点：试运行；交付验收；上线部署。

< 194 >

本阶段涉及开发方的项目主管、项目经理、项目组成员、SQA（软件质量保证）以及部署人员，还有用户方的主管以及系统操作人员，本阶段的人员和任务项概述如表 8.11 所示。其中，项目经理在这个过程中依旧是起主导作用的角色，负责制订阶段相应的计划，组织各项活动，并引导组内成员完成相应的任务。项目主管主要是对各项报告及计划文件作出决策。另外，可以看到本阶段用户方的职责任务较多，是主要的阶段任务推动者。

表 8.11　验收交付阶段的人员和任务项概述

角色	职责
项目主管	① 批准试运行计划策略 ② 参加验收会议 ③ 批准验收报告 ④ 保证项目组执行交付与验收过程时所需要的资源
项目经理	① 制订试运行策略 ② 组织用户试运行培训 ③ 解决试运行中发现的问题 ④ 制订交付与验收计划 ⑤ 组织审查《成果物列表》中所列成果物 ⑥ 解决用户验收中发现的缺陷或与用户方负责人协商解决问题的措施 ⑦ 获得用户签署的验收报告 ⑧ 组织召开项目验收会议
项目成员	① 收集试运行问题并解决问题 ② 协助项目经理完成交付与验收工作 ③ 处理交付与验收过程中出现的问题 ④ 承接遗留项处理计划中的工作
部署人员	① 负责试运行的用户化安装调试培训等工作 ② 负责最终产品的上线部署操作
用户方	① 参与系统培训 ② 确认试运行策略计划 ③ 提供试运行问题报告 ④ 试运行阶段成果确认 ⑤ 确认交付与验收计划 ⑥ 对交付的产品进行验收 ⑦ 参与验收测试，确认验收结果 ⑧ 参与审查《成果物列表》中所列成果物 ⑨ 识别交付验收中的缺陷或与项目组协商解决问题的措施 ⑩ 确认和签署验收报告
SQA	① 监督与指导项目组执行试运行、交付与验收过程 ② 协助项目组审查本阶段各项报告和成果

8.3.2　质量管理

本阶段的质量管理，侧重于在各个阶段采取手段对质量要素进行把控。

（1）试运行阶段

① 内容安排。软件试运行旨在全面检验前期开发的软件系统是否完备，包括是否覆盖用户所需的

< 195 >

全部业务功能、业务处理是否准确无误、系统运行是否稳定可靠。因此，在试运行阶段所处理的业务应具备充分的代表性，能够全面检验系统，从而确保系统正式上线后能够稳定、准确地处理各项任务。

② 做好试运行结果记录。软件试运行的结果，一方面要作为系统最终验收的主要依据；另一方面也是最后进行系统改进的依据。所以项目经理要组织人员进行每天试运行结果数据的收集和整理工作，内容包括记录系统每日处理的业务类型、数量以及每笔业务处理的准确性。若系统运行或处理出现错误，还必须详细记载错误的具体状况、引发错误的相关业务及类别等信息。在试运行结束后，对工作记录进行分类汇总，作为系统试运行阶段的评价依据。

③ 系统改进。在系统试运行工作结束后，项目经理须根据收集到的错误记录和用户反馈的改进建议，进行系统性的整理和分析，进而制订出详尽的系统改进工作计划。在计划制订过程中，项目经理应首先对错误记录和用户意见进行分类汇总，明确具体的改进点和优化方向，并以此为基础，规划出切实可行的系统优化方案。然后由项目开发人员依据方案计划完成系统的完善和改进工作。项目经理再组织进行系统的测试和改进后用户的验收工作。

（2）交付验收阶段

① 确保前期试运行效果，且运行稳定。

② 程序功能完备，没有影响正常使用的功能缺失。无论是业务功能还是软件系统的功能，都是交付验收重点考虑的内容，并且应当成为本阶段内推进交付验收工作的重点质量管理因素。因为功能的完成都是前期阶段的成果，这里需要对照用户合同的标准以及程序的验收标准，检查程序功能的相应质量标准是否达标。

③ 做好文档的完备性检查，根据验收标准的要求，确保和程序一致。

（3）评价总结阶段

① 建立评价总结流程。一般由项目经理向项目主管提出评估申请，由责任部门组织相关部门召开专题评估会，讨论结果，形成《评估报告》。

② 采用完善完备的评价方式。选择完善的评价方式，并按照这个标准，监督完成评价过程。

在此，需要强调项目总结评价对于质量管理的重要性。项目的总结评价是在项目完成并经过一段时间的运行后，对项目目标、执行流程、产生的效益、所起作用及其影响进行全面而客观的分析与总结的一种经济技术活动。它是一个闭环过程，是为后期以及长远的项目质量提升而做的一项活动。在这个过程中，项目的多方参与者总结正反两方面的经验教训，使项目的决策者、管理者和建设者能够学习到更加先进和实用的方法与策略，从而提升决策、管理和建设的能力。此外，项目总结评价对于完善已完成的项目、优化进行中的项目以及为即将开始的项目提供指导都具有至关重要的意义。

8.3.3 项目总结文档

项目总结文档的意义在于作为这个项目正式结束的标志，其内容主要来源于前期项目总结评价分析的结果。虽然许多项目并不重视项目总结文档的编制，并且推脱总结文档的编写时间不够、主要负责人员已经流失，或者写完之后并无用处等，但是为了推动项目质量管理的持续改进，必须进行项目总结。项目总结报告模板如表8.12所示。

表8.12 项目总结报告模板

（1）项目信息 提供关于项目名称、所服务的用户、负责的项目经理以及项目发起人姓名等方面的信息。
（2）项目背景与要求 提供有关项目背景、目标、项目方案等方面的信息。

< 196 >

（3）项目总结

从项目的实施进度、成本控制效果、质量达标情况、团队管理能力以及用户关系处理等方面进行综合考量与评价。

已完成的项目交付结果包括哪些部分？	哪些工作尚未完成，以及造成这些工作未完成的具体原因是什么？

对项目的总体评价	
进度方面评价： 项目的实际推进速度与预定计划相比如何？ 有哪些任务在执行过程中本应分配更多时间？ 项目进度经历了哪些调整或变动？ 采取了哪些策略来管理和控制项目的进度？	
成本方面评价： 项目实际成本与原先制订的预算计划相比有何差异？ 在哪些工作环节上，原本应该投入更多的资金？ 为了提升预算的精确度，可以采取哪些改进措施？	
质量方面评价： 项目成果是否达到了用户的预期质量标准？ 在项目实施过程中出现了哪些质量问题，是如何解决的？ 用户在项目期间对质量要求做了哪些调整？ 用户对项目最终交付成果的满意度如何？ 未来应如何更深入地把握和理解用户的质量需求？	
人员管理与团队建设方面评价： 团队成员对自身角色的理解程度如何？ 在工作分配上，是否存在负荷不均的现象？ 团队成员间的协作效率怎样？角色分配是否恰当？ 所采用的激励措施、领导风格和监督机制是否取得了预期效果？ 团队成员在哪些方面或领域实现了提升和成长？	
沟通交流方面评价： 团队成员是否对项目目标和用户需求有全面且深入的理解？ 面对问题时，成员间是否能够迅速且有效地进行信息交流？ 在项目沟通中，是否存在被忽视的利益相关方？ 对于未来的项目，在沟通交流方面可以做出哪些改进以提升沟通效果？	
技术与方法评价： 本项目采用了哪些创新技术，以及这些技术如何为项目的顺利推进提供助力？ 项目监控手段是否有效执行并达到了预期目的？ 针对现有方法，有哪些改进措施可能提升效果？	
用户关系评价： 本项目采用了哪些策略来管理与用户的关系，其实施效果怎样？ 针对用户的反馈和投诉，是如何进行响应和处理的？ 为了提升用户满意度，采取了哪些具体举措？	
合同管理评审： 在合同前期招标与谈判环节成功实施了哪些策略？ 在合同履行期间出现冲突时是如何妥善解决的？ 与合同方合作过程中获得了哪些宝贵的经验？ 合同方在职责履行上的表现如何？有哪些潜在的改进空间？	
经验教训： 在此项目中收获了哪些宝贵的成功经验？同时，又汲取了哪些深刻的失败教训？ 若有机会重做此项目，将如何调整策略并优化执行，以获得更好的成果？	
用户方意见：	

< 197 >

8.4 后期问题的维护流程

软件项目系统的维护是指在软件产品投入使用后，为了修复错误、提升性能、调整或增强软件的其他功能属性或进一步适应外部环境变化而进行的修改和维护工作。如果安排后续维护和其他服务工作，为用户提供相应的技术支持服务，那么在必要时必须另行签订系统的维护合同。

软件生存周期中的维护阶段一般从软件产品交付给用户使用开始，并且维护活动往往是多个过程的循环往复。尽管软件维护与软件开发有诸多相似之处，但维护工作的独特之处在于它必须在现有系统的框架和已有的设计与编码结构内进行，维护人员需要在这些限制下提出合理的修改方案并执行维护任务。通常，软件维护阶段的时间跨度远超软件开发阶段，但单次具体的维护任务则往往耗时较短。在维护过程中，由于软件已经经过一段时间的使用，维护人员可以利用现有数据开展工作，但有时也需要生成新数据，并对维护后的软件进行必要的测试，以确保软件质量和性能不受影响。

8.4.1 软件维护的类型

软件维护一般分为完善性维护、适应性维护和改正性维护 3 种类型。

（1）完善性维护

完善性维护旨在通过扩展软件功能和优化系统性能，适应用户不断变化的需求。其主要工作如下。

① 升级和维护新增功能及增强的性能。

② 对用户提出的建设性意见和修改方案进行详细记录，并深入分析其可行性和必要性，根据分析结果决定是否采纳并进行相应的修改和维护工作。

（2）适应性维护

适应性维护是针对软件运行环境改变而实施的一系列维护措施。其主要工作如下。

① 根据法律法规的更新调整软件，确保其与最新法规要求相符。

② 随着硬件配置如机型、终端、打印机的更换或升级，软件也需要进行相应调整以保持兼容性。

③ 当系统软件如操作系统、编译系统或应用程序发生变化时，需要确保软件能够在新环境下稳定运行。

（3）改正性维护

改正性维护是为了保持系统正常操作运行，针对在软件开发阶段产生但在测试和验收环节未被发现的错误而进行的修正。其主要工作如下。

① 在维护过程中，详细记录所发现的错误，并将这些记录及时提交给开发部门。

② 在用户使用过程中，详细记录所发现的错误，并将这些记录及时提交给开发部门。

软件维护必须有计划地进行，使整个过程都处于适当的管理和规程之下。维护小组的成员一般来自原开发团队。除此之外，软件维护主管在综合考虑预算、进度和人员等因素之后，关键是要制订切实有效的计划和维护策略。在系统开发之初，就必须充分考虑未来的维护需求，并在历次维护中不断优化，以减少未来可能出现的维护难度和工作量。

在软件维护过程中，需要处理以下事务。

① 向用户提供软件使用说明和操作指导。

② 及时响应并处理用户问题。

③ 记录软件在运行过程中出现的错误，同时收集用户提出的建议。

④ 对记录的错误进行深入分析，判断是否有必要进行修改，一旦确定需要修改，就将需要修改的问题提交给开发人员处理。

< 198 >

⑤ 对已经修复或完善的软件，执行更新升级操作。

8.4.2　软件维护的关键

软件维护的核心目标是确保系统功能的持续稳定，同时能够迅速、准确地响应用户的各项请求。然而，软件的可维护性往往会随着时间的流逝而逐渐降低，这是多种因素共同作用的结果。其中，缺乏严格的软件维护规定或规定执行不力是主要原因。为了有效管理维护过程，必须对所有的维护请求正式提出和进行确认，为其分配优先级并合理安排进度。因此，保证维护质量的关键在于软件维护策略的制订以及维护人员的管理。

（1）软件维护策略的制订

制订软件维护策略是确保软件维护活动有序、高效进行的关键环节。在制订策略时，需要全面考虑软件维护组织的责任、权利、职能以及实际操作流程，同时密切关注软件系统及其运行环境的动态变化。策略中应详细阐述维护的目标、明确责任分配，并制订切实可行的维护方案和具体步骤，以确保整个维护过程有条不紊地进行。

首先，面对维护请求，维护小组的成员应该分析和确定所有提出的修改请求，必须充分评估修改的必要性和预期效果，确保所有修改建议都基于充分的理由和依据。对于可以接受的维护请求，应进行分析，以确保与原来的系统设计和用意不冲突，同时仔细考虑每个修改造成的影响，是增强还是降低系统的性能。

其次，需要为每个维护安排进度。因为维护小组的成员可能同时面临多条、多类型的维护请求，因此需要为每个维护项目确定一个优先级，并根据这些优先级来安排相应的进度，以确保所有维护工作都能得到及时、有效的处理。维护人员需要遵守安排的进度，并在维护前做好准备。图 8.6 所示为维护处理流程。

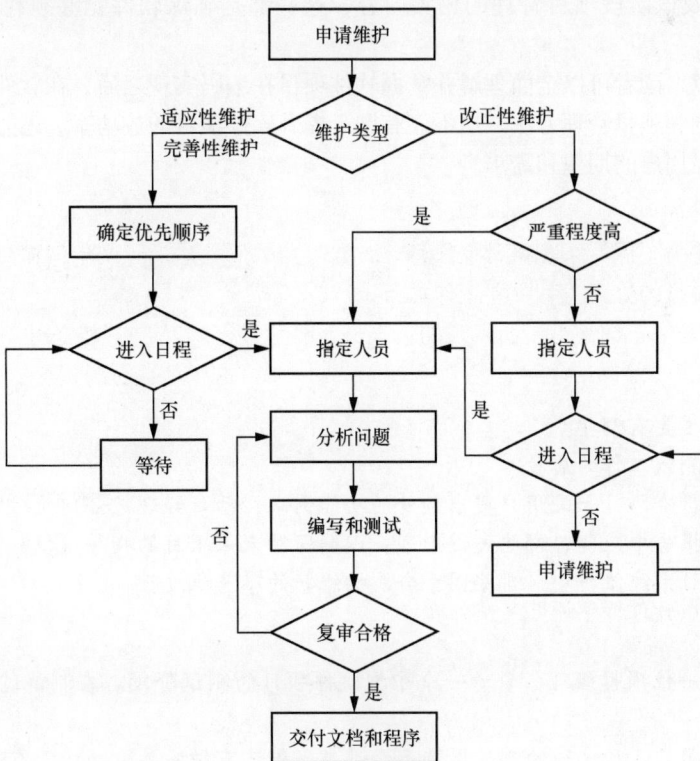

图 8.6　维护处理流程

< 199 >

（2）维护人员的管理

在开始新的维护工作之前，软件维护人员应做好充分准备，以确保维护计划的顺利实施和有效监督。人员管理是改进软件维护过程的关键因素之一，必须指导维护人员高效地进行软件维护，并对整个过程进行有效控制。此外，选择高效易用的软件维护技术和工具也是至关重要的。为了确保维护成功，还需要在整个过程中有效运用良好的管理技术和方法。

软件维护人员的专业素质对于确保维护工作的有效性至关重要。由于维护与开发在难度和重要性上相当，因此对维护人员的管理和基本要求必须严格，以确保他们能够胜任这一关键任务。对维护人员管理的基本要求包括以下内容。

① 维护人员应具备出色的业务技能和强烈的责任心，能够胜任复杂的维护工作。

② 维护人员应始终秉持用户至上的服务理念，全心全意为用户提供优质的服务。

③ 为维护人员提供定期的培训机会，以不断提升他们的专业技能和知识水平。

④ 鼓励维护人员之间经常进行经验和技术交流，共同学习，共同进步。

⑤ 确保任何一个系统或其主要部分都不会成为某个人的私有领域，保证维护工作的透明度和公正性。

8.5 本章小结

本章重点介绍了软件测试、交付及总结阶段的相关内容和项目管理方法。首先，详细阐述了测试团队的人员构成及职责，明确了测试阶段的主要任务。接着，深入探讨了测试的方法及规范，确保软件的质量和稳定性。然后，讲解了交付和总结阶段的各项任务，如交付前的试运行、项目验收等，以及该阶段项目管理的相关内容，这些都是确保软件能够顺利交付到用户手中的关键环节。

通过学习本章，读者可以全面理解并掌握软件项目在编码实现之后，在软件测试、交付和总结阶段的相关任务和项目管理方法。这不仅有助于提升软件项目的成功率，还能确保项目的高质量交付，从而满足用户的期望和需求。

8.6 习题

一、简答题

1. 测试方法主要有哪些？

2. 如何保证测试工作的质量？

3. 在项目交付阶段，如果用户提出额外的功能需求，项目经理应如何应对？

4. 项目总结报告中应包含哪些关键内容，以确保对未来项目的指导价值？

5. 在软件项目系统维护中，哪些因素会影响维护的难易程度？

二、实践题

1. 假设你是一位项目经理，负责一个中型软件项目的测试阶段。在测试过程中，你发现以下情况：

① 测试进度滞后，原计划的测试周期已经过半，但还有很多关键功能没有测试。

< 200 >

② 测试团队反馈，部分功能的测试结果与预期不符，可能存在代码缺陷。

③ 开发团队对测试团队提出的缺陷持有不同意见，认为某些问题并非缺陷。

作为项目经理，你该如何应对上述问题，才能确保项目按时、按质完成测试？请提出你的解决方案。

2. 假设你是某软件开发项目的项目经理，项目已接近尾声，即将进入交付和总结阶段。请结合实际情况，设计一份交付与总结阶段的项目管理计划，并回答以下问题。

① 如何确保软件产品能够按照用户要求顺利交付？

② 交付后，你将如何进行项目的总结与评估？

③ 在项目总结中，你会关注哪些关键指标？

④ 如何确保项目经验和教训得到有效传承？

< 201 >

第 **9** 章 "咕咕知识管家" 项目示例

本章将依托"咕咕知识管家"项目的完整实践流程，深入探讨软件项目管理的具体手段和所取得的成果。本章将从项目背景、项目过程管理等维度，细致剖析该项目的管理细节。

▶ 本章学习目标

① 掌握项目管理的流程和方法。
② 熟悉项目背景的分析内容和方法。
③ 深化对项目过程管理的认识。
④ 熟悉执行和管控阶段项目管理的内容和方法。

9.1 项目背景

知识是人类经过实践活动后，对自然、社会和思维活动形态及其规律所形成的理解和表述，它源自人类的实际操作与体验，又反过来指导和影响人类的实践活动。描述是将认识转化为可传达和存储的知识的重要过程。只有经过描述，认识才能以物质载体的形式被记录下来，进而实现知识的传播、积累、交流、发展以及后续的开发和利用。所谓知识管理，就是在组织内部构建一个能够量化与提升知识质量的系统。通过这个系统，组织内的信息和知识得以获取、创造、分享、整合、记录、存储、更新和创新，从而不断充实个人和组织的知识库，形成智慧的良性循环。在企业中，知识管理成为一种重要的智慧资本，有助于企业做出明智的决策，灵活应对市场变化。简而言之，知识管理就是对知识的产生、应用、流转过程进行规划和管理的活动。

随着企业信息化程度日益加深，企业在信息收集、传输和存储方面的能力得到显著提升，各类数据库中积累了庞大的信息量。但对于绝大多数企业而言，管理信息系统对于这些信息的利用和处理的能力比较有限。虽然管理信息系统的应用拓宽了信息收集的广度，并提升了信息传输的效率和准确性，能够在一定程度上提高企业管理的科学化水平，但在提升知识管理能力、促进创新以及优化决策方面存在局限，导致企业面临信息冗余而知识不足的挑战。

出现这种现象的主要原因在于：一是信息孤岛问题严重，即企业中不同的团队可能使用不同的工具，导致信息异常割裂，团队之间无法快速有效地共享信息，使得知识无法被有效利用；二是信息碎片化现象严重，许多有价值的信息都产生于日常工作会议或工作群聊中，信息过于碎片化导致无法形成良好的知识体系，且未参与会议或群聊的用户无法获知该知识；三是信息丢失现象严重，在日常工作中，企业重要的文档可能会随着项目结束、员工离职等事务一起丢失，导致后续工作无以为继、重复性工作较多等问题。

9.1.1　项目需求概述

成都咕咕知识管家科技有限公司规划的"咕咕知识管家"项目，旨在积累企业知识资源，激发企业人力资源的学习潜能，构建与之相契合的组织模式，以加速企业的现代化发展步伐，提高企业核心竞争力和经济效益。根据需求形成知识管理整体系统框架和具体应用模块功能规划，经过分析其实现的难易度以及迫切性，得出项目开发的优先级以及行动计划，从而形成完整的产品路线图，以指导"咕咕知识管家"项目的具体功能开发。

9.1.2　项目前期调研

在项目立项前，项目团队对企业知识管理行业以及相关国内外竞品等方面做了详细的调研和分析。具体工作方法如下。

（1）调研范围

针对各个行业的不同企业进行了业务流程的调研，共计对 160 余家企业、20 多个行业展开了业务调研。在广度上几乎完全覆盖了企业的业务流程，对企业知识管理也有了深刻认识。

（2）调研方式

开展了单独访谈、座谈会、电话访问、问卷调查、实地考察、操作体验等形式的调研工作。对较为了解知识管理领域的用户进行了单独访谈和电话访问，以获得更详细、真实的知识管理领域相关认知；对各个业务部门负责人进行了问卷调查，以深入业务流程，了解在业务中沉淀知识的关键路径，以及如何给予业务数字化赋能；通过实地观察，对业务部门的流程进行了详细了解。

（3）访谈对象

在访谈中采用了一对一访谈、座谈、电话访谈等多种形式，通过重点访谈和一般访谈相结合，全方位、多角度了解知识管理以及业务相关情况，保证了访谈的质量以及访谈能够按期完成。共计访谈170 人次。进行一对一访谈 63 人次；采用座谈、电话访谈人员 32 人次，还采用了在线问卷调查和邮件调查等访谈方式。访谈对象包括知识领域专家、各业务部门负责人、各业务部门员工等。

9.1.3　项目可行性研究

调研完成后，可以总结为调研计划、访谈总结等内容，为后续的可行性报告提供相应的调查基础。知识管家项目可行性研究如表 9.1 所示。

项目可行性研究

表 9.1　知识管家项目可行性研究

（1）项目基本情况	
项目名称：咕咕知识管家	制作日期：2021 年 3 月 31 日
制作人：刘自豪	签发人：陈芋宇

（2）项目背景

a. 现实情况

随着我国企业信息系统建设的不断深入，信息化水平不断提高，企业对信息的收集、传输、存储的能力也在不断提高，各种类型的数据库中存储了海量信息。但对于绝大多数企业而言，管理信息系统对这些信息的利用和处理能力还很有限。

b. 拟解决的商业问题

虽然管理信息系统扩大了信息的收集范围、提高了信息的传输效率和准确性，能够在一定程度上提高企业管理的科学化水平，但是却无法提高企业的知识管理能力、创新能力以及决策能力，因此导致企业出现了信息

< 203 >

丰富而知识匮乏的现象。

c. 出现当前困境的原因

一是信息孤岛问题严重，即企业不同的团队可能使用不同的工具，导致信息异常割裂，团队之间无法快速有效地共享信息，使得知识无法被有效利用；二是信息碎片化现象严重，许多有价值的信息都产生于日常工作会议或工作群聊中，信息过于碎片化导致无法形成良好的知识体系，且未参与会议或群聊的用户无法获知该知识；三是信息丢失现象严重，在日常工作中，企业重要的文档可能会随着项目结束、员工离职等事务一起丢失，导致后续工作无以为继、重复性工作较多等问题。

在组织中构建一个量化与质化的知识系统，让组织中的信息与知识通过获得、创造、分享、整合、记录、存储、更新和创新等过程，不断地回馈到知识系统内，形成不间断的个人与组织的知识累积，并成为组织智慧的循环，在企业组织中成为管理与应用的智慧资本，有助于企业做出正确的决策，以适应市场的变迁。

d. 项目预期的结束日期

一期结束日期：2021 年 10 月

二期结束日期：2022 年 10 月

（3）可能的项目方案

方案描述	完成一期系统的调研以及系统主模块升级
所需资源	1 名项目经理、2 名产品经理、4 名后端人员、4 名前端人员、2 名测试人员
成本/效益分析	预估完成一期所需成本约 300 万元人民币，产生的效益约 380 万元人民币
工期估算	项目一期时间约 7 个月
成果预期	系统各模块功能完整，且系统能保持稳定运行
终止条件	团队解散、资金断裂导致项目无法进行

（4）初步评估意见

对第三部分提出的若干项目方案进行评估，并提出推荐意见。重点说明各种方案可能的风险以及修正或调整意见。

对各方案的结论：□ 接受　　　　□ 拒绝　　　　□ 修改　　　　□ 暂缓决定

（5）签字

陈芋宇、黎银香、胡小东、刘自豪

9.2 项目过程管理

从前面的章节了解到，项目立项启动后，范围管理主要有 3 个任务：一是明确项目边界，即明确项目的工作内容；二是对项目执行工作进行监控，确保应该完成的工作都做了，并且杜绝额外工作；三是要有效遏制项目范围蔓延。范围蔓延指的是在未对时间、成本和资源进行适当调配的情况下，产品或项目的范围不断扩张，导致项目难以控制和管理。本节的过程管理将从"咕咕知识管家"的范围管理开始。

9.2.1 范围管理

1．项目描述和项目章程

在启动阶段，首先可以通过如表 9.2 所示的项目整体描述表来对项目整体范围进行概述，明确项目目的，设立整体项目边界，同时在表中设定监控项目执行的重要条件和约束内容，用以防止项目范围蔓延。

< 204 >

表 9.2　知识管家项目的整体描述

（1）项目基本情况

项目名称：咕咕知识管家　　　　　　　　　　制作日期：2021 年 3 月 31 日

制作人：刘自豪　　　　　　　　　　　　　　签发人：陈芋宇

（2）项目目的

a. 项目需解决的商业问题

虽然管理信息系统扩大了信息的收集范围，提高了信息的传输效率和准确性，能够在一定程度上提高企业管理的科学化水平，但是却无法提高企业的知识管理能力、创新能力以及决策能力，因此导致企业出现了信息丰富但知识匮乏的现象。

b. 项目工作内容

完成首页、知识库、手册、学院以及超管中心模块研发。

c. 项目目标

项目需要在 2021 年 10 月完成交付，且费用总成本不超过 300 万元人民币。

模块	需求点	成果描述
知识库	知识分类管理	可创建知识分类，支持分类多级管理，分类查找
	知识上传	支持图文、音视频的上传及设置权限
	知识分类存储	支持分类存储、分类查找
	迭代更新	知识内容有更新时可提示更新，默认查看最新版本的知识内容
	评价反馈	支持知识内容点赞、评价等反馈
	知识删除	支持删除知识内容，删除内容进入回收站
学院	试题题型	支持单选、多选、填空、简答等考试题型
	试卷维护	支持设置试卷答题时间、有效日期范围
	推送考试	支持推送考试题型

（3）项目的关键成功要素

关键环节	关键资源	技术方法	验收标准
知识库模块完成研发	超文本编辑器	react	满足各类文档使用场景
……	……	……	……

（4）项目影响范围

① 企业战略的重点项目。

② 对企业技术架构有较大提高，前端技术将全部改为 react 框架，后端将提高对微服务以及高并发技术的要求。

③ 财务对项目在可控成本内给予最大支持。

（5）项目主要里程碑计划

里程碑清单	里程碑描述	类型
完成知识库模块研发	知识库模块完成所有需求功能研发，以及超文本编辑器可支持各种文档业务场景	内部

（6）项目假设

编号	分类	假设条件	责任方	到期日	活动	状态	说明
01	外部	第三方文档对接出现不兼容情况	丁一	2021/05/20	及时检验与第三方文档兼容情况	结束	已检验，可兼容第三方文档
02	……	……	……	……	……	……	……

（7）项目约束条件

① 项目启动后，项目组成员无法临时增加。

< 205 >

② 项目实施过程中，总研发成本不能超过 300 万元。

③ 项目不能逾期，必须在 2021 年 10 月前完成一期交付。

（8）项目评价标准

① 所有研发功能都满足项目需求。

② 研发功能可正常使用且能稳定运行。

③ 研发成本未超过 300 万元。

④ 项目按时交付。

（9）项目主要利益相关者

陈芋宇、刘自豪、胡小东、廖轩、王志红、杜铭玲、黎银香

另外，还有项目章程表可以用于启动阶段的范围管理，它是正式确认项目存在并明确项目目标和项目管理的一种文件。高层管理人员在决策启动项目后，需要确保组织内的所有相关部门都了解并知悉该项目的存在。这时，管理层就可以制订正式文件，并将其分发给各个部门及相关人员，以明确授权项目工作的进行。例如，表 9.3 所示为"咕咕知识管家"项目的章程表。

表 9.3　知识管家项目的章程表

（1）项目基本情况

项目名称：咕咕知识管家 　　　　　　　　制作日期：2021 年 3 月 31 日

制作人：刘自豪 　　　　　　　　　　　　签发人：陈芋宇

（2）项目目的

研发全新的知识管理系统。

（3）项目目标

企业目标	项目目标
打造一个好看&好用&"work in one page"的知识管理产品	完成全新的知识管理系统研发

（4）项目范围

项目范围描述	完成知识库、手册、学院、汇报模块研发
项目可交付成果	咕咕 V2.0.0 版本
项目验收标准	依据需求文件，保证系统功能的完整性
项目的除外责任	除需求文件以外的功能，不在本项目范围内

（5）项目利益相关者的角色与责任

主要里程碑	利益相关者			
	PM	廖轩	王志红	杜铭玲
知识空间	跟进项目进度	完成后端研发	完成前端研发	保证功能模块质
团队汇报	跟进项目进度	完成后端研发	完成前端研发	保证功能模块质量

（6）有关项目的权限

角色	权利范围	汇报关系
PM	拥有项目管理中的所有权限	项目发起人
研发组长	项目需求范围内，拥有调动研发资源的权限	PM
测试组长	版本是否上线以及确认版本质量验收标准	PM

（7）相关方签字

陈芋宇、刘自豪、胡小东、廖轩、王志红、杜铭玲、黎银香

2．项目WBS

WBS 在项目管理工具中占据重要地位，被视为最具价值的工具之一，是项目管理工作的核心。它主要能够提供项目成员解决复杂问题的思考方法，将问题分解，然后分步骤解决。利用 WBS，项目团队可以获得一个详尽的项目任务清单，为后续的项目计划制订，如工期预估、成本计算、任务分配、风险评估和采购规划等奠定扎实的基础。表 9.4 所示是知识管家WBS 部分示例。

表9.4 知识管家 WBS 部分示例

（1）项目基本情况						
项目名称：咕咕知识管家			制作日期：2021 年 6 月 21 日			
制作人：刘自豪			签发人：陈芋宇			

（2）项目 WBS						
WBS 编号	活动名称	活动输入	活动内容描述	活动输出	工作量估算	活动所需资源
1.0	汇报组织架构同步	PRD、产品原型图、UI 设计图	汇报组织架构与企业组织架构可以实时同步	V2.3.0 版本	5 个工作日	1 名后端 1 名前端 1 名测试
1.1	邮箱个性化功能	PRD、产品原型图、UI 设计图	用户可自定义更换邮箱相关 logo 及自定义用语	V2.3.1 版本	4 个工作日	1 名后端 1 名前端 1 名测试
1.2	手册下载权限	PRD、产品原型图、UI 设计图	手册内附件下载权限可控	V2.3.1 版本	2 个工作日	1 名后端 1 名前端 1 名测试
1.3	手册单篇文档分享	PRD、产品原型图、UI 设计图	支持手册内单篇文档分享	V2.3.1 版本	2 个工作日	1 名后端 1 名前端 1 名测试
……	……	……	……	……	……	……

3．项目范围计划

制订项目范围计划的过程，实质上是撰写一份全面的项目范围概述文档的过程。这份文档将成为项目未来各阶段决策的重要参考和依据。它详细阐述了用以衡量项目或项目各阶段成功与否的标准和要求，同时构成了项目实施方与项目委托方/用户间达成合作协议或合同的基础。项目范围计划全面涵盖了项目目标、预期成果以及具体工作范围等方面的细致说明和描述。表 9.5 所示为部分知识管家的范围管理计划的内容。

表9.5 知识管家项目的范围管理计划（部分）

（1）项目基本情况	
项目名称：咕咕知识管家	制作日期：2021 年 6 月 21 日
制作人：刘自豪	签发人：陈芋宇

（2）WBS（部分）

a. 项目

a.1 主要可交付成果

a.1.1 控制账号

< 207 >

范围	进度	成本/元
知识库	研发中	50 万
手册	规划中	10 万
学院	规划中	30 万
汇报	已完成	20 万

a.1.1.1 工作包

编号	名称	工作描述
01	汇报组织架构同步	可同步企业组织架构到汇报模块

......

（3）WBS 词典（部分）

工作包名称：汇报组织架构同步	账号代码：001
工作描述：可同步企业组织架构到汇报模块	假设条件和制约因素：若第三方钉钉组织架构无法进行同步，则只能同步系统组织架构
里程碑：V2.0.0 版本	到期日：2021 年 8 月 15 日

编号	活动	资源	人工			材料			总成本/元
			小时	单价/元	合计/元	数量	成本/元	合计/元	
01	同步企业成员	1 名后端	6	130	780	—	—	—	780

质量需求	根据产品原型设计进行技术方案落地，保证功能的完整性以及稳定性
验收标准	当超管中心里系统组织架构成员发生增删时，汇报组织架构对应发生人员的增删变化
技术信息	使用 Java 及微服务架构
合同信息	中金财富证券研究所知识平台项目

......

（4）范围基准维护（部分）

标识	需求描述	业务需要	项目目标
01	知识录入	可创建多种类型的文档（文章、脑图、笔记等类型），主要涵盖投研过程中的各类文档	支持创建文本、脑图、表格、PPT，以及上传文档附件
02	标签管理	系统支持对知识统一创建公共标签库或者创建私人标签库（只管理员可见）	支持公共标签与私人标签，公共标签由管理员在超管中心设置，私人标签可在文档页面中创建与管理

......

（5）可交付成果验收（部分）

编号	需求	验收标准	状态	说明	签收
01	可创建多类型文档	可创建文章、脑图、笔记、Office 文档	已验收	PDF 文档暂不支持编辑	林昊
......	......	......	......	......	......

......

（6）范围和需求整合（部分）

需求定义如下。

< 208 >

① 多类型文档：支持超文本、Office 文档、TXT 笔记、思维导图、音频、视频。

② 多人协作编辑：支持 100 人以下多人在线协同编辑。

9.2.2 进度管理

实际项目中常用甘特图来展示项目的进度情况，前面章节有过相应的阐述，甘特图主要就是用于进度和日期结合的展示。图 9.1 所示是知识管家与中金对接子项目的甘特图。

版本	功能	执行人	7月1日	7月4日	7月5日	7月6日	7月7日	7月8日	7月11日	7月12日	7月13日	7月14日	7月15日	7月18日
中金项目	金山文档对接	丁一			完成									
		李鑫			完成									
		测试												
	腾讯文档对接	丁一												
		测试												
	百度接口demo	胡小东	完成											
	代理服务器开发	胡小东	完成											
	文档链接优化	王志红				完成								
	全局搜索可搜索内容	胡小东	完成											
	文档水印	暂无												
	超管中心统计报表	王志红					完成							
	全局搜索入口	王志红						完成						
	权限对接	暂无												

图 9.1 与中金对接子项目的甘特图

9.2.3 人员管理

1. 人员资源计划

知识管家项目人员管理计划如表 9.6 所示。该计划表主要描述了人员角色类型情况与需求数量情况，规定了角色类型的具体职责，同时对人员需求时间做了初步计划。

表 9.6 知识管家项目人员管理计划

（1）项目基本情况

项目名称：咕咕知识管家　　　　　　　　制作日期：2021 年 6 月 21 日

制作人：刘自豪　　　　　　　　　　　　签发人：陈芋宇

（2）资源概要

角色	数量/人	技能水平
PM	1	高级
Java 研发工程师	4	高级
前端工程师	4	高级
测试工程师	1	中级
测试工程师	1	高级
架构师	1	专家
产品经理	2	高级
UI 设计师	1	高级

< 209 >

（3）角色、职责

角色	职责
PM	负责项目整体规划及管理
Java 研发工程师	负责业务后端逻辑研发
前端工程师	负责系统页面及交互研发
测试工程师	保证系统功能完整性及稳定性
架构师	负责系统框架搭建及运维稳定性
UI 设计师	负责系统整体页面及交互设计
产品经理	负责系统整体规划

（4）人力资源计划

（确定了项目所需要的人力资源以后，编制人力资源计划）

人力资源种类	需求时间	预计到岗时间	进度
Java 工程师	2021/6/31	2021/7/20	已完成

2．沟通管理计划

知识管家项目沟通管理计划如表 9.7 所示。

表 9.7 项目沟通管理计划

（1）**项目基本情况**

  项目名称：咕咕知识管家   制作日期：2021 年 6 月 21 日

  制作人：刘自豪   签发人：陈芋宇

（2）**沟通时间**

  项目发起人：2021/6/27

  项目经理：2021/6/27

  项目小组：2021/6/27

  采购小组：2021/6/28

  质量保证小组：2021/6/28

  配置管理小组：2021/6/29

  其他利益相关者：2021/6/29

（3）**信息类型**

  文档及邮件。

（4）**现行沟通系统**

  "咕咕知识管家"系统。

（5）**更新沟通计划的方法**

相关方	信息	方法	时间和频率	发送方
人力资源	Java 招聘进度	咕咕知识管家	每日一次	项目组

9.2.4 质量管理

  质量管理的目的在于为质量保证活动制订详尽的过程控制规划，确保有效收集并控制信息，明确如何利用这些信息来优化流程和交付成果，同时确定何时进行必要的审计和审查。此外，质

< 210 >

量管理还关注针对验收标准的汇报方式和解决方案。项目质量管理计划（模板）如表 9.8 所示。

表 9.8　项目质量管理计划（模板）

（1）项目基本情况

项目名称：咕咕知识管家　　　　　　　　　　制作日期：2021 年 6 月 21 日

制作人：刘自豪　　　　　　　　　　　　　　签发人：陈芋宇

（2）质量管理工作范围

知识管理是运用集体智慧提高组织的应变和创新能力，即组织对知识资源及其使用环境进行管理的全过程。从外部环境来看，中金投资的知识管理项目是行业竞争发展的必然需求。在知识经济时代，行业发展的趋势之一就是智慧资本成为行业发展的灵魂，中金投资的知识含量愈来愈高，决定竞争优势的关键因素将从传统资源优势、业务人员规模等转为对中金投资知识开发、创新与有效运用的程度，知识管理则是保持企业竞争优势的重要手段。

目前在知识的管理和分享方面，需要解决以下两个痛点。

① 解决团队知识成果零散，无法系统性保存的痛点。

② 解决分析师不方便查找非结构化文档的痛点，这些文档包括研报、委托课题、调研、会议纪要等。

本次知识管理平台的建设目标是聚焦在投研领域下的知识管理：沉淀知识成果，积累知识资产，提升部门内知识查询、共享效率。

预计首先将选择投研部分团队进行试点，全部用户为中金投研部的全体员工（用户量），后续将视使用情况决定是否继续推广到其他部门。现阶段投研部的总计文档数量大小约为 4TB～5TB。（用户量、业务量、并发数、数据架构待补充）

内容要点：具体阐述系统的覆盖用户量、业务量、并发数，系统架构，网络、安全、部署情况及基础软硬件等现状情况。

本期项目主要是以现有产品为主，搭建起知识管理平台，因此对于业务需求，主要体现在产品功能需求方面。此外，本次项目还将进行知识管理平台运营的咨询。

本次知识管理平台建设的主要功能包括知识库管理、知识搜索引擎两大模块。知识库管理需要涵盖知识录入、模板、文档导入、在线协同编辑、权限管理、分享和互动、统计管理、标签管理等。知识搜索引擎需涵盖智能搜索、搜索结果展示和智能问答等等。

知识管理平台的使用范围为中金公司系统，包括中金公司、各营业机构、办事机构以及由中金公司参股、控股或有控制权或有管理权的公司（包括但不限于银行、保险、证券、信托公司等）。

知识管理平台需要使用开放平台架构，并且需要在中金公司内本地化部署，具备永久性的软件产品许可使用权，并且不限制中金公司的用户数量。

知识库管理具体功能如下。

① 知识录入。可创建多种类型的文档（文章、脑图、笔记等类型），主要涵盖投研过程中的各类文件，例如，委托课题、会议纪要、调研纪要、路演底稿、各类工作底稿等。

② 文档模板。产品需具备自定义文档模板的功能，按照业务要求结合文件类型可由管理员预先定义不同的模板，供创建过程中引用。

③ 支持多附件。可上传或创建多种类型的附件，包括但不限于图片、文档文件、音频、视频，可单笔上传，也可以打包上传。

④ 文档导入。知识管理系统均可以通过相关接口进行知识导入，如 oneNote、印象、有道云（优先满足印象和有道云，后续调研中调整优先级）等外部笔记的导入，有利于减少大量的人工劳动。

（3）可交付成果描述

编号	需求	可交付成果描述
（1）	知识录入	可创建文本、脑图、表格、Word、Excel、PPT
（2）	文档模板	可自定义创建个人文档模板以及企业公共模板
（3）	支持多附件	支持图片、文档、音频、视频及批量上传
（4）	文档导入	支持第三方文档导入

< 211 >

（4）可交付成果的验收标准

编号	需求	验收标准
（1）	知识录入	单击新建入口，可选择超文本、Office 文档、脑图
（2）	文档模板	用户可在文档处创建属于个人的标签，企业管理员可在管理中心创建企业公共标签
（3）	支持多附件	支持图片、文档文件、音频、视频、代码等，并支持批量上传
（4）	文档导入	知识系统可通过上传入口，打通第三方文档平台，支持第三方文档导入

（5）质量程序

记录问题→分析问题→评估影响→确认解决方案→执行方案。

（6）项目监控

ID	反馈时间	反馈人	分类	说明	责任人	处理状态	完成时间
1	2021/6/24	布棉	产品设计	知识库简介字数过少	陈毅枫	6 月 24 日确定字数边界，6 月 27 日完成研发，6 月 28 日完成测试上线	2021/6/28

（7）项目质量小组责任

编号	任务名称	指标	责任人
01	咕咕 V2.0.0 版本	版本功能完整性及稳定性	杜铭玲

9.2.5 风险管理

风险管理

一个完善的风险管理计划可以有效地降低项目风险，进而保证项目能够按照计划高质量地完成。风险管理计划是一个动态的文件，需要随时更新以反映项目中发生的变化。通过成功执行风险管理计划，可以有效地降低项目遭受潜在风险的概率和影响。风险管理计划可以帮助项目团队识别和评估可能发生的风险，从而为项目团队采取相应的应对措施提供基础和依据。风险管理计划的另一个作用是制订相应的应对措施来减轻或控制可能发生的风险，以保证项目的顺利实施和高质量完成。通过制订风险管理计划，项目团队可以更全面地考虑项目中的风险问题，从而提高项目管理的水平和能力。表 9.9 所示为"咕咕知识管家"项目风险管理计划的内容。

表 9.9 知识管家项目风险管理计划

（1）**项目基本情况**

项目名称：咕咕知识管家   制作日期：2021 年 6 月 21 日

制作人：刘自豪   签发人：陈芋宇

（2）**风险管理策略**

① 风险管理的总体思想和原则

② 定义风险假设

③ 定义风险管理的责任人

④ 定义风险分析技术

⑤ 确定风险分类方式

⑥ 定义风险沟通方式

< 212 >

⑦ 定义风险追踪过程

（3）风险分类

风险编号	风险类别	风险描述
01	管理政策	系统组件国产化，信创相关需求
02	工期风险	主业务路径存在 1 个工作日延期风险
03	合同	暂无
04	范围定义	PDF 文档暂不支持编辑
05	环境	暂无
06	资源	第三方对接文档申请需 1～2 个工作日
07	财务	暂无
08	相关项目	除中金项目外，3 节课项目并线进行
09	供应	暂无
10	沟通	暂无
11	组织	暂无
12	技术	私有化无网络环境部署为初次部署，技术有待验证
13	文化	暂无
14	商务	商务对接中，对需求范围定义须明确
15	质量	暂无
16	材料	暂无
17	人员	新加入人员对系统熟悉程度较低，对进度有一定影响

（4）风险分析

风险序号	风险因素	概率	损失	危险度/周	排序
01	知识库复制为新功能，需要重新搭建底层框架，存在逾期风险	较低 20%	中 15	3	2
……	……	……	……	……	……

（5）风险处置

风险编号	处置责任人	处置方式	支持条件	监控方式
01	丁一	协作	后端组长协作	进度跟进

（6）风险处置后分析

风险编号	风险因素	可能性	影响程度	处理方法建议	处理后的影响程度分析
01	知识库复制为新功能，须重新搭建底层框架，存在逾期风险	较低	较低	后端组长给予支持协作，减少工作日	V2.0.0 版本预计可按照正常发布时间上线

9.2.6　计划实施管理

项目管理中的计划实施管理是指通过规划、执行和监控的方式对项目计划进行有效的管理，以保证项目按照预期的质量、时间和成本目标完成。该过程需要持续监控项目的进展状况，根据

< 213 >

项目实际情况灵活调整计划，并及时应对和解决可能出现的问题；还需要掌握项目的成本、时间和质量等数据，对项目进行评估和优化。

1．月度计划制订

制订项目管理的月度计划是为了更好地组织项目的实施。项目组可以将整个项目划分为若干个阶段和任务，并为每一阶段和任务设定具体的时间表和实施方案，以便更好地掌握项目的进度和方向，及时发现问题并采取措施加以解决，确保项目按时、按质量完成。月度计划为项目组成员提供了清晰的工作指引，帮助他们更加明确自己的任务和工作重点，提高了工作效率和质量。

知识管家项目月度项目计划部分示例如图 9.2 和图 9.3 所示。图 9.3 更多地展示了月度计划中的任务清单列表的情况。

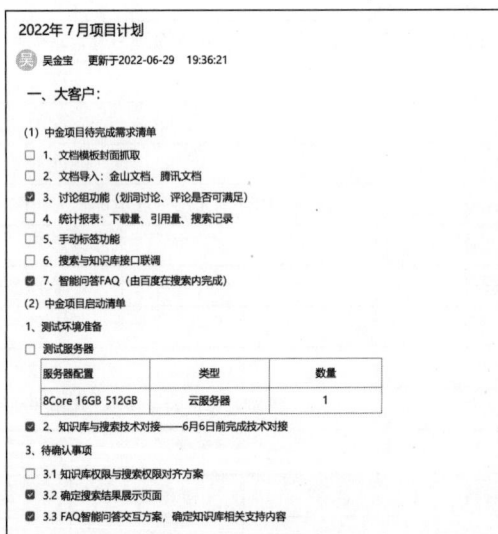

图 9.2　月度项目计划示例 1

ID	反馈时间	反馈人	说明	拟处理方案	拟完成时间	处理状态或结果	完成时间
1	2022/5/12	布棉	在手册主页最近访问中，单击一个未上架的手册时，会提示已下架。希望在主页展示的手册中，都可以单击进入，主页手册逻辑，应为要么能进入要么不显示	1．后端进行未上架手册过滤	6月24日	已完成	7月1日
2	2022/5/31	布棉	文档大纲重叠到文档内容了	1．产品梳理需优化页面 2．宣讲产品方案	7月1日	1．6月23日产品完成页面梳理 2．6月28日完成研发 3．7月1日完成测试并发布上线	7月1日
3	2022/6/6	仙草	不知道手册创建人是谁	1．产品确认需求并进行方案设计 2．完成方案宣讲并进行研发 3．完成测试并上线	6月24日	1．6月15日产品完成设计方案并宣讲 2．6月22日完成研发并提测 3．6月24日完成测试 4．6月29日发布上线	6月29日
4	2022/5/31	布棉	首页新建文档后，无法选择路径发布到个人知识库	1．产品确认需求并进行方案设计 2．完成方案宣讲并进行研发 3．完成测试并上线	6月24日	1．6月15日产品完成设计方案并宣讲 2．6月22日完成研发并提测 3．6月24日完成测试 4．6月29日发布上线	6月29日
5	2022/6/6	仙草	手册文档内的附件在查看页仅能查看无法下载，在编辑页才能查看。需要查看页下载附件功能，可通过控制复制按钮一并控制下载附件权限	1．产品完成需求确认及方案 2．进行方案评估及宣讲 3．完成研发并测试上线	6月24日	1．6月13日完成产品方案设计 2．6月16日完成研发 3．6月22日完成测试并上线	6月29日

图 9.3　月度项目计划示例 2 的任务清单列表

2．重要会议记录

项目管理中的重要会议记录可以包含项目的工作进展情况、重大决策、任务的分配与进度以

< 214 >

及项目成员的反馈等方面。保留会议决策和讨论的文本记录，可以方便项目成员随时回顾和回忆会议的内容，确保项目的执行不偏离目标和计划，后期还可用于总结经验教训和改进管理方法。

知识管家项目原型评审会议纪要如表9.10所示。

表9.10 知识管家项目原型评审会议纪要

<table>
<tr><td colspan="2" align="center">（项目名称）
项目会议纪要
2021 年 7 月 20 日</td></tr>
<tr><td colspan="2">（1）基本信息</td></tr>
<tr><td>会议名称：原型评审</td><td>主持人：PM</td></tr>
<tr><td>会议日期：2021/7/20</td><td>会议开始时间：2021/7/20 13:40</td></tr>
<tr><td>会议地点：会议室</td><td>会议持续时间：30min</td></tr>
<tr><td>记录人：李琳</td><td></td></tr>
<tr><td colspan="2">（2）会议目的
确认 V2.1.0 版本原型内容。</td></tr>
<tr><td colspan="2">（3）参加人员
研发团队。</td></tr>
<tr><td colspan="2">（4）发放材料
原型图及 PRD 文档。</td></tr>
<tr><td colspan="2">（5）发言记录
① banner 信息点顺序错误。
② 原型图上手册主页中主页、手册库、手册簿、我的手册的切换看起来像按钮，须优化。
③ 手册簿站点页目前视觉设计较差，信息较为单薄。
④ 分享中暂无手册水印功能。</td></tr>
<tr><td colspan="2">（6）会议决议
① 主页 banner 视觉设计优化。
② UI 设计优化按钮切换。
③ UI 重新设计手册簿站点页面。
④ 增加手册水印功能。</td></tr>
<tr><td colspan="2">（7）会议纪要发放范围
公司全员。</td></tr>
</table>

3．项目状态定期汇报

项目状态定期汇报可以使项目组员及时了解项目进展情况，知道哪些任务已经完成、哪些任务正在进行、哪些任务存在问题，从而及时采取措施；也可以使项目经理了解项目整体进展情况，及时进行调整和协调，通过总结过去一段时间的工作经验和问题，为下一步工作提供参考和改进；同时，还可以作为对负责人和上级领导的汇报材料，证明项目在规定时间内按照计划顺利进行。

项目状态报告（模板）如表9.11所示。

表9.11 项目状态报告（模板）

<table>
<tr><td colspan="3">（1）项目基本情况</td></tr>
<tr><td>项目名称：咕咕知识管家</td><td colspan="2">制作日期：2021 年 6 月 21 日</td></tr>
<tr><td>制作人：刘自豪</td><td colspan="2">签发人：陈芋宇</td></tr>
<tr><td>目前项目状况：☑按计划进行</td><td>□比计划提前</td><td>□落后于计划</td></tr>
</table>

< 215 >

汇报周期：从 2021 年 7 月 1 日至 2021 年 7 月 10 日

（2）当前活动状态

标识	名称	描述	WBS 可交付成果	状态
01	知识录入	可创建超文本、Office 文档、思维导图	咕咕 V2.0.0 版本	研发中

（3）本周期内的主要事件

    ① 完成 V2.2.0 版本发布。

    ② 完成文档链接优化。

（4）下一个汇报周期内的行动计划

    ① 完成学院模块产品设计。

    ② 完成手册模块测试并发布上线。

（5）财务状况

成本项/元	计划数/元	实际数/元
40 万	50 万	40 万
到项目结束时还须花费的费用总数（ETC）		30 万
到项目结束时须花费的费用总数（EAC）		30 万

（6）技术状态和问题

    ① 第三方文档对接预研。

    ② IM 信息协同对接 API 文档预研。

（7）上一次汇报周期中遗留问题的处理

    暂无。

（8）项目风险因素的更新

    V2.0.0 版本中汇报组织架构同步功能因涉及权限改动，有 2 个工作日的延期风险。

9.2.7 需求过程管理

    项目管理中的需求过程管理是将利益相关方或用户提出的需求转化为明确、可衡量、可追踪和可验证的需求，并在项目生命周期内跟踪和管理这些需求的过程。具体来说，需求过程管理要做的是需求跟踪，建立需求跟踪矩阵或系统，记录需求的状态、进度、变更和确认情况，以及其对应的测试用例、设计文档和代码实现等信息，以便在需求变更或质量问题发生时进行快速追踪和定位。

1．版本迭代需求汇总

    版本迭代需求汇总在项目管理中占据重要地位，它为项目经理和团队提供了更好的项目管理工具，有助于提升项目管理的效率和效果，确保项目按时交付、满足用户需求和达成预期目标。版本迭代的具体作用如下。

    ① 整合和梳理需求。版本迭代需求汇总将所有的需求整合在一起，帮助项目团队梳理和优化需求，防止重复需求或者需求不清晰。

    ② 明确版本迭代目标。通过对需求进行汇总和优化，项目经理可以清晰地了解每个版本迭代的目标和要求，有针对性地规划和执行项目。

    ③ 优化资源管理。版本迭代需求汇总可以帮助项目经理评估资源，更好地安排人员和时间，使得资源利用更加高效。

< 216 >

④ 保证项目质量。版本迭代需求汇总不仅可以为团队提供明确的目标，还可以帮助项目经理确定测试计划和流程，保证项目质量。

⑤ 增强用户满意度。项目经理可以通过版本迭代需求汇总了解用户需求，并在项目开发中及时反馈和调整，从而提高用户的满意度。

综上所述，版本迭代需求汇总对于项目管理至关重要。它可以帮助项目经理规划、管理和执行项目，以确保项目按时交付、质量高、用户满意度高。

版本迭代需求简例如图 9.4 所示。

三、版本迭代需求	
内容	责任人
1. 学院模块优化：咕咕V2.4.0版本	丁一、肖霖
2. 手册模块及小版本优化	李鑫、熊成
3. 权限优化	廖轩
4. 超文本优化	王志红、廖轩
5. H5适配	王志红、廖轩
6. 设计任务：3节课需求优化方案	李鑫
7. 个人知识库解决方案	廖轩

图 9.4　版本迭代需求简例

2．需求变更管理

需求过程管理最重要的一项工作是进行需求变更管理，通过对需求变动的请求进行评估、批准、实施和验证，确保变更的影响范围和合理性，维护需求稳定性和一致性。通过良好的需求过程管理，可以确保项目在满足利益相关方期望的同时，实现项目各阶段的交付目标，提高项目成果质量和用户满意度，降低项目成本和风险。项目需求变更控制表如表 9.12 所示。

表 9.12　项目需求变更控制

（1）项目基本情况

项目名称：咕咕知识管家　　　　　　　　　　制作日期：2021 年 6 月 21 日

制作人：刘自豪　　　　　　　　　　　　　　签发人：陈芊宇

（2）请求变更信息

变更编号	分类	变更描述	请求者	提交日期	状态	处理
01	需求	汇报组织架构同步功能须同步钉钉组织架构	薛人玮	2021/7/15	评审中	批准

（3）对变更请求的初步审查结果

初步审查日期：

☑ 批准进行影响分析　　　　　　□ 拒绝　　　　　　□ 留待以后决定

原因：考虑钉钉是企业常用的第三方软件，系统需要进行同步集成。

（4）初步的影响分析

受影响的基准计划：版本进度计划

受影响的项目配置项：咕咕 V2.0.0

是否需要成本/进度影响分析？　　　　　　☑ 是　　　　　　□ 否

对成本的影响：投入 1 个研发人员 3 个工作日，共计 1700 元

对进度的影响：为"次研发路径"，可利用浮动时间进行研发

对资源的影响：资源平滑后暂无影响

最终审查结果：暂无影响

审查日期：

变更程度分类：□ 高　　　　　　☑ 中　　　　　　□ 低

（5）影响分析结果

① 定义具体变更需求

额外资源需求	工作天数	成本/元
无	3	1700
总计	3	1700

② 若不进行变更有何影响

对用户体验及使用习惯有较大影响。

③ 提出变更的其他可选方案

暂无。

④ 最终建议

建议执行改变更申请。

（6）**变更审查人员签字**

刘自豪、杜铭玲

9.2.8 项目风险登记册

项目风险管理在执行过程中一个重要的工具就是使用项目风险登记册。项目风险登记册的作用是记录项目中可能发生的各种风险，并针对每一种风险进行详细的分析和措施制订。项目风险登记册有助于项目管理者在项目推进过程中及时识别和规避风险，以及采取有效的风险应对措施，确保项目平稳运行。此外，项目风险登记册还为项目管理者提供了宝贵的决策参考，使他们能在充分评估风险的基础上做出更加明智的决策，从而降低项目失败的可能性。风险登记册在项目风险管理中是一个非常重要的工具。项目风险登记册如表 9.13 所示。

表 9.13　项目风险登记册

（1）**项目基本情况**

项目名称：咕咕知识管家　　　　　　　　制作日期：2021 年 6 月 21 日

制作人：刘自豪　　　　　　　　　　　　签发人：陈芋宇

（2）**风险信息**

变更编号	分类	变更描述	请求者	提交日期	状态	处理
01	需求	汇报组织架构同步功能须同步钉钉组织架构	薛人玮	2021/7/15	评审中	批准

（3）**风险状态**

初步审查日期：

☑ 批准进行影响分析　　　　□ 拒绝　　　　□ 留待以后决定

原因：考虑钉钉是企业常用的第三方软件，系统需要进行同步集成。

（4）**初步的影响分析**

受影响的基准计划：版本进度计划

< 218 >

受影响的项目配置项：咕咕 V2.0.0

是否需要成本/进度影响分析？　　　　　　☑ 是　　　　　□ 否

对成本的影响：投入 1 个研发人员 3 个工作日，共计 1700 元

对进度的影响：为 "次研发路径"，可利用浮动时间进行研发

对资源的影响：资源平滑后暂无影响

最终审查结果：暂无影响

审查日期：

变更程度分类：□ 高　　　　☑ 中　　　　□ 低

（5）影响分析结果

① 定义具体变更需求

额外资源需求	工作天数	成本/元
无	3	1700
总计	3	1700

② 若不进行变更有何影响

对用户体验及使用习惯有较大影响。

③ 提出变更的其他可选方案

暂无。

④ 最终建议

建议执行改变更申请。

（6）变更审查人员签字

刘自豪、杜铭玲

知识管家项目风险总览示例如图 9.5 所示。

风险编号	风险描述	责任人	概率	影响	应对	状态	备注
1	搜索页面权限对接，暂未确定搜索页面展示样式，若没有权限是否展示搜索结果？	——	中风险	对搜索与知识库权限对接有较大影响，涉及权限逻辑对接	须与用户确认搜索展示结果	已解决	结果页为百度搜索结果页
2	咕咕知识库权限正在进行版本升级，若需要对接权限，是否需要等新版权限逻辑上线后才可以进行对接且与搜索对接工作量以及人员待确定？	陈毅枫	中风险	咕咕知识库权限研发时间较长，预计7月中旬可研发完成，再进行搜索权限对接存在一定进度风险	1. 先确认新版权限与老权限兼容问题，新版权限是否会影响对接 2、初步评估与搜索对接工作量 3、对接技术人员已完成招聘	已解决	已与百度技术确认权限对接方案
3	FAQ智能问答产品设计方案暂未确认	陈毅枫	低风险	确认产品设计方案后，才能确定知识库需做怎样的支持，目前待确定	与百度产品经理进行产品方案确认，尽快落实需求	已解决	知识库不做问答对相关功能
4	有道云、印象笔记暂未开始预研，是否兼容以及与第三方对接，有不可控因素	胡小东	低风险	确认第三方对接预研时间以及实际对接时间，目前待确定	6月22日后，开始预研，随时同步相关进度情况	已解决	已确认为金山文档与腾讯文档
5	V2.3.0版本在测试中，发现版本中 bug 较多，有延期风险	——	高风险	版本发布时间延后，中金小版本迭代也顺延	在测试环节尽可能保证代码质量	未解决	
6	对接第三方腾讯云文档	PM	低风险	腾讯云文档注册流程中，出现页面反复流转问题，导致无法进入绑定管理员阶段	若腾讯云无法对接，可对接有道云文档	已解决	已完成腾讯云文档对接

图 9.5　知识管家项目风险总览示例

9.3 本章小结

本章通过 "咕咕知识管家" 项目这一实例，系统地介绍了项目管理的核心环节。首先进行了

< 219 >

项目背景分析，它作为项目启动的基石，为项目的定位和规划提供了关键的支持。紧接着详细剖析了项目的过程管理，包括范围管理、进度管理、人员管理、质量管理和风险管理、计划实施管理、需求过程管理和项目风险管理。

通过学习本章内容，读者不仅能够全面了解项目管理的整体流程和关键环节，还能深刻掌握项目管理过程中所涉及的各种重要文件，如项目计划、风险管理计划等，这些都是项目管理不可或缺的组成部分。综上所述，本章旨在为读者提供一个系统化、实用化的项目管理指南，使读者在未来的项目管理实践中更加得心应手，游刃有余。

9.4 习题

一、简答题

1. 请描述项目背景分析的重要性及其在项目启动阶段所起的作用。
2. 在项目启动阶段，项目背景分析通常包括哪些关键要素？
3. 什么是项目过程管理？它如何助力项目达成既定目标？
4. 请简述项目过程管理涵盖的主要内容。
5. 请解释项目风险管理在项目成功中的作用，并说明如何进行有效的风险管理。

二、实践题

1. 假如你是一家互联网公司的项目经理，现在公司准备启动一个新的电商平台项目。请你根据以下提示，进行一次项目背景分析，并撰写分析报告。

① 市场需求：分析当前电商市场的发展趋势，以及目标用户群体的需求和偏好。

② 竞争环境：研究竞争对手的电商平台，分析他们的优势和劣势。

③ 技术可行性：评估公司现有技术资源和能力，以及新技术应用的可能性。

④ 法规环境：了解电商平台运营所涉及的法律法规，特别是关于数据保护和消费者权益方面。

⑤ 预期效益：预测项目成功后可能带来的市场份额、收入增长等效益。

2. 假如你是一家 IT 公司的项目经理，现在负责一个关键的软件开发项目。为了确保项目的成功，你需要制订一个全面的项目过程管理计划，涵盖范围管理、进度管理、人员管理、质量管理和风险管理等方面。请根据项目管理的专业知识，设计一份详细的项目过程管理计划，并解释每个管理领域的关键要点。

< 220 >

不同开发阶段活动内容产出文档示例

项目一般采取瀑布模型，从最初的调研，再到签订合同，然后立项，正式进入项目开发阶段，一般经历以下阶段。

① 立项和策划阶段：进行立项申请，审批，项目计划的制订，项目的裁剪。

② 需求阶段：进行需求调研，制订需求调研工单，主要输出用户需求说明、软件需求说明。

③ 设计阶段：根据需求文档，进行系统的概要设计、详细设计，以及规划数据库结构等。

④ 编码阶段：进行代码走查、单元测试等。

⑤ 集成测试阶段：对功能进行集成测试。

⑥ 系统测试阶段：提出测试申请，取代码进行测试，这可能需要多个版本的测试。

⑦ 试运行阶段：系统测试通过后，进入试运行阶段。

⑧ 验收阶段：用户签字验收系统，对用户进行满意度调查。

下面通过表F1～表F8逐一说明每个阶段的项目活动详情。

表F1　立项和策划阶段项目活动详情表

项目活动	产出	评审方式	主要负责人	备注
下达任务书	项目任务书	检查	公司领导	纸质，电子版
立项申请	立项申请表	正式评审	PM	纸质，电子版
编制项目计划	项目计划	正式评审	PM	
	质量保证计划	正式评审	QA	
	配置计划	正式评审	CM	
	项目度量计划	正式评审	QA+PM	
项目估算	估计记录表	正式评审	PM	
工作任务分解	WBS（进度计划）	正式评审	PM	
识别和分析风险	风险识别及评估跟踪表	正式评审	PM	
项目过程裁剪	项目过程裁剪审批表	正式评审	PM+QA	
项目监控数据表	项目监控数据表	检查	PM	每阶段都需要
决策分析	决策评价表			如果有使用框架、集成产品选型等决策需要
项目阶段报告	项目阶段报告——立项阶段			
	项目阶段报告——策划阶段			

表 F2　需求阶段项目活动详情表

项目活动	产出	评审方式	主要负责人	备注
需求获取	用户需求规格说明书	正式评审	PM	用户需求已在合同中明确说明，只须输出软件需求供用户确认
需求获取	软件需求规格说明书	正式评审	PM	
需求评审	评审报告及问题			
需求跟踪	需求跟踪矩阵	会议评审		
需求调研	需求调研工单	检查	PM	
需求变更	需求变更说明			产生新的需求文档

表 F3　设计阶段项目活动详情表

项目活动	产出	评审方式	主要负责人	备注
概要设计	概要设计说明书	会议评审	PM	
概要设计评审	评审结果和问题跟踪	会议评审	PM	
详细设计	详细设计说明书	会议评审	PM	
详细设计评审	评审结果和问题跟踪	会议评审	PM	
数据库设计	数据库设计说明书	会议评审	PM	

表 F4　编码阶段项目活动详情表

项目活动	产出	评审方式	主要负责人	备注
编码	程序代码	会议评审	PM	
单元测试	单元测试报告	会议评审	PM	
代码检查	代码走查记录	检查	PM	

表 F5　集成阶段项目活动详情表

项目活动	产出	评审方式	主要负责人	备注
产品集成	集成方案	会议评审	PM	
集成测试	集成测试报告	会议评审	PM	

表 F6　系统测试阶段项目活动详情表

项目活动	产出	评审方式	主要负责人	备注
测试申请	测试申请表	检查	PM	
测试设计	测试用例	检查	Test	
系统测试	测试缺陷	检查	Test	
测试小结	测试小结	检查	Test	
缺陷分析	缺陷分析报告	评审	Test	
测试总结	测试总结报告	评审	Test	

表 F7　试运行阶段项目活动详情表

项目活动	产出	评审方式	主要负责人	备注
安装实施	现场安装实施计划	检查	PM	

< 222 >

项目活动	产出	评审方式	主要负责人	备注
安装实施	用户安装手册	检查	PM	
安装实施	用户使用手册	检查	PM	
产品移交	产品移交申请表	检查	PM、Test	
发布申请	发布申请表	评审	PM	
用户培训	用户培训签到表	评审	PM	

表F8　验收阶段项目活动详情表

项目活动	产出	评审方式	主要负责人	备注
发布申请	发布申请表	走查	PM	
系统安装验收	系统安装验收报告	检查	PM	
系统总结	系统总结报告	评审	PM	
用户满意度调查	用户满意度调查	检查	Test	
度量与分析报告	度量分析报告	评审	Test	

注：每个阶段都需要进行总结及度量分析，要及时总结并控制项目进度和成本。

< 223 >

参考文献

[1] 美国项目管理协会. 项目管理知识体系指南：PMBOK 指南[M]. 许江林，译. 5 版. 北京：电子工业出版社，2013.

[2] KERZNER H. 项目管理：计划、进度和控制的系统方法[M]. 杨爱华，等，译. 7 版. 北京：电子工业出版社，2010.

[3] GIDO J，CLEMENTS J P. 项目管理核心资源库：成功的项目管理[M]. 张金城，译. 5 版. 北京：电子工业出版社，2012.

[4] 郭宁. IT 项目管理[M]. 北京：清华大学出版社，2009.

[5] 夏辉，周传生. 软件项目管理[M]. 北京：清华大学出版社，2015.

[6] 杨律青. 软件项目管理[M]. 北京：电子工业出版社，2012.

[7] 贾经冬，林广艳. 软件项目管理[M]. 北京：高等教育出版社，2012.

[8] 朱少民，韩莹. 软件项目管理[M]. 北京：人民邮电出版社，2009.

[9] 任永昌. 软件项目管理[M]. 北京：清华大学出版社，2012.

[10] 潘东，韩秋泉. IT 项目经理成长[M]. 北京：机械工业出版社，2013.

[11] 杨俊. 5G 在数字化工厂改造项目中的应用研究[D]. 北京：北京邮电大学，2020.

[12] 安宁. C 市卡口系统集成项目质量管理研究[D]. 北京：北京理工大学，2017.

[13] 张锐. D 公司 A 软件项目进度管理的案例研究[D]. 大连：大连理工大学，2022.

[14] 周平. K 公司产品研发项目变更管理研究[D]. 深圳：深圳大学，2018.

[15] 逢勇. 基于 CMMI 13 级的软件项目管理信息系统的分析与设计[D]. 昆明：云南大学，2013.

[16] 黄林强. 某 IT 公司的销售管理系统的设计与实现[D]. 北京：北京邮电大学，2020.

[17] 邵鹏勇. 区域统一管理供热计量服务系统的设计与实现[D]. 天津：天津工业大学，2019.

[18] 李雪. 在线教育 APP 研发项目管理研究：以小 YS 项目为例[D]. 合肥：安徽大学，2020.

[19] 张传涛. 智慧运维 SaaS 平台项目范围管理研究[D]. 上海：东华大学，2021.

[20] 彭艳垒. 中小型制造业企业 IT 服务管理方法（ITIL）构建：以爱美达公司为例[D]. 深圳：深圳大学，2017.

< 224 >